東京大学生命科学教科書編集委員会…編

羊土社

羊土社のメールマガジン
「羊土社ニュース」は最新情報をいち早くお手元へお届けします！

● 主な内容
・羊土社書籍・フェア・学会出展の最新情報
・羊土社のプレゼント・キャンペーン情報
・毎回趣向の違う「今週の目玉」を掲載

● バイオサイエンスの新着情報も充実！
・人材募集・シンポジウムの新着情報！
・バイオ関連企業・団体の
　キャンペーンや製品, サービス情報！

いますぐ, ご登録を！
（登録・配信は無料） ➡ 羊土社ホームページ　http://www.yodosha.co.jp/

序

　21世紀は生命科学の時代だといわれている．これは単に生命科学を直接扱う生物学，医学，薬学，農学などの分野だけを指した言葉ではない．生命現象の解析が級数的なペースで進む現代においては，生命科学の応用としての工学的分野に加え，経済学，教育学，文学，社会学，法学などの文科系とされてきた分野さえも含め，生命科学は様々な学問に大きな影響を与えるようになってきている．「生命科学の時代」とは，日常生活の様々な面にも自然な形で生命科学に関する知識や情報が影響を与えるようになる時代であり，今後は生命科学的知識がある程度の一般常識として，社会に定着してゆくことが予想される．生命科学分野を含む，幅広い科学的知識を正しく理解できる「科学リテラシー」が求められる所以である．

　近年，生命科学分野の研究の進展は広く一般に関心を呼び，大きく報道されるようになってきている．このような関心が拡がっている背景には，私たち「ヒト」とは何かを知りたいという根源的な好奇心に加え，今後の医療技術の発展が私たちにどのような未来をもたらすのか，という極めて重要な点についての関心が，人々の間で広く共有されていることもあるだろう．特に，ヒトのゲノム情報の解読完了や，ヒトの胚性幹細胞（ES細胞）の樹立とその使用をめぐる倫理的問題，さらには癌や新たな感染症に対する治療や対処など，私たちヒトの存在について改めて考えたり，生活に直接関わる身近な問題として実感したりするような発見や論点については，実に様々な報道がなされている．

　報道というものは時に揺れ動くものであるが，仮にセンセーショナリスティックな部分を除いたとしても，やはり「生命とは何か」「ヒトはどのように進化してきたのか」「地球環境と人間社会の持続的発展」「高齢化社会と人口問題」など，生命科学に関わる諸問題が，私たち一人一人にとっても重要な課題であることは間違いない．このような様々な問題に適切に対処するためにも，今後は文系・理系の区別なく，生命科学の現状を理解するための知識と，科学的考え方を身に付ける必要がある．

　欧米の大学でも現在，生命科学が文理を問わず必須化しつつある傾向にあるが，これはまさに「ヒトとは何か」を知り，「生命科学の発展にどのように対応し考えていくのか」という根源的な問題に対処する必要性とその重要性が増しつつあることを示している．21世紀の教養として，生命科学はなくてはならない分野なのである．しかしながら，現状の生命科学を全て把握するには，生命科学の情報はあまりにも膨大である．私たちは既に，東京大学の全学の協力によって，教養としての生命科学について，理科Ⅰ類（主として工学系）の学生には『生命科学』，そして第二弾と

して生命科学を中心にして学ぶ理科Ⅱ類，Ⅲ類の学生に対して『理系総合のための生命科学』（ともに羊土社）を出版してきた．

　今回は文系の学生を中心とした読者層を対象にしながらも，全学生に対しての科学リテラシーの向上という観点も含め，本書をここに刊行することになった．この教科書には，これまでの2冊とは少し異なった視点が入っている．それは生命科学を3つの軸から理解しようとする視点である．生命科学の基本知識をX軸として捉え，Y軸としては人間を中心とした側面からの理解を重視している．そしてZ軸として，生命科学を社会との関わりから理解することを促す．先に述べたように，現代は生命科学の知識や技術や情報があふれているが，同時にそれらは社会とも深く結びついている．これら3つの軸からなる三次元の視点から生命科学を理解し，人間社会における生命科学の位置と拡がりを改めて知ることにより，「ヒト」という存在の複雑さとある種の「深さ」を知り，ある意味ではヒトのもつ素晴らしさを再認識することもできるであろう．また，ヒトはヒトだけでは決して成り立たず，他の生物と共存して初めて成り立つ存在でもある．生物の多様性，共存と調和も生命科学のキーワードの1つである．さらに，生命倫理をどのように捉えるかも大きな課題である．特にクローン生物や遺伝子診断・生殖医療などの事柄は，既に私たちが生きている現代社会と密接な関わりをもっている．このような現状において，偏見を排した正しい情報を共有し，何が問題かを考え，今後どのようにするかを決める，というプロセスは，実は私たち一人一人が直面すべき課題なのである．それゆえ，今まで生命科学や生物科学を学んでこなかった人も，学んできた人も，この教科書を通して現在の生命科学を，人間と社会との関係という視点から，改めて学んでほしいと願っている．

　今後，読者の皆さんの専門や職業にかかわらず，この教科書を通して学んだことが自分自身をこれまで以上に深め，豊かにさせる一助となれば望外の喜びである．

　尚，本書の発行にあたっては，東京大学の多くの先生方の御協力と，東京大学生命科学構造化センターの先生方の御尽力を頂いた．この場を借りて厚く御礼を申し上げたい．

2008年　早春

編者一同

文系のための 生命科学 Contents

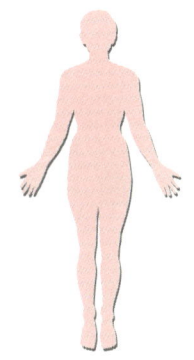

第Ⅰ部　ヒトの基礎

1章　生命科学はどのように誕生したか ── 10

- 1 生命科学の誕生 …………… 10
- 2 生物とは何か ………………… 10
- 3 地質時代と生物の変遷 …… 12
- 4 生物の系統と系統樹 ……… 13
- 5 ヒトの起源と進化 ………… 14
- 6 自然科学とは何か ………… 16
- 7 生命科学の発展 …………… 17

Column ●ウイルスは生物か？…12　●DNAの塩基の変異はなぜ起こるか？…12
●ネアンデルタール人のゲノム解析…15　●進化と苦味受容…16　●仮説と真理…17

2章　細胞からみたヒト ── 19

- 1 細胞の発見 ………………… 19
- 2 細胞の大きさと多様性 …… 19
- 3 ヒトの体の階層構造 ……… 20
- 4 細胞を構成する分子 ……… 21
  - ■水　■タンパク質　■脂質　■糖　■核酸
- 5 細胞内の役割分担―細胞内小器官 …24
  - ■核　■独自のDNAを含む細胞内小器官
  - ■小胞輸送系　■ペルオキシソーム　■細胞骨格
- 6 細胞の増殖 ………………… 27
- 7 細胞の成り立ち―細胞系譜 …27
  - ■線虫の細胞系譜　■細胞の死

Column ●臓器移植と細胞移植…21　●ミトコンドリア病…26　●細胞内輸送の異常…27

3章　生命の設計図：ゲノム・遺伝子・DNA ── 30

- 1 遺伝学がたどってきた道 …30
  - ■メンデル遺伝学：形質が次世代に伝わるということ　■ワトソンとクリックの発見
  - ■正確な遺伝子複製のしくみ
- 2 現代遺伝学 ………………… 33
  - ■DNA二重らせん構造の発見以後
  - ■複製，転写，翻訳―DNA，RNA，タンパク質
  - ■遺伝子という言葉，ゲノムという概念
  - ■分断された遺伝子　■ヒトゲノムの概要
- 3 ゲノムからみた生殖 ……… 36
  - ■父と母―さまざまな性の形態　■性の起源
  - ■生殖細胞と減数分裂　■人工的な遺伝子組換えと遺伝子治療
- 4 個人差と種差 ……………… 38
  - ■個人差とゲノム
  - ■種差：チンパンジーとヒトとの違い
  - ■複製と変異の繰り返し：生命の多様性と進化

Column ●ヒトでみられるメンデルの法則…32　●ゲノム配列がわかると生物をつくることができるか…35　●性染色体と遺伝病…36　●知る権利，知らないでいる権利…39　●近親婚…40
●ゲノムと社会生活…41

4章　氏も育ちも大切：遺伝子は何を支配するか ── 43

1 遺伝と環境のかかわり …… 43
- 親と子の似るところ，似ないところ
- 疾患へのなりやすさと遺伝子の関係
- 多数の因子が重なる疾患の感受性

2 遺伝子のフィードバックによる制御 …45
- ゲノムに書かれた遺伝子の制御のしくみ
- さまざまな種類のフィードバック制御
- 周期性を生み出すフィードバック制御

3 ゲノムとエピゲノムの進化 …… 49
- 分断された遺伝子がつくり出す多様性
- 新たな遺伝子が誕生するしくみ
- 重複した遺伝子がつくり出す冗長性
- 生まれてから修飾されて変わるゲノム：エピゲノム

Column
- ●ジャコブとモノーによる遺伝子制御のメカニズムの発見…46
- ●毒にも薬にもなる化学物質…48　●エピゲノムの異常と病気…52
- ●DNAを巻きつけるヒストンタンパク質とエピゲノム…53

第Ⅱ部　ヒトの生理

5章　発生と老化 ── 56

1 ヒトの初期胚発生 …… 56
2 体の構造の形成―器官形成 …… 56
3 細胞分化 …… 59
4 動物の発生と進化 …… 61
5 成長と老化 …… 62
6 生殖細胞 …… 62
7 哺乳類の生殖と発生 …… 63
8 老化と寿命 …… 64
9 クローン動物 …… 64
10 幹細胞 …… 64
11 再生医療 …… 67

Column
- ●ホメオティック遺伝子…60　●生殖医療…63　●ヒトの寿命の限界を決めるテロメア…65
- ●生物学と再生医療…66

6章　脳はどこまでわかったか ── 70

1 ヒトの脳の構造 …… 70
2 大脳皮質 …… 70
3 神経細胞 …… 72
4 神経伝達 …… 74
5 記憶と長期増強 …… 75
6 脳機能の計測 …… 76
- fMRI　PET　X線CT　その他の方法
7 認知症 …… 77

Column
- ●ガルの骨相学…72　●言語と遺伝子…73　●うつ病はなぜ起こるのか…75　●NMDA受容体と記憶力の関係…76　●植物状態からの脳機能の回復…77　●頭のよくなる薬？…79

Contents

7章 がん — 81

- **1** がんとは ……………………………… 81
- **2** 細胞のがん化 ………………………… 82
  - 細胞増殖の抑制の異常
  - 細胞増殖の促進の異常
- **3** 発がんの要因，がん遺伝子，
  がん抑制遺伝子 ……………………… 85
  - 遺伝子の傷　　がん遺伝子，がん抑制遺伝子
  - 多段階発がんモデル
- **4** がんの診断と病理学 ………………… 87
  - がん細胞であることの判断の基準
  - 腫瘍組織　　がん細胞の不均一性
- **5** がんの進行と転移 …………………… 89
  - がんの進行　　がん転移
- **6** がんに対する免疫応答 ……………… 91

Column
- ●アポトーシス…82　●タバコ…83　●細胞のシグナル伝達…84　●ウイルスとがん…85
- ●がんの遺伝子診断…87　●分子標的薬…88　●がん体質・がん家系…89
- ●がんと癌とガンの違い…90　●たねと土の仮説…91

8章 食と健康 — 93

- **1** 食べるとは …………………………… 93
- **2** 消化と吸収 …………………………… 94
- **3** 消化管の共生微生物 ………………… 96
- **4** ヒトの代謝と健康 …………………… 97
  - 代謝酵素とATP　　代謝の基本経路　　エネルギーのバランス　　エネルギーバランスの乱れ
  - メタボリックシンドローム

Column
- ●なぜ消化器は消化されないか？…94　●食品中のDNAの行方…95　●いろいろな発酵と食品…96　●蓄積するのはなぜ脂肪か？…99　●倹約遺伝子仮説…100　●肥満に関する参考指標…101　●太った脂肪細胞，やせた脂肪細胞…102　●BSE問題…103

9章 感染と免疫 — 104

- **1** 人類と感染症の戦い ……………… 104
- **2** 微生物と感染 ……………………… 104
  - 感染とは　　細菌の感染　　真菌の感染
  - ウイルスの感染
  - 感染から症状発生へ至るしくみ
- **3** 免疫とは何か ……………………… 111
  - 免疫系の成り立ち　　免疫を担う細胞と組織
- **4** 免疫応答のしくみ ………………… 113
  - 免疫系が感染源の攻撃を感知して応答するしくみ　　体液性免疫と細胞性免疫
  - 免疫応答の制御と自己免疫

Column
- ●抗生物質…106　●結核…107　●ヒトと鳥インフルエンザ…108
- ●自己免疫疾患と感染症の間にあるもの…109　●HIVの生き残り戦略…110　●抗体…112
- ●ヒト白血球抗原（HLA）と拒絶反応…114　●花粉症…115

第Ⅲ部 ヒトと社会

10章 生命倫理 —————————————— 118

- **1** 生命倫理とは何か ……… 118
- **2** 生命倫理成立の背景 ……… 118
- **3** 生命倫理の原則 ……… 119
- **4** 臨床研究と倫理委員会 ……… 120
- **5** 生命倫理と宗教 ……… 121
- **6** 生命倫理政策と統治形態 ……… 122
- **7** 人体的自然の商品化 ……… 123
- **8** 生命倫理と国際条約 ……… 124

Column ●インフォームド・コンセント…119　●ヘルシンキ宣言…120　●脳死と臓器移植…121　●動物実験の意義と倫理原則…122　●倫理的・法的・社会的問題（ELSI）…122　●優生学の歴史と現在…123　●生命科学研究と知的所有権…123　●スイス憲法と生命倫理…124

11章 生命技術と現代社会 —————————————— 126

- **1** 遺伝子技術 ……… 126
  - ■遺伝子組換えの歴史と発展　■アシロマ会議
  - ■有用物質の生産　■遺伝子組換え作物
  - ■遺伝子組換え動物　■遺伝子診断の光と陰
  - ■遺伝子治療　■ヒトゲノム計画
  - ■ヒトゲノム・遺伝子解析の倫理的課題
- **2** クローン技術と幹細胞技術 ……… 134
  - ■クローン羊　■ヒトES細胞　■日本のES細胞指針　■ヒトクローン胚　■iPS細胞
  - ■体性幹細胞

Column ●日本における遺伝子組換え食品…128　●出生前診断と着床前診断…130　●遺伝子組換えの倫理的問題…131　●バイオバンク…132　●微量のDNAを増幅させる技術：PCR…132　●DNA鑑定…133　●クローン規制法と特定胚指針…135　●ヒトES細胞・クローン胚に対する各国の規制…136　●ヒトES細胞捏造事件…137

12章 多様な生物との共生 —————————————— 139

- **1** 環境への適応 ……… 139
  - ■さまざまな環境要因
  - ■環境への適応—自然選択の作用
- **2** 生物間の相互作用と個体群の動態 ……… 140
  - ■個体群とは　■密度効果と世界の人口増加
  - ■種間競争とニッチ　■捕食作用　■寄生と共生
- **3** 生物群集と多様な種の共存 ……… 143
  - ■栄養段階と食物連鎖
  - ■群集を構成する多様な種の共存
  - ■非平衡共存説を支持する例　■植生の遷移
- **4** 生態系の構造と動態 ……… 147
  - ■食物網　■生態系のエネルギー流
  - ■生態系の物質循環
- **5** 生物多様性と地球環境の保全 ……… 149
  - ■生態系のバランスと環境保全
  - ■生息地の分断化と個体群の絶滅リスク
  - ■生物多様性の保全

Column ●動物の血縁関係と社会性の進化…142　●分解者としての土壌動物…145　●熱帯林の保全…146　●地球温暖化—「不都合な真実」とIPCCによるノーベル平和賞受賞…150　●外来生物…151　●内分泌撹乱物質…152　●レッドデータ…153　●生物多様性国家戦略…153

索　引 ……… 155
執筆者一覧 ……… 159

第Ⅰ部　ヒトの基礎

1章　生命科学はどのように誕生したか……………10
2章　細胞からみたヒト……………………………19
3章　生命の設計図：ゲノム・遺伝子・DNA………30
4章　氏も育ちも大切：遺伝子は何を支配するか……43

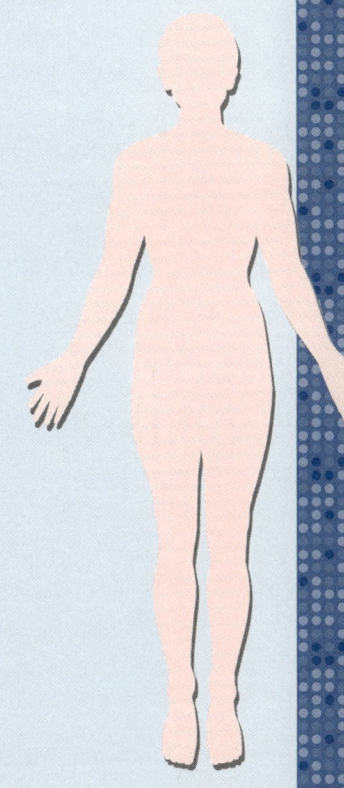

第Ⅰ部 ヒトの基礎

1章 生命科学はどのように誕生したか

本章では，生命科学の歴史，生命とその多様性，進化，生物多様性のなかにおけるヒト[※1]の位置，そして科学的方法論について学ぶ．地球が誕生したのは，今から46億2千万年前であるが，地上に生命が生まれたのは約38億年前であった．ここから現在に至るまで，生物は多様に進化してきた．ヒトはそのうちの1つの種にすぎず，今から600万年前に初めて地上に現れた．

ヒトは二足歩行を行い，大きな脳を手に入れて，現在の繁栄をもたらした．このヒトの繁栄は，科学の進歩抜きには語れない．そのなかでも科学という方法がいかに人類に利益をもたらしたか，その方法論についても議論する．

1 生命科学の誕生

紀元前5～4世紀にかけてギリシアのヒポクラテスは医学を学び，迷信を切り捨てた科学的医学を確立した．病気は体液の変調で起こるという彼の四体液説は有名である．その後，アリストテレスが生物学を創始した．アリストテレスは，生物と無生物の違いは前者が霊魂をもつことであり，運動し感覚をもつものを動物，そうでないものを植物と分類し，人間と動物を隔てるものは理性である，と考えた．

その後，長い間，生命科学は科学として扱われることはなかったが，17世紀に入りヤンセン父子が顕微鏡を発明したころから観察対象が急激に増え，大きく発展した．例えば，イギリスのハーヴェイは人の体内の血液が循環することを発見し，生理学の分野を切り拓いた．1665年，フックは顕微鏡を用いて細胞を発見し（**2章**参照），それ以降，細胞の機能に焦点が集まった．18世紀に入ると，リンネが種の概念を打ち出し，すべての生物を分類する二名法を提唱した．また，ジェンナーが種痘法を発見するという医学上の大きな業績をあげた．19世紀に入り，クロード・ベルナールは「内部環境の固定制」という考え方を提唱したが，後になってキャノンによって「ホメオスタシス（恒常性）」という概念に発展した．これは，生体内外の環境の変化にもかかわらず生体の内部を一定に保つしくみであり，生物の基本的な性質である．ここから「健康」という考え方が生まれた．同時期に生命科学に革命をもたらしたのがダーウィンによる進化論の提唱とメンデルによる遺伝の法則の発見（**3章**参照）である．この時点で，現代の生命科学の基礎がつくられたといってよい．

2 生物とは何か

それでは，生物とはどのようなものであろうか．生物には次のような特徴がある（**図1-1**）．

1）「細胞」と呼ばれる構造体からできている．
2）遺伝物質DNAによって，自己を複製する．
3）環境からの刺激に応答する．
4）環境からエネルギー物質アデノシン三リン酸（ATP）を合成し，そのエネルギーを用いて生活・成長する．

以下，これらについて詳しくみていこう．
1）すべての生物は，細胞からできている（細胞

[※1] 本書では，生物としての種を表す場合は「ヒト」，人間そのものを表す場合は「人」と書き表すことにする．

① 「細胞」からできている

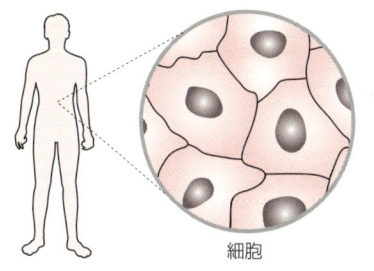

② 自己を複製する

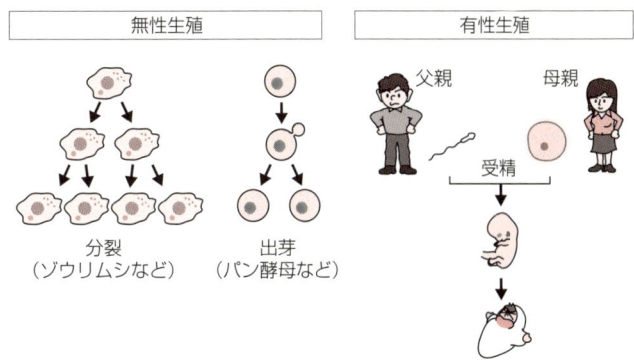

③ 環境からの刺激に応答する

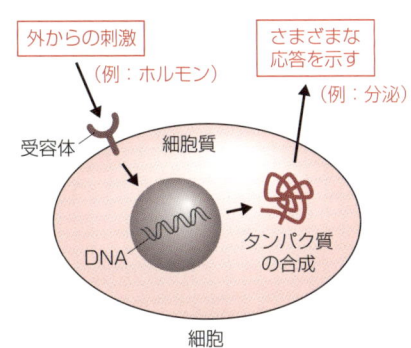

④ エネルギー物質を合成して生活・成長する

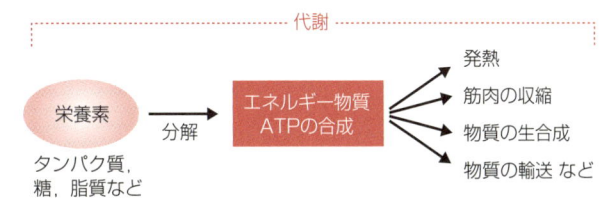

図1-1　生物にみられる4つの特徴

が生命の単位になっている）．細胞は，リン脂質二重層からなる細胞膜からできており（**2章図2-4**参照），直径十数μmの肝細胞から長さ数mの神経細胞までいろいろな細胞が存在する．

　一般に肉眼で見える大きさの限界は0.1 mm（100μm）で，光学顕微鏡では0.2μm（200 nm）あたりまでであり，1μm以下は電子顕微鏡でないとはっきり見えない．電子顕微鏡は，生きている状態のものは観察できない．

　2）生物のもう1つの大きな特徴は，一見，自分と同じ子孫をつくるという点である．単細胞生物は，通常の栄養条件下では，分裂（ゾウリムシなど）や出芽（パン酵母など）という無性生殖で子孫を増やす．この場合，DNAに変異が起こらない限り子孫の細胞は親と同じ形質（表に現れた性質）をもつ．一方，多細胞生物は有性生殖を行い，両親の遺伝子を半分ずつ受け継いだ子孫がつくられる．

　遺伝物質DNAは，ヒトであろうが細菌であろうがアデニン，グアニン，シトシン，チミンの4つの塩基（DNAの文字）で構成されていることは同じであるが，構成比が異なるだけで両者の違いが生み出されている．この遺伝物質が同じということも，地上のすべての生物が1つの生物から進化してきたことの証拠となっている．

　ところが，自己複製する途中にDNAの変異が起こった場合，それが子孫の形質に現れる場合がある．DNAの塩基には一定の割合でランダムに変化が生ずるので，結果としての進化も生物の特徴と考えることもできる（p.12下**コラム**参照）．

　3）生物の第三の特徴は，刺激への応答である．細

胞膜には，外界からの刺激を受容するタンパク質が存在するが，それを受容体（レセプター）と呼ぶ（**6章**参照）．化学物質，熱など外界からの刺激が細胞外から受容体に届くと，細胞質側で各種の化学反応が続けて起こり，最終的にはDNAの読み取りから新たなタンパク質の合成が起こる．この連鎖反応のしくみを，シグナル伝達系と呼ぶ（**7章**参照）．大腸菌からヒトに至るまで，すべての生物の遺伝子にはいろいろな受容体の遺伝子が存在し，カリウムイオンを通すK$^+$チャネルなど共通なものも多い．このことも，地球上の生物が1つの原始生物から進化してきたことを示唆している．

4）生物の最後の特徴は，細胞内で代謝（物質の合成と分解）を行うという点である（**8章**参照）．この過程でエネルギー物質であるATPを合成し，そのエネルギーの加水分解によって熱を得るとともに，代謝を行っている．

3 地質時代と生物の変遷

最初に地球上に出現した生物は，海洋中の有機物を利用し酸素を使わないで生活する嫌気性の単細胞生物であったと考えられている（**図1-2**）．この地質時代の区分をもとに生物の変遷をみてみよう．

地球誕生から5億6千万年前までを先カンブリア時代という．最初の生命体の誕生後，二酸化炭素を用いて有機物を合成する能力を備えた光合成細菌やシアノバクテリアが海洋に現れ，大気中の酸素が徐々に増えていった．生物は多細胞化し，真核生物（次節参照）が誕生した．先カンブリア時代末期になると，放散虫（原生動物），海綿，緑藻類などが出現した．

一方，増えてきた酸素は，地上10～50kmの成層圏で紫外線によってオゾンに変えられ，結果的にできあがったオゾン層が有害な紫外線を遮ることになった．こうして紫外線が地上に届かなくなったため生物

Column ウイルスは生物か？

ウイルスは，本文中で述べた生物の定義に当てはまらない．ウイルスはタンパク質と核酸（**2章**参照）でできた分子集合体であり，細胞や代謝系をもたない．また，自己複製はするものの，宿主側の物質を用いる必要があり，宿主細胞の中でしか増殖できない．またウイルスは遺伝物質としてRNAを使うことがあり，DNAに限らないところが通常の生物と異なる点である．遺伝物質としてRNAを用いるウイルスはRNAウイルスと呼ばれ，逆転写酵素（RNAからDNAをつくる酵素）によっていったんDNAをつくるものもあるが，そのあとは通常の方法でタンパク質がつくられる．

Column DNAの塩基の変異はなぜ起こるか？

DNAは，アデニン（A），グアニン（G），シトシン（C），チミン（T）の4つの塩基で構成されており，AとT，CとGが相補対をつくっている（**2章図2-5**参照）．遺伝子の上流部分には，CとGがいくつも並んでいるところがあり，そこでCの5位にメチル基が付加される（メチル化される）と，その遺伝子は不活性になるといわれている．この5-メチルシトシン（C^m）が脱アミノ化されると，図のようにチミンになってしまう．すなわち，シトシンがチミンに変化してしまう．そうするとC-GのペアがC^m-Gを経てT-Gとなってしまい，相補対が形成されない．この場合，どちらかの塩基が誤りと判断されて，Gが誤りと判定されればT-Aという相補対になり，Tが誤りと判定されるとTが除かれてC-Gペアに戻る．前者の場合には，最終的に塩基置換が起こることになる（**コラム図1-1**）．

シトシン（C） →(メチル化)→ 5-メチルシトシン（C^m） →(脱アミノ化)→ チミン（T）

コラム図1-1 シトシンのメチル化と塩基の変化

が海洋中から地上に進出することになった．今から約4億年前の古生代に，最初に地上に進出したのはコケ植物であった．

古生代になると，魚類や両生類が出現・繁栄し，陸ではシダ植物が繁茂した．中生代になると恐竜をはじめとする爬虫類が繁栄し，針葉樹などの裸子植物が生態系を占めた．隕石の衝突によって大型の爬虫類は次第に絶滅し，新生代に入った．新生代では私たち人類をはじめとする哺乳類と被子植物が全盛期を迎えた．

4 生物の系統と系統樹

図1-3に，現在までに知られている全生物の系統樹を示す．この系統樹は，主にDNAの塩基の違いによって分類されたものである．ここでは生物を，真正細菌（Bacteria），古細菌（Archaea），真核生物（Eukarya, Eukaryote）という3つの大きなカテゴリー（ドメインと呼ぶ）に分けてある．前二者は明確な核をもたないため原核生物（Prokaryote）とも呼ばれる．真正細菌と古細菌は細胞膜に存在する脂質の組成などが異なるだけでなく，明らかに遺伝子組成が違っている．私たちヒトや植物が分類される真核生物は，真正細菌ではなく古細菌の枝から分岐したものである．

一方，細胞内小器官（**2章**参照）をみると，真核生物は原則ミトコンドリアをもっているが，後に失ったものもいる．原生生物（Protista）である鞭毛虫にはミトコンドリアは存在しない．また，ミトコンドリアの形態が二重の膜で囲まれていることや環状DNAをもっていることなどから，この細胞内小器官は進化の

地質時代		絶対年代（億年）	動物界		植物界	
新生代	第四紀	0.02	哺乳類時代	人類の繁栄	被子植物時代	被子植物の繁栄
	第三紀	0.64		哺乳類の繁栄		
中生代	白亜紀	1.40	爬虫類時代	大型爬虫類（恐竜）とアンモナイトの繁栄と絶滅	裸子植物時代	被子植物の出現
	ジュラ紀	2.08		大型爬虫類（恐竜）の繁栄 鳥類（始祖鳥）の出現		針葉樹の繁栄
	三畳紀	2.42		爬虫類の発達 哺乳類の出現		ソテツ類の出現
古生代	二畳紀	2.84	両生類時代	三葉虫とフズリナ（紡錘虫）の絶滅	シダ植物時代	
	石炭紀	3.60		両生類の繁栄，フズリナの繁栄，爬虫類の出現		木生シダ類が大森林形成 裸子植物の出現
	デボン紀	4.09	魚類時代	両生類の出現 魚類の繁栄		
	シルル紀	4.36		サンゴ，ウミユリの繁栄		陸上植物の出現
	オルドビス紀	5.00	無脊椎動物時代	魚類の出現 三葉虫の繁栄	藻類時代	
	カンブリア紀	5.64		三葉虫の出現		藻類の繁栄
先カンブリア時代		46		原生動物，海綿動物，腔腸動物などが出現		緑藻類の出現 シアノバクテリア類の出現 細菌類の出現

図1-2　地質時代区分と生物の出現

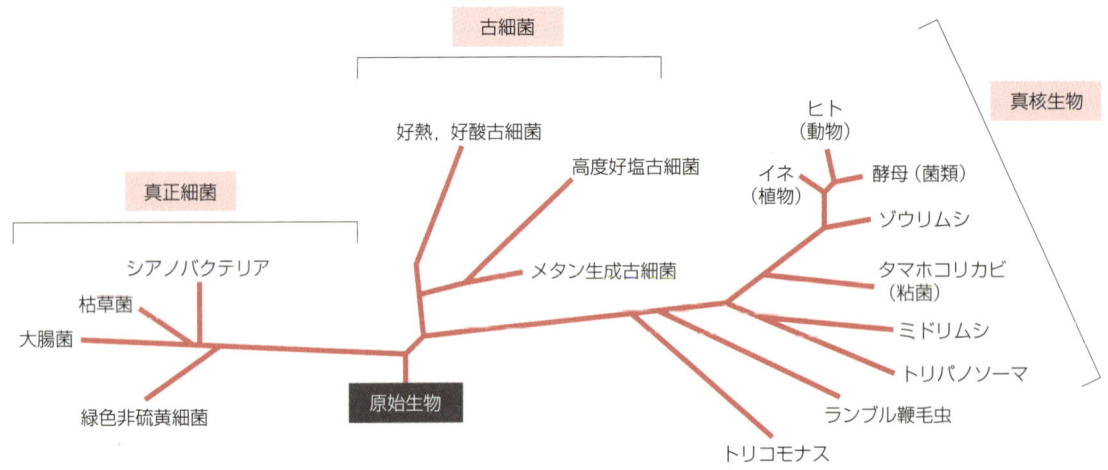

図1-3　生物の系統樹

過程で酸素呼吸を行う好気性の細菌が原始真核生物に共生し，独自の遺伝子をもつ細胞内小器官になったものと考えられている（細胞内共生説，**2章図2-7**参照）．同様に，高等植物にみられる葉緑体も，光合成能力をもつシアノバクテリアが共生したものが起源と考えられている．

　真核生物の最も原始的な生物は，原生生物と呼ばれているものである．このなかには，前述の鞭毛虫のほかに，マラリア原虫や赤潮を引き起こす渦鞭毛藻などがある．このほかに原生生物のなかには，光合成を行うミドリムシや，単細胞でありながら分化を行い，形を変える粘菌などがある．

　ここから植物と呼ばれている一群の生物が分化していった．植物は，細胞壁に囲まれ，光合成を行う多細胞生物である．植物は，二酸化炭素と水を材料に有機物を合成できるため独立栄養生物と呼ばれる．植物は生産者として，それ以外の地球上のすべての生物に栄養を与えている．

　その後，細胞壁に囲まれるものの光合成を行わずに従属栄養の形態で生きる菌類（カビ，キノコ類，栄養学的には分解者と呼ばれる）が分化し，最後に動物が現れた．動物は細胞壁も光合成能力もないので従属栄養生物であり，栄養学的には消費者と呼ばれる．

　哺乳類の祖先が誕生したのは，今から1億5千万年以前の中生代であり，その後，単孔類，有袋類が分化し，現在の哺乳類が広く世界中に適応放散したのは8千万年前と考えられている．サルとヒトが分かれたのは今から600万年前であり，そこから，アウストラロピテクス，ホモ・ハビリス，ホモ・エレクトスを経てホモ・サピエンスが誕生した（**図1-4**）．現在では，ホモ・ネアンデルターレンシス（ネアンデルタール人）は，現存人類の祖先ではなく，別種のホモ族と考えられている（p.15**コラム**参照）．

5 ヒトの起源と進化

　私たちホモ・サピエンスがどのようにして生まれたかについては，2つのモデルが提唱された．1つは多地域進化説で，今から600万年前にアフリカに誕生した原始人類が180万年前頃（ホモ・エレクトスと呼ばれている）に中東を通ってユーラシアに拡散し，ジャワ原人がオーストラリア先住民（アボリジニ）に，北京原人が東アジア人に，ネアンデルタール人がクロマニョン人になり，現在のヨーロッパ人になったとする説である．もう1つはアフリカ起源説で，現在の地球上に住むすべての人の祖先は15～20万年前にアフリカにいて，そこから世界中に広まったという考え方である（**図1-5**）．現在ではDNAの解析により後者の方が正しいと広く信じられている．

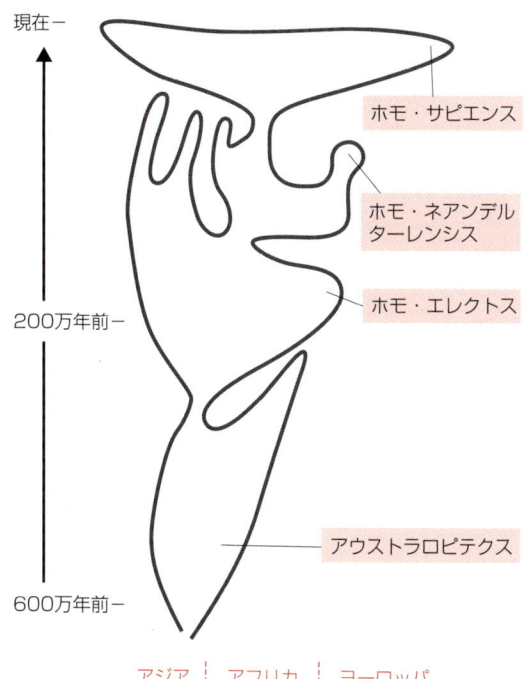

図1-4 ヒトの系譜
この図は概念図であり，正確なものは本文参照

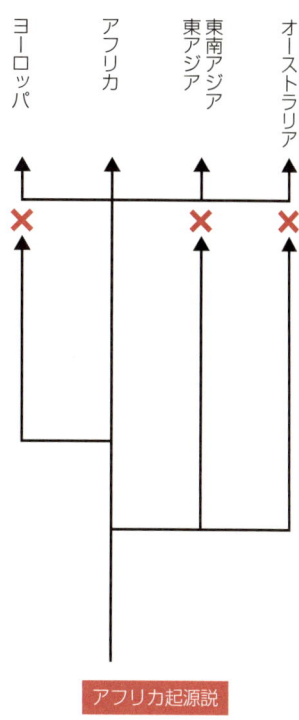

図1-5 ヒトの進化
ヒトの起源はアフリカで，そこから世界に広まっていった

Column ネアンデルタール人のゲノム解析

ネアンデルタール人が私たち現存人類の祖先かどうかを知るには，ゲノム（**3章**参照）を調べることで可能になる．今から約3万年前に絶滅した化石人類であるネアンデルタール人は，骨の形態的観察から，現存人類の直接の祖先なのか，人類の系譜から脇道にそれたヒト科の別種なのかについて議論が行われてきた．ネアンデルタール人に背広を着せて町に連れ出してもわからないという人もいれば，いや，大きくて骨太，眉毛の部分が飛び出ていてはっきりとわかる，という人もいる．

ドイツのネアンデル渓谷で見つかった第一号の化石（骨）から，1997年に最初にミトコンドリアDNAが抽出された．一般にDNAは5万年ほどしか保存できず，通常はこのあたりが限界なのである．6400万年前に絶滅した恐竜のDNAは，よほど保存状態がよくない限り，回収することは難しい．ミトコンドリアは1つの細胞に数千個存在するので，たった2コピーしか存在しない核DNAとは個数が圧倒的に違う．そのため，古生物から抽出されたものはほとんどがミトコンドリアDNAなのである．最初の結果では，連続した379文字の塩基のうち，ヒトとネアンデルタール人では26カ所の相違が見つかった．現存のヒト間の相違は，一番違っている人でもせいぜい8カ所であり，26カ

所というのは大変多い．ちなみに，ヒトとチンパンジーでは，同じ箇所で50カ所の相違が認められた．このことは，現存人類とネアンデルタール人とは50〜65万年前に分かれたことを意味し，ネアンデルタール人は私たちの直接の先祖ではない，という結論になったのである．

このように遺伝子配列は進化の結果を秘めた重要な記録であり，博物館にある絶滅した動物の毛からその種を推定したり，遺跡から発掘された人骨によってその人がどこから来たかを推定したり，病原微生物の進化の過程などを明らかにすることができる．

6 自然科学とは何か

17世紀以降，生命科学が発展したのは，科学的なものの考え方が広まり，生命も科学的思考の枠内で理解することができる，と判断されたからである．それでは，そもそも科学的にものごとを進めるやり方（科学的な考え方）とはどのようなものなのだろうか．幾多の人がいくつもの定義を述べたが，大筋では最終的に次のものがあげられよう．

1) 観察対象が明確になっている．
2) 実験や観察によって得られたデータから議論する．
3) 方法は客観的で，他の研究者によって追試可能なものである．
4) 仮説は検証されなければならない．
5) 誤ったものを正しいものに置き換えることができる．

科学は，自然の真理を見つけ出す合理的な方法である．まず自然を観察し，そこから仮説を立てる．その仮説は検証されなければならない．もし仮説が検証によって否定されれば，その仮説は棄却しなければならない．このようにして，よい仮説だけが生き残る．

それでは，1)〜5)まで細かくみていくことにしよう．1)は明白である．例えば，UFOは誰でもみられ

Column　　　　　　　　　　　　　　　　　　　　　　　進化と苦味受容

ヒトの遺伝形質で有名なものに，フェニルチオカルバミド（PTC，**コラム図1-2**）感受性がある．これは，人工物質PTCを苦いと感じる人と感じない人がおり，形質が遺伝するのである．PTCは，味覚芽に発現しているT2R38という受容体に結合し，受容体の多型（**3章**参照）がPTC感受性を決めていることが明らかになった．それも333個のうちのたった3カ所のアミノ酸の違いで生じる．T2R38のN末端から49，262，296番目のアミノ酸が，プロリン，アラニン，バリンの人（この人たちをアミノ酸の頭文字をとってPAV型と呼ぶことにする）が苦味を強く感じる人であり，同じところがアラニン，バリン，イソロイシンの人（これも頭文字でAVI型

とする）が感じない人であることがわかった．また，PAVとAVIを1個ずつもつヘテロ（**3章**参照）の人はPAVを2つもつホモの人よりも有意にPTC感受性が低い（つまり少し苦味を感じる）ことも明らかになった．

ところが，チンパンジーにもPTC感受性のものと非感受性のものがいることがわかったのだが，それはヒトのPAV型とAVI型ではなかった．チンパンジーの非感受性型は，開始コドン（**3章**参照）に変異があり，非感受性のチンパンジーではT2R38遺伝子の開始コドンの2番目のチミン（T）がグアニン（G）に変異していて，もっと下流の97番目のアミノ酸がメチオニンになっていた．すなわちチンパンジーのPTC非感受性のものは，通常

よりも小さなT2R38タンパク質がつくられていて，この小さなタンパク質の機能が低下していたのであった．

興味深いのは，ヒトでもチンパンジーでもなぜ苦味を感じる個体と感じない個体が共存するのか，という点である．種が存続するために多様化が必要，というのは優等生的解答であるが，本当の答はどうなのだろうか．多分，苦味を感じる個体の方が環境中の毒に対して感受性が高く，毒を見分けることができるために今まで生き残ったらしい．また，毒を見分けることができない個体の方が苦味のもつ健康増進作用（ブロッコリーなどアブラナ科の植物のもつ抗がん作用）の利益を得たのだろうか．この解答はまだ得られていない．

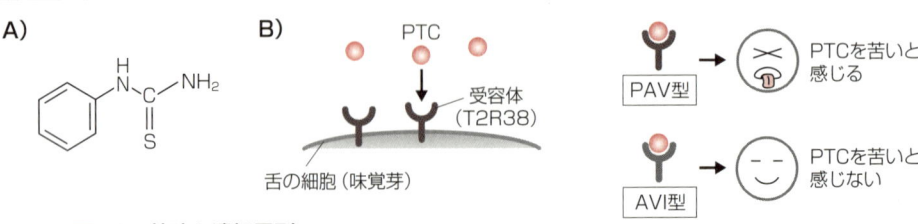

コラム図1-2　苦味と遺伝子型
A) フェニルチオカルバミド（PTC）の構造．アブラナ科の植物に多く，これをなめると，苦く感じる人と，感じない人がいることがわかった．B) PTCはT2R38という受容体に結合する．受容体の型によってヒトは苦味の感じ方が異なる

るものではない．2）も大切で，実験で得られたデータから何が言えるかを議論すべきであり，言い伝えや当人だけの思い込みからは，正しい結論は得られない．3）は当然のことであるが，特に追試は重要である．しかし追試は第一発見者に比べて賞賛されることが少ないので行われない場合も多いが，自分だけが正しいと思い込み追試を拒む（追試できるようなデータを論文中に書かない）場合には，捏造疑惑などの問題も絡むことがある．その意味で，他人による追試が可能なように論文は書かねばならない．結果的に，多くの追試を経て確立した理論こそ，科学的真実に最も近いものである．

4）については，カール・ポッパーからの強い主張があるので，以下に紹介しよう．ポッパーは，検証可能性こそが科学の最も重要な特性であるから，検証（や反証）できない進化理論は科学ではない，と述べた．また，絶対的真理など存在しない．科学的真理と呼ばれているものは単なる仮説であり，誤りが証明されていないだけのことで，いつかは取って代わられるものだ，と述べた．このような議論や，科学者がいう「証拠信仰」こそ原理的信仰ではないか，という意見もある．しかし，生命科学に関しては，検証すべき仮説とそうでないものは区別すべきである（p.17 **コラム**参照）というR.ドーキンスの意見が妥当なところだろう．

5）も重要である．自分以外の誰かの意思が最も強いもので，その意思のもとにすべてがあるという社会では，科学は発達しない．まず正しいものありき，ではなく，常に正しいと証明されたものに置き換えていく，またそういうことが許される社会であることが大切である．

また特に生命科学に対して，物理学や化学のように宇宙全体を説明する学問ではなく，地球上の生命体だけにしか適用できない学問ではないか，という批判がある．また，生命は複雑多様であって還元論では説明できないといわれていた．しかしながら，多くの生物のゲノムが解明されて，DNAが生命の成り立ちを決めていることが明らかになってきており，現在の分子生物学の手法を用いることによって，人間の行動，意識なども解明可能となってきた．これらの方法論は地球上の生命体以外に生命の発見があったとしても充分に対応できると考えられる．

7 生命科学の発展

生命科学は，最初は人間を対象としたものであったが，結果的には大きく発展して地球上のすべての生物を対象とする学問になった．現在，ゲノムや進化を対象とした基礎研究だけでなく，人間を題材とした医療問題，食と健康，私たち自身のこころと体がすべて研究対象となっており，これに加えて私たちが住む地球環境問題や他の生物との共生なども大きな位置を占めるに至っている．加えて，クローンや遺伝子診断などの倫理問題も避けては通れなくなっている

Column ― 仮説と真理

「恐竜が暮らしていた中生代ジュラ紀に人間はいなかった」という仮定は成り立つものなのだろうか．確かに，人骨が出土している地層には中生代のものはなく，すべて新生代の第四紀のものである．また，進化の過程を考えても，放射性同位元素の測定によっても，ヒトはせいぜい数百万年前に現れた，というのが正しいように思われる．しかしながら，厳密な意味でジュラ紀にヒトがいなかったと証明されたわけではない．もし，ジュラ紀の地層から恐竜とともに人骨が発見されれば，現在の進化理論は修正を迫られることになるわけで，そのような可能性はゼロではない．しかし，私たちは「可能性はゼロではないので進化理論は正しいとはいえない」という立場をとらない．なぜなら，すべての生物の進化（形態，DNA）の道筋が，ヒトがサルとの共通祖先から600万年前に分岐したことを示唆しているからで，このことは真理と同じ意味をもつものであり，「中生代ジュラ紀に人間はいなかった」というのは，検証すべき仮説ではないのである．

また，自然科学の知識より宗教的価値を重んずるために，進化論を否定し，生命の誕生や進化について創意に富んだ推測をつくり出すことがあるが，生命科学の主張を反証するには至っていない．私たち生命の歴史は，想像力でカバーできるほど単純なものではない．

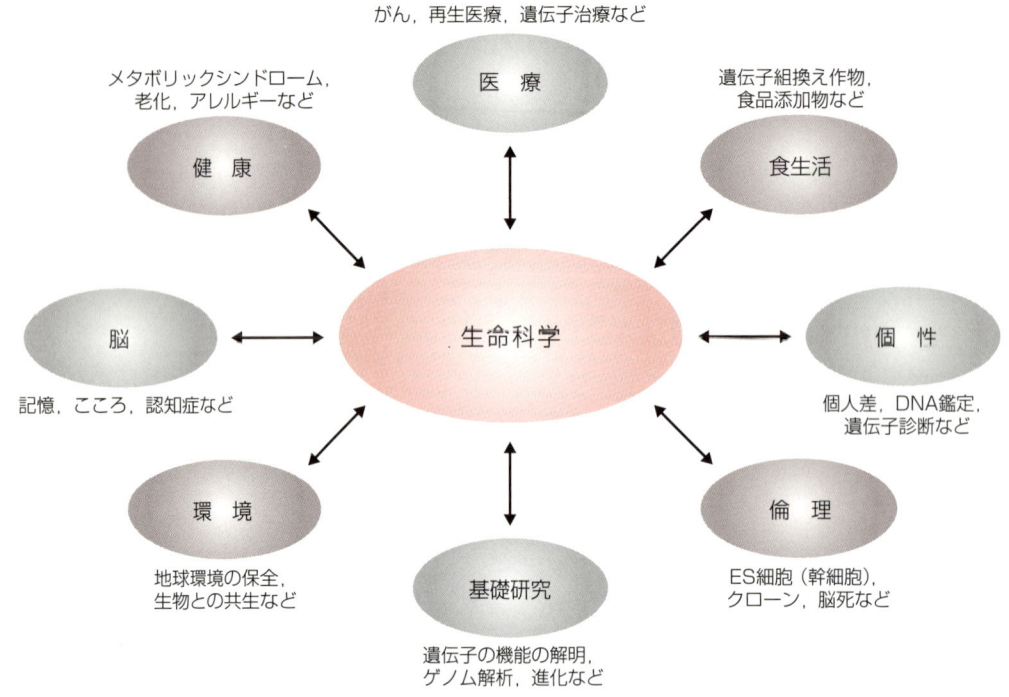

図1-6 社会に浸透する生命科学

（図1-6）．しかも，21世紀になって多くの生物のゲノムが解読されると，対象がどのような生物であっても，同じ方法論で問題を解決できることがわかってきた．

しかし，細胞の分子レベルの機能，個体の行動，生態系の動き，生物の進化などの研究には，今までの生物学だけでなく，物理化学，生化学，分子生物学，地球科学，心理学など異分野の知識がこれまで以上に必要となり，時空間上のさまざまなレベルでの統合が必要となってきた．バランスのとれたものの見方は，個々の学問分野だけを学んで得られるものではなく，諸分野の統合の追及を通して獲得できるものである（E. O. ウィルソン）ことは間違いない．

本章のまとめ

- □ 生命科学は長い年月をかけて現在のものになったが，その間には幾多の業績があった．なかでも，細胞の発見，ダーウィンによる進化概念の提出，遺伝の研究は，現代の生命科学の礎になっている．
- □ 生物と定義されるためには，「細胞」からできていること，DNAによって自己複製すること，外界からの刺激に応答すること，エネルギー合成しそれを用いて生活すること，などがあげられる．
- □ 地球上の生物は，太古の昔の1種類の原始生命体から進化した．
- □ ヒトは，600万年前に誕生したアフリカに起源をもつ人類である．
- □ 生命科学の基礎にもなっている科学的思考には，観察対象が明確なこと，実験観察から得たデータから議論すべきであること，客観的な方法を用いること，仮説は検証されなければならないこと，誤りは訂正しうること，があげられる．

第Ⅰ部　ヒトの基礎

2章　細胞からみたヒト

　私たちヒトは約60兆個の細胞からできている．しかし単に細胞が集まっているのではなく，異なる働きをもつ細胞が集まって組織をつくり，組織はより大きな単位である器官へと組織化され，この機能が統合されて器官系を，そして，器官系が統合されて個体を形成する．近年の医学では，治療の一環として，自らのものはもとより，他人からの細胞（例えば血球）や器官（臓器）を移植することがある．細胞は，ヒトにおいてどのような存在なのだろうか．本章では，個体の基本となる細胞の振る舞いを概説するとともに，細胞を構成する細胞内小器官やタンパク質などの生体高分子をヒトと関連づけて紹介する．

1　細胞の発見

　1665年，イギリスの物理学者であるロバート・フックは『ミクログラフィア』という書物を出版した．この本のなかにフックは，自作の顕微鏡を用いて，針の先からノミなどの生物まで，目では見えない微細な構造を綿密に観察し記録した．そのなかでとても有名な図が図2-1である．これはコルクのスケッチで，コルクが細胞壁で囲まれた多数の小区画からできていることがわかる．フックは，この区画を「Cell（小部屋）」と名付けた．このときのフックは，死んだ植物細胞の仕切りとしての細胞壁だけに言及していて，この区画で囲まれた中身「Cell」が生物の基本であるという認識があったわけではない．

　しかし，その後200年経ち，さまざまな観察結果から，ドイツのシュライデン，シュワンらは，この「Cell」こそが生命に共通な基本単位であり，機能の単位であると主張し，広く受け入れられるようになったのである．現在では，「Cell」は「細胞」と呼ばれ，生物学で最も重要な概念の1つとなっている．

2　細胞の大きさと多様性

　生物には，細胞1個で生きている単細胞生物と，たくさんの細胞から個体がつくられている多細胞生物がいる．単細胞生物には1〜2μm程度の大腸菌のような細菌から，200μm程度のゾウリムシのような原生動物まで多様な生物がいる（図2-2）．多細胞生物も，ヒトを例にとってよくわかるように，きわめて多様な細胞からつくられている．形についてみると，皮膚上皮細胞の平たい細胞から，赤血球の円盤状の細胞，さらには神経細胞のように細長く伸びた細胞まで多様であるし，大きさも7μm程度の赤血球から，突起部分が1mに達することがある神経細胞までさまざまである．植物においても，コルクの細胞のように四角く区画された細胞のほか，ジグソーパズルのピースのような海綿状細胞，数mm〜数十cmほども長く伸びた花粉管細胞など，大きさも形も多様である．

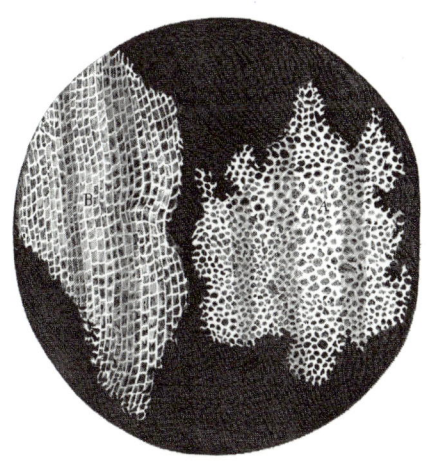

図2-1　フックが観察したコルクの「細胞」

3 ヒトの体の階層構造

多細胞生物の多様な細胞は，周りの細胞の影響を受けるものの，独自に物質代謝・エネルギー代謝や増殖を行う．そのうえで，統一のとれた個体としての働きをつくり出している．それでは，個体ではどのように細胞の働きを統合しているのだろうか．多様な細胞は組合わさって組織をつくり，組織はより大きな単位である器官へと組織化される．このように機能の階層別の統合化が生命の基本的なしくみを支えている．ヒトでは，さらに最上位の階層として，器官を統合する器官系が発達してきた（表2-1）．例えば，循環器系では血液とリンパ液の体全体への循環を制御し，神経系では体各部と脳・脊髄の間の情報伝達を司り，内分泌系ではホルモンを介して体各部の活動が調整される．また，血糖値の調節のように，これらの器官系がお互いに連携して恒常性の維持に働くケースも多い（8章参照）．

逆に細胞をさらに内部へとたどっていくと，細胞は細胞内小器官（オルガネラ）からできていて，それらはタンパク質や脂質や糖のような分子からつくられ，そのもとは，さまざまな原子ということになる．

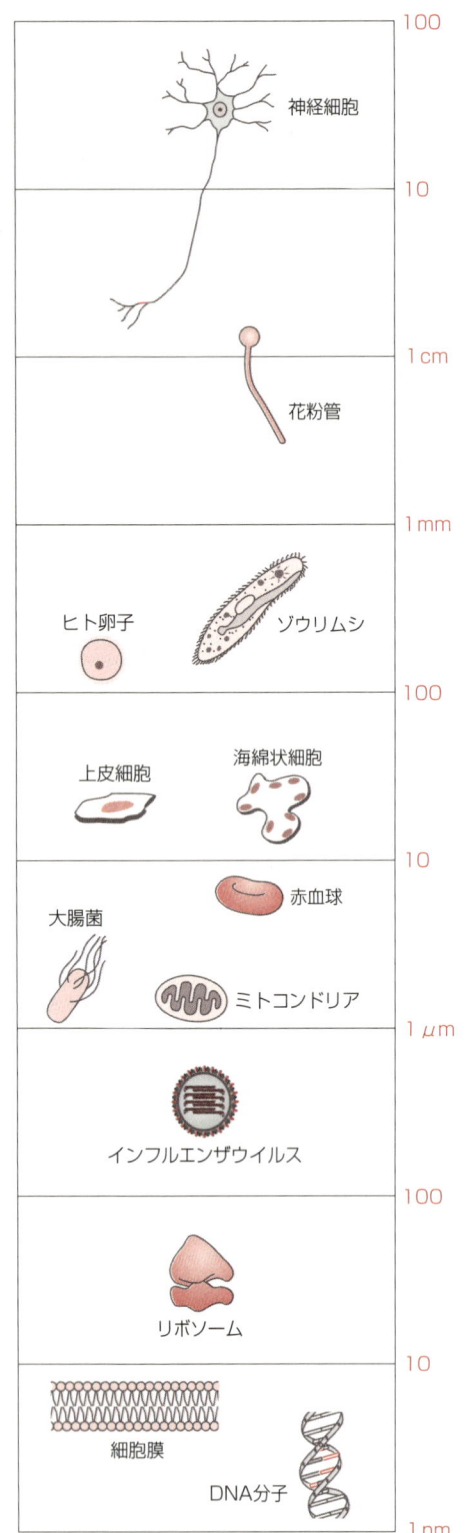

図2-2 細胞，細胞内小器官，生体分子の大きさ

表2-1 ヒトの主要な器官と器官系

器官系	主な器官					
運動器系						
骨系	骨	軟骨				
靱帯系	靱帯	腱				
筋系	骨格筋					
循環器系						
血管系	心臓	血管				
リンパ系	胸腺	リンパ管				
神経系						
中枢神経系	脳	脊髄				
末梢神経系	神経節					
内臓系						
消化器系	口	胃	小腸	膵臓	肝臓	
呼吸器系	肺	気管	鼻腔			
内分泌系	視床下部	副腎	下垂体	精巣	卵巣	甲状腺
生殖系	乳房	子宮	陰茎			
泌尿器系	腎臓	膀胱				
感覚器系						
視覚器系	目					
聴覚器系	耳					
嗅覚器系	鼻					
味覚器系	舌					
外皮系	汗腺	乳腺				

4 細胞を構成する分子

細胞を理解するために，まず，細胞を構成する主要分子をみてみよう．表2-2は一般的な細胞内の分子組成である．もちろん大腸菌とヒトの細胞の間で，また，ヒトの細胞でもそれぞれの組織の細胞の間で，分子組成は多少異なるのだが，その割合は大きくは変わらない．

表2-2　細胞をつくっている分子

物　質	構成物質の一例
水	
タンパク質	酵素，構造タンパク質，細胞骨格，受容体
脂質	リン脂質，中性脂肪，ステロイド
核酸	DNA，RNA
糖	グルコース，グリコーゲン，セルロース
微量成分	ビタミン，ホルモン，生理活性物質
無機塩類	Na^+, Cl^-, K^+, Ca^{2+}, Fe^{2+}/Fe^{3+}, Zn^{2+}

❖ 水

細胞は水浸しといっていいほど，多量の水からできている．水は細胞の70％程度を占める．なぜ，そんなに水が多いのだろう．水は極性分子であるので，多くのイオンやタンパク質などをその中に溶かし込むことができる．また，水は低分子であるにもかかわらず，水素結合で分子同士が結合しており，このために他の低分子に比べて融点や沸点が高く，比熱も高い．こうした水の安定な性質は地球表面の温度環境で安定な生命体を形成・維持するうえで，非常に重要であると考えられている．

❖ タンパク質

細胞内で水に次いで多いのが，タンパク質である．タンパク質の材料は，20種類のアミノ酸である．タンパク質は非常に大切な分子であるにもかかわらず，ヒトは9種類のアミノ酸（必須アミノ酸）を自分ではつくることができない．そのため，他の生物を食べることで摂取する．20種のアミノ酸がさまざまな組合わせでつながって，多様なタンパク質をつくる（図2-3）．長さも多様であるが，ヒトでは100～1,000個程度のアミノ酸からつくられているものが大部分である．もし，20種のアミノ酸を自由に使って100個のアミノ酸からなるタンパク質をつくるとすると，理論上は20の100乗という天文学的な数の異なるタンパク質をつくることができる．しかし，ヒトでは，すべてを合わせて，せいぜい10万種類程度のタンパク質しか知られていない．

適切に配置されたアミノ酸は立体構造をつくり出す．鎖としてつながったアミノ酸が部分的に折りたたまれて，らせん状やシート状などの構造をとるのである．タンパク質全体では，全体として折りたたまれて，三次構造をとる．さらにタンパク質同士が結合すると複雑な四次立体構造ができあがる．この立体構造がタ

Column　臓器移植と細胞移植

臓器は非常に複雑な構造と機能をもつため，現状では，人為的に完全な臓器をつくり出すことはできていない（**5章参照**）．そのため，臓器機能が低下して患者の生命が危ぶまれるような場合に，患者の心臓，肝臓，肺，腎臓などの器官（臓器）を，第三者から提供された臓器により代替する医療が行われる．これを臓器移植という．腎臓のように健常者から提供されることができるものと，心臓，角膜のように脳死あるいは心臓停止後の死者からのみ提供されるものがある．

一方，細胞移植は，特定の性質をもつ細胞を移植する医療で，先天的あるいは後天的に機能が低下している細胞を，本人あるいは第三者から提供された細胞により代替する．例えば，Ⅰ型糖尿病は，膵臓のインスリン産出に働くβ細胞が破壊されることにより，インスリンが不足する病気である．こうした患者に，膵ランゲルハンス島のβ細胞を移植することにより，インスリンを体内で産生させ，供給させることを可能にする．また，白血病などにより，骨髄組織での造血機能が異常になったときに，造血幹細胞を移植することで，正常な造血機能を回復させることも行われている．移植した造血幹細胞は骨髄に定着して，白血球や赤血球など多様な血球系細胞をつくり出す．このような医療は，細胞や組織の構造や性質がわかるようになって初めて，可能になった医療である．

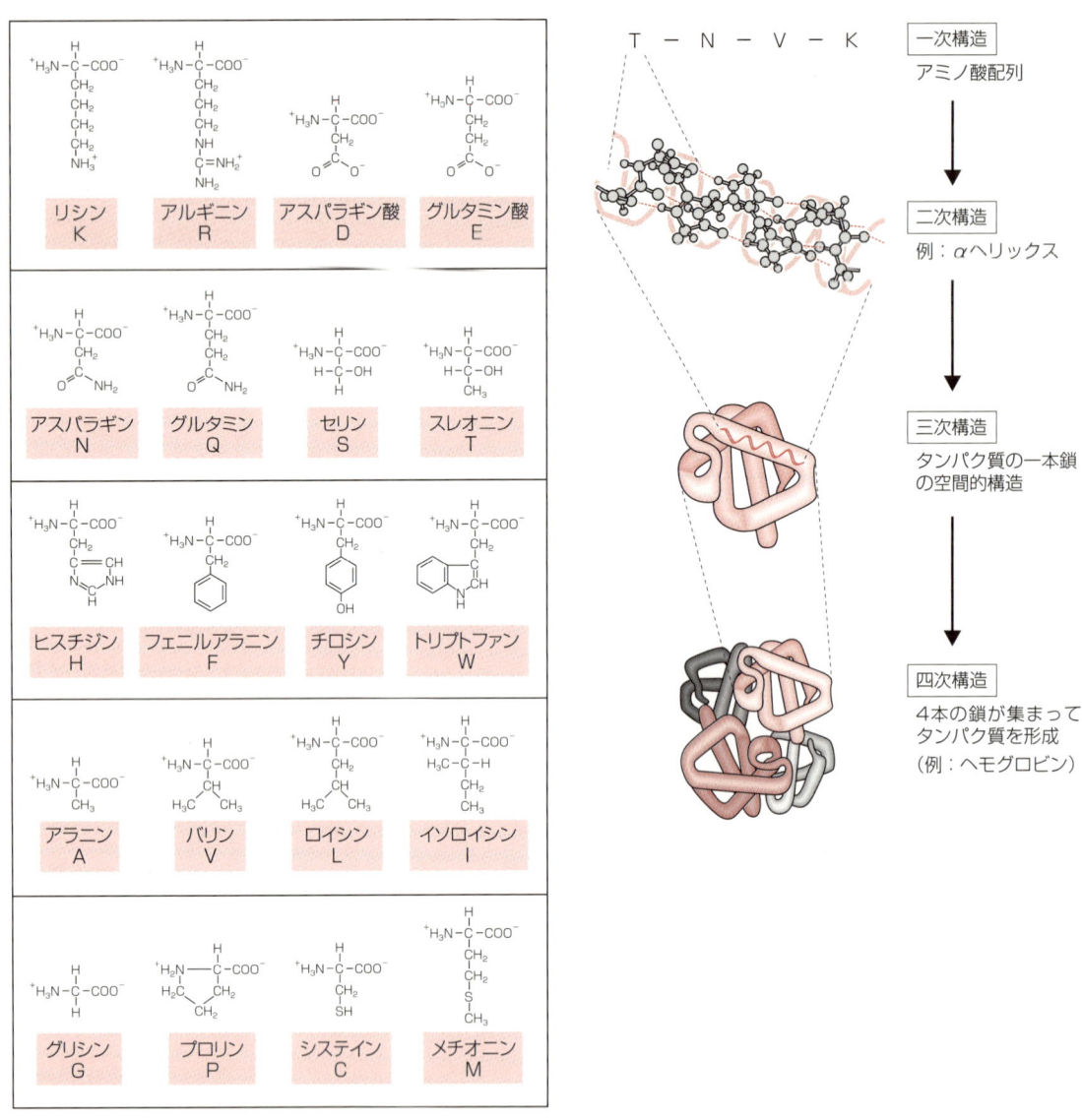

図2-3 タンパク質を構成するアミノ酸の種類（A）とタンパク質の構造（B）

ンパク質の機能に重要であり，熱などにより立体構造が壊れると，タンパク質は働かなくなる．この立体構造を利用して，タンパク質は，酵素，構造タンパク質，細胞骨格，受容体などとして，多様な細胞機能の主役として働いている．そのためもあり，ヒトの遺伝性疾患のほとんどがこのタンパク質の機能変化によって起こる．後述するように，こうしたタンパク質のアミノ酸の並び方はDNA上の情報から読み取られる（**3章，4章**参照）．

❖ 脂質

脂質は，水に溶けない物質の総称で，グリセロ脂

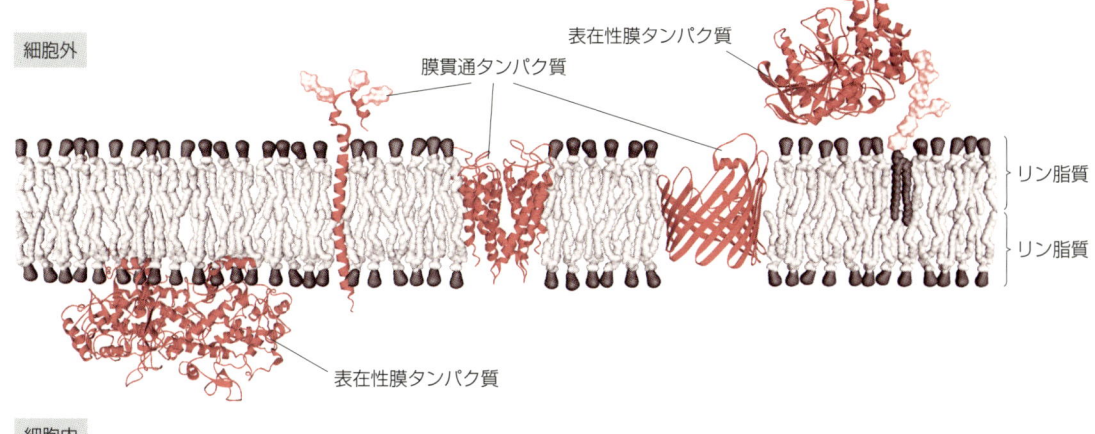

図2-4　細胞膜の構造
生体膜の一種である細胞膜はリン脂質二重層からできていて，そこにさまざまなタンパク質が局在している

質，スフィンゴ脂質，ステロイドなどの多様な化合物が含まれる．生物においては，脂質は生体膜の構成成分として重要である．生体膜はリン脂質が二重の層になってつくられているもので，この中あるいはその表層に細胞ごとに異なるタンパク質が局在する（図2-4）．生体膜は細胞や細胞内小器官のような区画をつくり出し，生体膜のタンパク質は区画内外の物質のやりとりを担っている．中性脂肪はグリセロールの3つの水酸基がすべて脂肪酸とエステル結合をつくったグリセロ脂質の一種で，エネルギー貯蔵の役割を果たしている（8章 p.99 コラム参照）．

❖ 糖

生体内における糖はエネルギー源として重要である．グルコース（ブドウ糖ともいう）がたくさんつながった多糖類であるグリコーゲンはエネルギー貯蔵分子として働く．エネルギーをつくり出す場では，グリコーゲンが切られて多数のグルコースがリン酸の付いた形で遊離する．このグルコースが水と二酸化炭素にまで分解される過程で大量のエネルギーがつくられる（8章参照）．糖はまた，細胞の構造をつくったり，生体内情報としても使われる．植物の細胞壁はセルロースなどの多糖類からつくられていて，バイオマスや生物燃料の素材として期待されている．糖が生体内情報として使われる身近な例としては，ABO式血液型があげられる．A型の人の赤血球には，膜の外の突き出た糖鎖の末端にアセチルガラクトサミン（A）が存在する．B型の人の赤血球の糖鎖の末端にはガラクトース（B）が存在する．一方O型の人の赤血球の糖鎖の末端には，そのような糖がない．

❖ 核酸

核酸は塩基，五炭糖（5個の炭素から構成される糖），リン酸からなる化合物である（図2-5A）．五炭糖にはリボースとデオキシリボースの2種が，塩基にはアデニン（A），グアニン（G），シトシン（C），チミン（T），ウラシル（U）の5種類がある．DNA（デオキシリボ核酸）はA，G，C，Tの4種の塩基にデオキシリボースとリン酸が結合したヌクレオチドがつながってできたものであり（図2-5B），RNA（リボ核酸）はA，G，C，Uの4種の塩基にリボースとリン酸が結合したヌクレオチドがつながってできたものである．また，生物の酵素反応にエネルギーを供給するATP（アデノシン三リン酸，8章図8-4参照）やシグナルの仲介役として働くcAMP（サイクリックAMP，4章参照）なども核酸の例である．

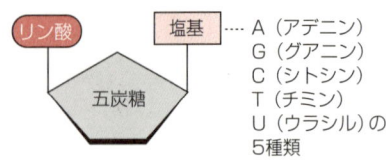

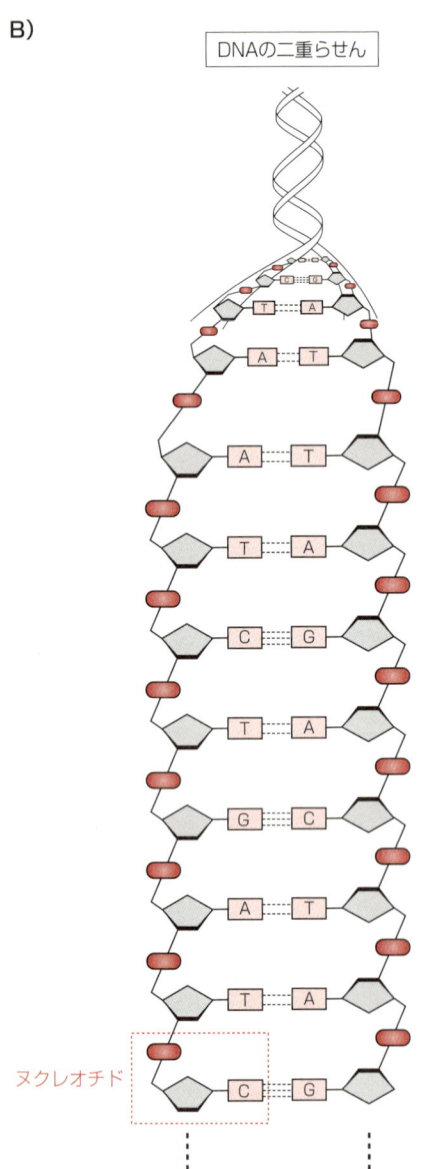

図2-5 ヌクレオチド（A）とDNA（B）の構造

5 細胞内の役割分担 ―細胞内小器官

　細胞機能はきわめて多様で複雑である．また細胞ごとに全く異なる機能を果たすこともある．このような細胞機能を，多様性を維持しながら効率よく，しかも統合的に行うために，生物は，特殊機能のスペシャリストである細胞内小器官を用意した（図2-6）．細胞内小器官は二重膜で囲まれた小器官（核，ミトコンドリア，葉緑体），一重膜で囲まれた小器官（小胞体，ゴルジ体，エンドソーム，リソソームなど），膜で囲まれていない小器官（リボソーム，細胞骨格など）に分けられる．これらがそれぞれ固有の働きをし（表2-3），それを統合することで細胞機能が発現する．それでは，細胞の中に入り込んで，主な細胞内小器官の働きをみてみよう．

❖核

　細胞で中枢的な指令を発しているのは核である．遺伝情報であるDNAの複製場所でもある．DNAは裸で存在するのではなくヒストンと呼ばれるタンパク質が結合し，ヌクレオソームという構造をつくる（**4章コラム図4-3**参照）．また，核内でDNAからメッセンジャーRNAの転写が起こり，遺伝情報の読み出しが行われる（**3章**参照）．この遺伝情報の読み出しは，発生過程，細胞間相互作用，外部環境などにより厳密に制御される．遺伝情報の読み出しを担う鍵タンパク質は，核膜孔を介して往き来する．

❖独自のDNAを含む細胞内小器官

　細胞の全体的な指令は，核のDNA情報をもとに行われるが，ミトコンドリアと葉緑体には，独自のDNAとタンパク質合成系が存在し，自らのタンパク質をつくっている．しかし，ミトコンドリアあるいは葉緑体を構成するタンパク質の大部分は，核のDNA上にその遺伝子がのっていて，独自のDNAをもつとはいえ，その増殖と機能は核によりコントロールされていることになる．ミトコンドリアと葉緑体の起源は，それぞれ，20億年以上も前に原始真核細胞内に取り込まれた原始好気性細菌と原始シアノバクテリアだと考えられている（図2-7）．進化の過程で，これ

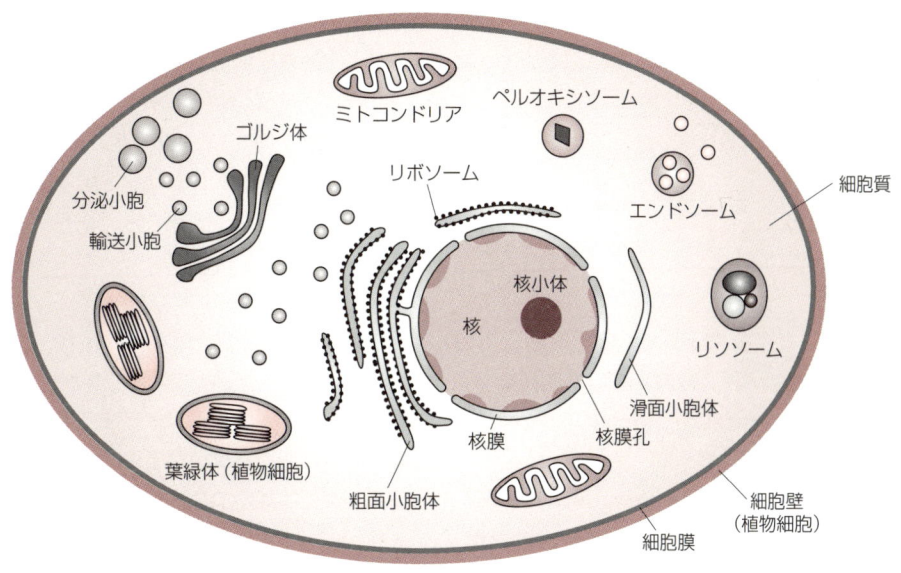

図2-6 細胞のモデル図

らの細菌のDNAの多くは原始真核細胞の核へと移行し，宿主であった原始真核細胞の支配下に置かれたと考えられている．

●ミトコンドリア

ミトコンドリアはエネルギーを産生する細胞内小器官で，好気呼吸により多量のATPの合成を行う．このとき，ミトコンドリアの可溶性部分と内膜の2つのエネルギー産生経路（クエン酸回路，電子伝達系と呼ばれる）の協調が必要である．細胞内のミトコンドリアの数や内膜の発達の程度は，細胞ごとに異なり，多くのエネルギーを必要とする肝臓の細胞では，数も多く内膜も発達している．また，エネルギー産生は生命活動に重要であることから，ミトコンドリアの異常は重篤な病気を引き起こすことも多い（p.26 コラム参照）．

●葉緑体

葉緑体は光合成のための装置であり，植物に固有の細胞内小器官である．葉緑体内の膜上では，太陽光エネルギーを吸収して化学エネルギーに変える明反応が起こり，可溶性の部分では明反応でつくられた化学エネルギーを用いて，二酸化炭素を有機物として固定する暗反応が起こる．きわめて効率のよい太陽光エネルギー変換装置であるといえる．このようにしてつく

表2-3 細胞内小器官と細胞質の働き

区画	主な機能
細胞質	物質輸送と多数の代謝経路をもつ
核	遺伝情報であるDNAの複製場所
小胞体	脂質や膜タンパク質の合成
ゴルジ体	タンパク質と脂質の修飾と選別輸送
エンドソーム	細胞内への物質取り込みと選別
リソソーム	細胞内の物質消化
ペルオキシソーム	分子の酸化
リボソーム	タンパク質の合成
ミトコンドリア	好気呼吸によるATP合成
葉緑体	光合成によるATP合成と炭素固定

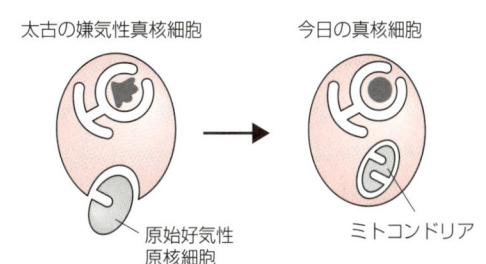

図2-7 細胞内共生説

ミトコンドリアは，太古の昔，嫌気性の真核細胞に取り込まれた原始好気性細菌に由来する

られた有機物は植物の体づくりに使われるとともに、再度、解糖と呼ばれる反応（**8章**参照）とミトコンドリアでの反応により分解され、化学エネルギーとして取り出される。地球上の多くの生命は、植物のつくり出した有機物を摂取し、この有機物を分解してエネルギーを取り出すことで生存している。

❖ 小胞輸送系

細胞内の膜タンパク質や分泌タンパク質、多糖類などは細胞内の小胞により、最終場所に運ばれる。この合成・輸送・分解を担うのが、小胞体、ゴルジ体、エンドソーム、リソソームである。

リボソームが付着した粗面小胞体上では、膜タンパク質や分泌タンパク質の合成が起こる。そのほか、小胞体では、リン脂質の合成、グリコーゲンの代謝、細胞内カルシウムイオンの調整などを行う。

ゴルジ体は小胞体から送られてくるタンパク質を、細胞内のさまざまな場所に正確に振り分ける役目を果たす。また、糖タンパク質の糖鎖の修飾の場でもある。

細胞外から取り込まれたタンパク質などの分子はエンドソームで選別されて、リソソームなどの細胞内小器官に輸送される。

リソソームは、細胞内の不要な高分子化合物を取り込んで分解する装置である。内部は酸性になっており、タンパク質分解酵素やRNA分解酵素など多くの加水分解酵素を含む。細胞内の分解機構が細胞機能にとって重要なことは、リソソームの異常がたくさんの病気を引き起こすことからもよくわかる（p.27 コラム参照）。

❖ ペルオキシソーム

ペルオキシソームには、カタラーゼ、D-アミノ酸酸化酵素、尿酸オキシダーゼなどの酸化酵素が含まれる。そして、脂肪酸の代謝、アミノ酸の代謝、コレステロールや胆汁酸の合成などに働いている。

❖ 細胞骨格

細胞骨格は細胞全体にネットワークとして張り巡らされ、細胞の形態維持、細胞運動、細胞内の物質輸送などに関与する。細胞骨格はタンパク質からなる繊維で、微小管、アクチン繊維、中間径繊維の3種類がある。それぞれ、他のタンパク質との相互作用により多様な機能を果たすことができる。

Column　　　　　　　　　　　　　　　　ミトコンドリア病

ミトコンドリアは、二分裂しながら自らのDNAを分配していく（**コラム図2-1**）。このDNA上には、ミトコンドリアで働く多数のタンパク質の遺伝子が存在している。この遺伝子の一部に変異が起きると、しばしば「ミトコンドリア病」と呼ばれる病気を引き起こす。ミトコンドリアは、細胞のエネルギー産生装置としてなくてはならないものである。この病気は、ミトコンドリア異常のために、エネルギーを必要とする筋細胞、神経細胞、腎臓の細胞などがその機能を果たすことができなくなったことにより起こる。ミトコンドリア病には、筋力低下、筋萎縮などの骨格筋の症状、さらに、知能低下、痙攣、難聴、外眼筋麻痺などの多彩な神経症状がみられる。また、心臓肥大などの症状を表すものも存在する。またミトコンドリアは母性遺伝をするために、この病気は父親からは子供に伝わらない。

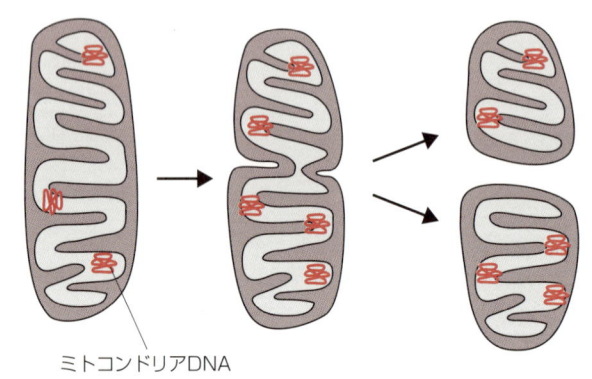

コラム図2-1　二分裂によるミトコンドリアの複製

6 細胞の増殖

動物も植物も基本的にはたった1個の受精卵から増殖を繰り返し，たくさんの細胞からなる個体をつくる．細胞は一気に何倍にも増えるわけではなく，必ず，倍々に増えていく．この倍々の増殖を支えるしくみが，細胞分裂である（図2-8）．

細胞分裂で重要なのは，遺伝情報であるDNAが2倍に増え，そのDNAを含む染色体（**3章**図3-2参照）が2つに均等に分けられ，それぞれが新たにつくられる2つの細胞に均等に伝えられることである．この遺伝情報の複製と均等な分配は厳密に制御されていて，これにより，細胞は増殖を繰り返すことができる．このしくみは単細胞の酵母から多細胞のヒトまで共通である．ヒト細胞では，1回の細胞分裂に要する期間が1日くらいであると考えられている．しかし，ヒトのような多細胞生物では，細胞は増殖し続ければよいというものではなく，何回かの分裂のあとには分裂を停止する．また，環境や周りの細胞の影響を受けて，分

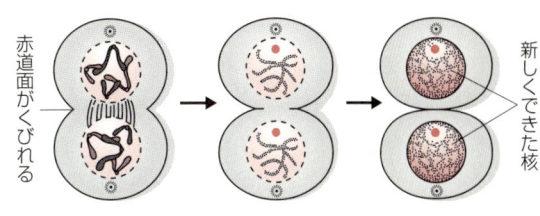

図2-8　動物細胞の細胞分裂
DNAを含む染色体が正確に二分された後，細胞がくびれ切れることで2つの細胞ができあがる

裂と停止の選択をする．「がん」はこの分裂抑制のしくみがうまく働かなくなって起こる病気である（**7章**参照）．

7 細胞の成り立ち—細胞系譜

酵母のような単細胞生物は，分裂することで同一の細胞を複製し，増殖していくことが生存戦略にかなっている．しかし，ヒトのような多細胞生物では，同

Column　細胞内輸送の異常

リソソームには，数多くの酸性加水分解酵素が存在し，タンパク質，多糖類，脂質などを分解する役割を担っている．これらの酵素の遺伝子に遺伝的異常があると，酵素がうまく働かず，本来分解されなくてはならない物質がリソソーム内に蓄積してしまう．こうして起こるのが「リソソーム病」である．酵素そのものに異常のあるもののほか，酵素の輸送が正しくできずリソソームが機能を果たせない場合もリソソーム病になる．例えば，ゴルジ体から正確にリソソームに運ばれるために，それらの酵素には行き先を示す荷札として特殊な糖が付く（**コラム図2-2**）．この荷札を付ける酵素に異常があると，やはりリソソーム病となる．現在，リソソーム病は30種類以上のものが知られていて，精神・運動発達遅延，顔貌異常，骨異常，肝脾腫などの多様な症状を示す．

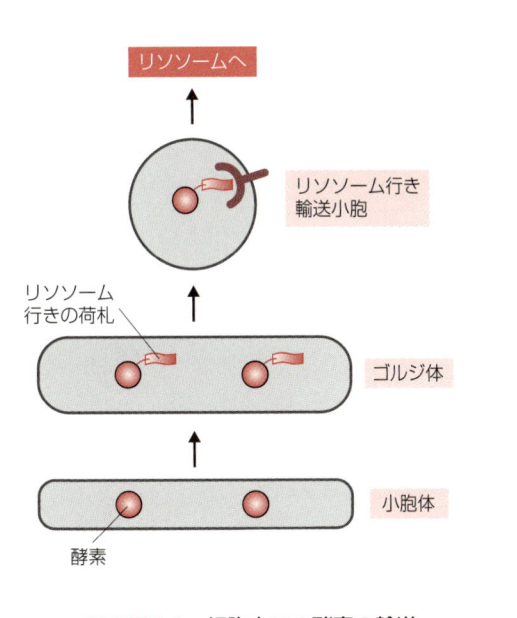

コラム図2-2　細胞内での酵素の輸送

一細胞を，細胞分裂を通して倍加していったとしたらすべてが同じ細胞になってしまって，生物でみられる多様な細胞はつくり出せない．そこで，多細胞生物には，細胞の増殖と連携して多様な細胞をつくるしくみ（分化）が備わっている．これを探るための方法の1つは，受精卵から体ができるまで，細胞の運命を1個1個たどることである．しかし，ヒトの60兆の細胞の発生過程をたどるのは不可能である．

❖ 線虫の細胞系譜

これまでに，受精卵から成体までの細胞の履歴をたどることに成功した唯一の生物が線虫（C. elegans）である（図2-9）．この線虫を用いた研究の業績により，シドニー・ブレンナーが2002年にノーベル生理学・医学賞を受賞している．線虫は全長1 mm程度の土壌生物で，卵や体が透明なため，生きたまま細胞を観察できる利点がある．また，線虫は神経系や消化器系などをもちながら，非常に単純な体のつくりをしている．実際，わずか959個の細胞（生殖細胞を除く）からできている．この多様な細胞に至るまでの道のりを，1個の受精卵から1個1個丹念に追った記録（細胞系譜）が図2-10である．体がつくられる過程で131個の細胞は死んでしまうので，実際には1,090個の細胞がつくられることになる．このうち，約3割が神経系の細胞である．情報の伝達の重要さがよくわかる結果である．線虫では，ほとんどの細胞の性格は7回程度の分裂で，最も多いもので14回の分裂で決定される．

この系譜の解析からわかったことは，線虫の多様な細胞は，決まった遺伝プログラムのもとにつくり出されているということである．言い換えると，線虫の体をいかにつくるかは，遺伝子のなかに書き込まれているということである．これはヒトにも当てはまるが，一卵性双生児が全く同じにならないように，ヒトでは後天的な要素もかなり多いことがわかっている．それらの詳細については，**4章**に譲る．

❖ 細胞の死

この細胞系譜の研究から思わぬ発見があった．発生過程で，特定の細胞の死が遺伝的にプログラムされていることがわかったのである．このような発生過程

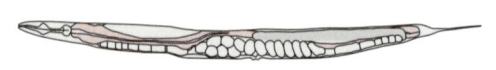

図2-9　線虫（C. elegans）の模式図

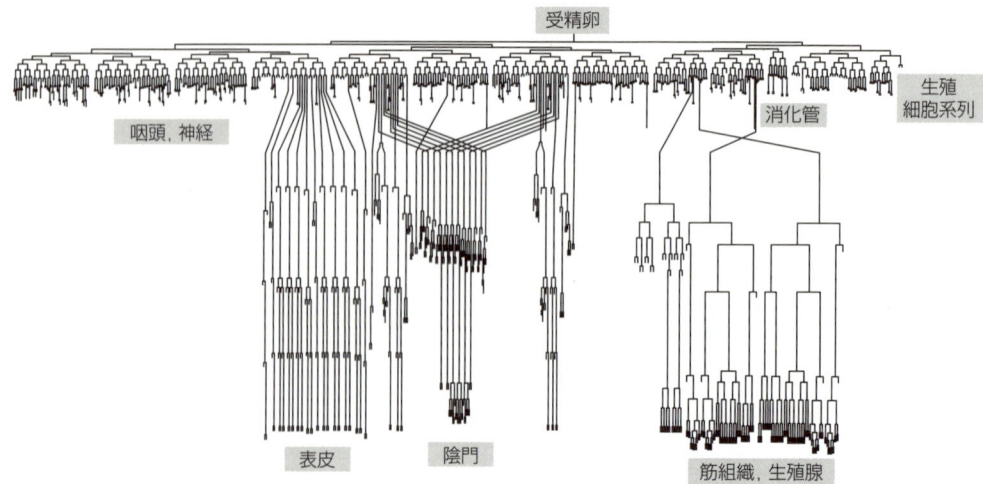

図2-10　線虫の細胞系譜
1個の受精卵から1,090個の細胞がつくられ，さまざまな細胞へと分化する．この過程で，発生のプログラムに従って，131個の細胞は死んでしまう

でプログラムされている細胞死は，プログラム細胞死と呼ばれている．これまで細胞の死は，役割を終え，すべてを使い尽くしたために起きると思われていたが，活性をもつ細胞においても細胞死が誘発されることがわかったのである．これら特定の細胞で細胞死を起こさなくなった線虫の変異体を探し，これを用いた解析から，細胞死の誘導と抑制にかかわるタンパク質が発見された．これらの類縁タンパク質はヒトを含む多くの生物に存在し，細胞死の誘導と抑制に関連してよく似た働きをした．これらをもとに，生物に共通した細胞死のしくみ（アポトーシス，7章p.82 コラム参照）が存在することが明らかとなった．

ヒトでは，アポトーシスは起こらなくても起こりすぎても病気を引き起こす．アポトーシスによる細胞死が正常に起こらない病気としては，がんや自己免疫疾患があり，アポトーシスによる細胞死過多が原因となる病気としては，エイズなどの病気がある．これらの結果から，細胞の死も，細胞社会にとっては重要で，細胞の生と死のバランスのうえに，個体の恒常性が保たれていることがわかってきた．

本章のまとめ

- ☐ 私たちヒトは約60兆個の多様な細胞からできている．
- ☐ 「Cell（細胞）」の発見は1665年のロバート・フックによる観察にさかのぼる．
- ☐ 細胞は生命の基本的な単位であり，機能の単位である．
- ☐ 多細胞生物であるヒトでは，異なる働きをもつ細胞が集まって組織をつくり，組織はより大きな単位である器官へと組織化され，この機能が統合されて器官系を，そして，器官系が統合されて個体を形成する．
- ☐ 細胞の大部分を占める分子は水で，水の分子としての安定な性質は地球表面の温度環境で安定な生命体を形成・維持するうえで，非常に重要である．
- ☐ タンパク質，脂質，糖，核酸などの生体内高分子が細胞内の構造や機能の担い手である．
- ☐ 細胞内小器官は，特殊な機能を受けもつ細胞内構造体で，これにより，細胞は多様な細胞機能を効率よく，しかも統合的に行うことができる．
- ☐ 細胞は細胞分裂により増殖する．細胞分裂では遺伝情報であるDNAが2倍に増え，そのDNAを含む染色体が2つに均等に分けられ，それぞれが新たにつくられる2つの細胞に均等に伝えられる．
- ☐ 多細胞生物には，細胞の増殖と連携して多様な細胞をつくるしくみが備わっている．
- ☐ 細胞の死も，細胞社会にとっては重要で，細胞の生と死のバランスのうえに，個体の恒常性が保たれている．

第Ⅰ部　ヒトの基礎

3章　生命の設計図：ゲノム・遺伝子・DNA

　カエルの子はカエルであることに疑いをもつ人はいないだろう．サルからはサル，ヒトからはヒトが生まれてくる．しかし同時に，遺伝的素因という意味で一卵性双生児のような例を除けば，世界に一人として同じ人は存在しない．つまり，ヒトを形づくるための情報は正確に次世代に伝わるにもかかわらず，その情報が伝わる際には，多少の変化に対して柔軟である．このような正確性と柔軟性は，何によって規定されているのだろうか．
　本章では，DNAやゲノムといった遺伝学的な観点から，生物としてのヒトがどのように成り立っているか説明する．

1　遺伝学がたどってきた道

❖ メンデル遺伝学：形質が次世代に伝わるということ

　話は19世紀にさかのぼる．修道士であったメンデルは寺院の裏庭でエンドウを育てた．特に工夫もせずに，花から得られた種を蒔くだけなら，次の年には花の色や種子の色，形などがさまざまなタイプ（表現型という）のエンドウが生えてくるだろう．ところがメンデルは花粉を自身の雌しべに人工的に受粉させる自家受粉を注意深く行うことで，次の世代も同じ表現型しか現れないエンドウを選び出すことに成功した[※1]．これらのエンドウを用いて実験を行った結果，メンデルは生まれてくる次世代の形質に，以下に示す3つの法則があることに気がついた．

●優性の法則

　茎の長さ（長短），種子の色（白か有色），種子のしわ（しわの有無）など，エンドウの表現型には互いに対立する形質がある．これら対立する形質をもつエンドウ同士を掛け合わせると，次世代では茎は長く，種子は有色で，種子のしわがないエンドウだけが得られた．これは，表現型として現れる形質には，現れやすい形質（優性）と現れにくい形質（劣性）の2種類があり，その両者が競合したときには優性の形質が現れることを示している．この実験結果は優性の法則と呼ばれており，異なる形質のエンドウを掛け合わせても，中間の形質が現れるわけではないことは特筆に値する．

●分離の法則

　前述の掛け合わせの結果得られた優性の形質を示すエンドウを自家受粉させると，次世代では優性の形質を示すものと劣性の形質を示すものの2種類の表現型が得られた．さらに，ここで得られた優性の形質と劣性の形質の頻度をメンデルが数えたところ，優性：劣性＝3：1という結果が得られた（図3-1）．このことは，表現型として優性の形質が現れたとしても，劣性の形質が完全になくなるものではなく，ただ隠れているだけだという考え方で説明される．このように，対立遺伝子（図3-1解説参照）が生殖細胞に1：1で入ることを分離の法則と呼んでいる．

●独立の法則

　茎の長短，種子の色，種子のしわの有無など，各々の対立形質には優性の形質と劣性の形質がある．このとき，茎の長短は種子の色の出現頻度に影響を及ぼさない．種子の色としわについても同様である．このように，各形質が他の形質に影響を及ぼすことなく引き継がれることを独立の法則と呼んでいる．

[※1]　現在の純系の考えに相当する．

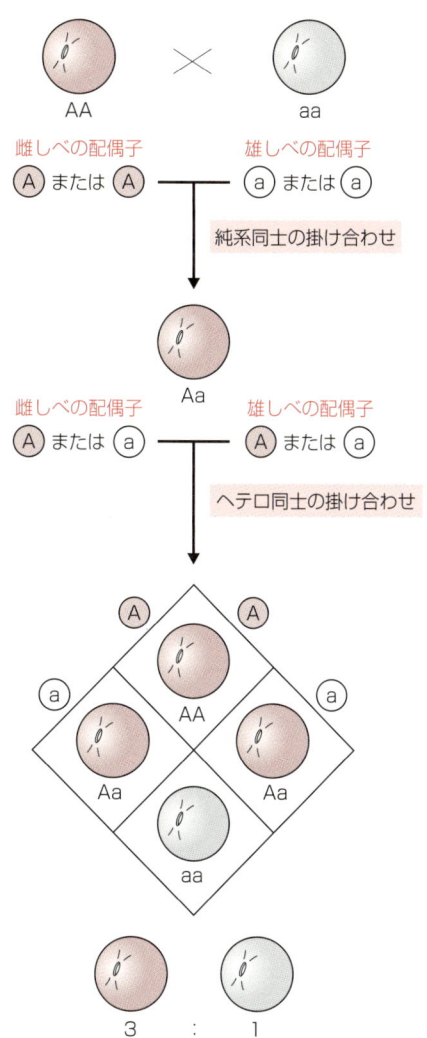

メンデルの法則を説明するには，親から子へ引き継がれるものとして，遺伝子という概念を導入すればうまくいく．母親から一組，父親からもう一組の遺伝子を子供が引き継ぐとする．両親のどちらか一方から，優性の遺伝子を1つでも引き継げば，優性の表現型が現れる．両方の親から各々劣性の遺伝子を引き継げば，劣性の表現型が現れる．また優性をA，劣性をaと表せば，Aa同士を掛け合わせることによって3：1という数字が導かれる（図3-1）．

その後の研究から，細胞分裂時に何か粒子状のものが新しい細胞[※3]に均等に分配されることがわかった（図3-2）．染色体と名付けられたこの粒子の発見により，独立の法則も容易に説明できるようになった．各々の形質を決定する遺伝子が別々の染色体にのっていれば，結果としてそれぞれの形質は独立の法則に従う．

これら3つの法則が発表された1865年当時，メンデルの主張を理解する人はいなかった．20世紀に入り，メンデルの法則の再発見がなされ，ようやくメンデルの業績が認められた．それ以来，メンデルの法則は多少の修正を必要としたものの，遺伝学における重要な法則として現在でも広く認められている．また，ここで，遺伝形質を引き継ぐものとして，原始的な意味での遺伝子という考えが成立したといえる．

❖ ワトソンとクリックの発見

時は流れて，20世紀半ばに移る．メンデルの法則が再確認されて以来，遺伝子の正体を探索する努力が

図3-1 遺伝子という概念を用いた，メンデルの法則の概略

一個体は，1つの形質に対して，父親と母親から1つずつの遺伝子を引き継いでいる．ここでは優性の遺伝子をA，劣性の遺伝子をaとおく．父親と母親の両方から同じ型の遺伝子を引き継げば，AAやaaといった組合わせになる．このように，両方の遺伝子が揃った状態をホモと呼ぶ．仮にAAとaaから子供ができれば，子供の遺伝子のタイプ（遺伝子型という）はAaとなり，すべて優性の表現型となる．ここで，Aaのように，優性と劣性の遺伝子からなる不揃いの状態をヘテロと呼ぶ．Aa同士で子供をつくれば，子供の遺伝子型はAA，Aa，aaの3種類の可能性がある．出現頻度を数えれば，優性の表現型：劣性の表現型＝3：1となることがわかる．なお，Aとaのように，同じ遺伝子であるが形質が異なるもの同士を対立遺伝子[※2]と呼ぶ

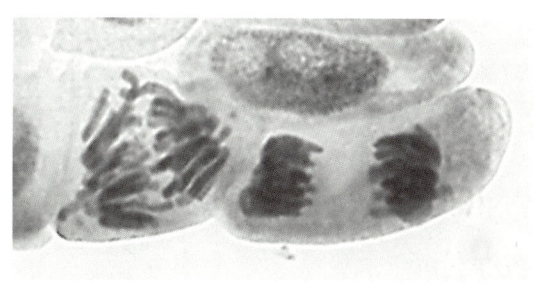

図3-2 染色体

この写真は，タマネギ根端細胞の分裂の様子である．細胞中にある，粒子状の構造物が染色体である

[※2] 英語ではアリール（allele）と呼び，遺伝子に限らず，同一染色体の同一位置にあるDNA配列のバリエーションを指すこともある．

[※3] 娘細胞という．

続けられた．特に物質としての遺伝子の実体を明らかにする試みが行われてきた結果，どうやらDNA（デオキシリボ核酸）と呼ばれる化学物質が遺伝子の実体として重要な働きをしているという証拠が揃ってきた．

　そのような状況のもと，1953年に，ワトソンとクリックはDNAの二重らせんモデルを発表した．DNAは2本の糸（鎖）が撚り合わさったような構造をしている（2章図2-5参照）．DNAの糸を構成する塩基にはA，G，C，Tの4つの塩基があり，GにはC，AにはTが互いにパズルの断片のように結合しあう．このようなG-C，A-Tの規則的な結合のもとに，2本のDNAの鎖が規則正しいらせん構造を取りながら撚り合わさっているのである．また，この規則正しい立体構造の解明と同時に，DNAを構成する塩基の配列が遺伝子の情報を担っていることが容易に推測された．

❖ 正確な遺伝子複製のしくみ

　DNAの二重らせんモデルによって，遺伝子が正確に次世代に伝わるということが説明できる．DNAはA，G，C，Tの4つの塩基から構成され，これら塩基がずらっと鎖のように並んで配列を形成している．なおかつ，DNAはらせん構造の二本鎖を形成している．片方のDNA鎖は，もう一方のDNAの塩基配列をG-C，A-Tの法則で補うような形で配列を形成する．遺伝子が複製する際，いったんこれら二重らせん構造がほどけ，互いの塩基配列がむき出しになる．むき出しになったDNA配列に対して，GにはC，AにはTといった具合に相補する形で新たな鎖がつくられる．結

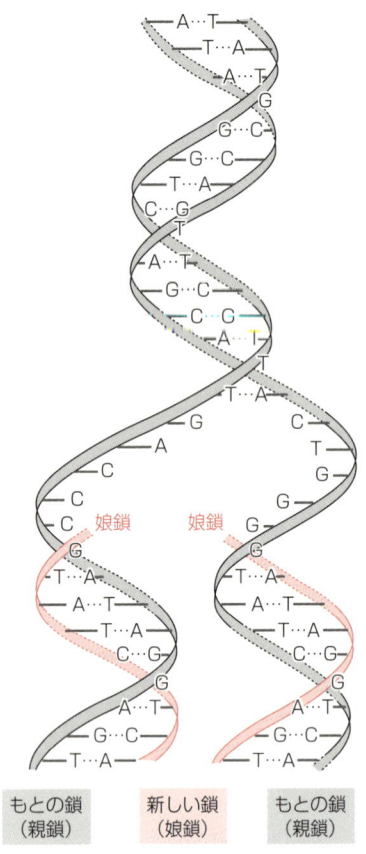

図3-3　半保存的複製の模式図

果として得られた2つのDNA二本鎖は，もとのDNA二本鎖と全く同じ配列である．このように，DNAの1本の鎖が鋳型となって，新たなDNA配列がつくられることを半保存的複製と呼んでいる（図3-3）．

Column ヒトでみられるメンデルの法則

　4章でも述べるように，現在の生命科学では，1つの生命現象に対して多くの遺伝子がかかわっていると考えるのが普通である．実際，1つの形質（表現型）が，たった1つの遺伝子で規定されていることなど皆無に近い．ヒトでは二重まぶた，血液型，額の形（富士額），えくぼなどが，メンデルの法則に当てはまる例として知られているが，例えば研究者のなかには，血液型の決定にも複数の遺伝子がかかわっていることを理由に，厳密な意味では血液型はメンデルの法則に当てはまらないと主張する人もいる．

　一方，遺伝子の変異が原因で発症する病気を遺伝病と呼び，多くの遺伝病で，その原因となる遺伝子が見つかっている．遺伝子レベルで考えれば，これらの遺伝病のほとんどはメンデルの法則に従った形式で発症する．筋ジストロフィーなどがその例である．

2 現代遺伝学

❖ DNA二重らせん構造の発見以後

DNAおよびその配列が遺伝子の実体であることが判明してから，生命科学研究は大きな転機を迎えた．遺伝情報の蓄積分子としてのDNA，生命の維持に必要な機能分子としてのタンパク質というように，各々の物質の役割が明らかになり，さらにDNAの配列が生命にとって重要な意味をもつことがわかってきたのである．また，地球上に存在するすべての生物は遺伝情報をDNAに蓄えていることから，DNAを通じて生命の共通原理が解明されるのではないかという期待が高まってきた．

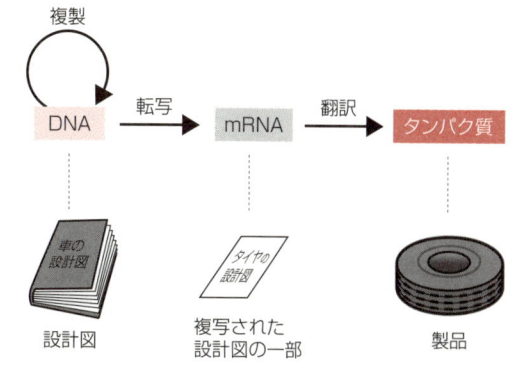

図3-4 遺伝情報の流れ
ここで矢印は遺伝情報が流れていく向きを示している

❖ 複製，転写，翻訳 ─DNA，RNA，タンパク質

生命に必要な情報はすべて，DNAに書き込まれている．DNAを構成する塩基はA，G，C，Tと4種類あるが，情報はこれら4種類の塩基の並び方によって記述されている．

DNAに記載された情報は，生体内で化学反応を触媒する酵素や，細胞の形を維持するための細胞骨格などのタンパク質に変換される．DNAからタンパク質への情報変換の仲立ちをするのがRNA（リボ核酸）[※4]である．DNAの情報がA，G，C，Tの4つの塩基で書かれているのに対し，RNAではTの代わりにUが使われ，A，G，C，Uの4つの塩基で構成されている．

DNA，mRNA，タンパク質の関係は，工場で製品をつくる作業によくたとえられる．DNAに書かれた設計図は，いったんmRNAに複写され，その後，その情報に従って製品であるタンパク質がつくられる．DNAは百科事典のようなもので，そこには作製可能なすべての製品の設計図が記載されているから，それらすべてを常につくるのではなく，必要なときに必要なものだけをmRNAの形に転写するのである．

このように生物では，DNA配列によって規定された遺伝情報がmRNAに転写され，転写された情報がタンパク質に翻訳される．この情報の流れは，ヒトを含めたすべての生物にあてはまる共通原理として認められている（図3-4）．

タンパク質はアミノ酸が化学的に結合[※5]することによってつくられている．タンパク質を構成するアミノ酸は20種類である（**2章図2-3A**参照）．4種類しかない塩基が，このような多様なアミノ酸を指定する遺伝情報として機能するには，GAA，CUGのように塩基の配列を3つで区切り，それを1つの情報とみなすことによって可能となる．このように，アミノ酸を指定する3つ組塩基の配列をコドンと呼ぶ（図3-5）．コドンが指定できる情報は$4^3 = 64$通りであるが，指定されるアミノ酸は，それより少ない20種類である．実際は，コドンの3塩基目の配列が異なっていても，同一のアミノ酸を指定することがあることが知られている．

❖ 遺伝子という言葉，ゲノムという概念

DNA配列こそが遺伝情報として重要であるとの考えが浸透してから，あらゆる生物のあらゆるDNA配列が解読されていくようになった．特に'70年代にDNA解読の革新的な技術が開発され，以後その情報量は飛躍的に増えていった．一方でDNA配列の解読

[※4] DNAから情報が転写される際に用いられるRNAは，特にmRNAと呼ばれる．そのほかにも，遺伝子の翻訳装置であるリボソームに含まれるRNAをrRNA，遺伝暗号をアミノ酸に変換する際に機能するRNAをtRNAと呼ぶ．最近では，これら以外にも「小さなRNA」と呼ばれるRNAが，生体内で重要な働きを担うことが知られてきている．
[※5] ペプチド結合と呼ぶ．

2つ目の塩基

1つ目の塩基	U	C	A	G	3つ目の塩基
U	UUU F	UCU S	UAU Y	UGU C	U
U	UUC F	UCC S	UAC Y	UGC C	C
U	UUA L	UCA S	UAA 終止	UGA 終止	A
U	UUG L	UCG S	UAG 終止	UGG W	G
C	CUU L	CCU P	CAU H	CGU R	U
C	CUC L	CCC P	CAC H	CGC R	C
C	CUA L	CCA P	CAA Q	CGA R	A
C	CUG L	CCG P	CAG Q	CGG R	G
A	AUU I	ACU T	AAU N	AGU S	U
A	AUC I	ACC T	AAC N	AGC S	C
A	AUA I	ACA T	AAA K	AGA R	A
A	AUG M	ACG T	AAG K	AGG R	G
G	GUU V	GCU A	GAU D	GGU G	U
G	GUC V	GCC A	GAC D	GGC G	C
G	GUA V	GCA A	GAA E	GGA G	A
G	GUG V	GCG A	GAG E	GGG G	G

図3-5　コドン表

左にある縦軸に1つ目の塩基，上にある横軸に2つ目の塩基が書かれている．1つ目の塩基と2つ目の塩基で指定されたカラムに，3つ目の塩基が書いてあり，さらにその3つ組塩基が指定するアミノ酸が1文字表記（**2章図2-3A**参照）で書かれている．このなかでUAG，UAA，UGAはアミノ酸を指定しないコドンであるが，これはタンパク質の合成を終止させるという意味をもつものであり，終止コドンと呼ばれる．また，すべての遺伝子の翻訳はAUG（メチオニン）から始まる．このような翻訳開始部位のAUGを特に開始コドンと呼ぶ

が進むにつれ，DNA配列はタンパク質の配列を指定するだけのものではないという重要な事実が明らかになった．つまり，遺伝子は必要なときに必要な量だけ発現するように調節を受けているが，そのような遺伝子の発現時期や発現量を調節する領域もまた，DNA配列上に存在していたのである．さらに，主に真核細胞において，遺伝情報として意味があるとは思えないDNA配列が存在することも明らかとなっていった．配列を解析した結果，偽遺伝子といって，遺伝子によく似るが生命にとって意味のないDNA配列や，反復配列といって，例えばAGAGAGAGA…のように単純な繰り返しが延々と繰り返されているDNA配列が多く見つかってきたのである[※6]．

したがって現在では，DNA配列と遺伝子という言葉は決して同値ではなく，ある生物種のすべてのDNA配列をゲノム（genome）[※7]と呼んでいる．それに対して，ゲノム上において，あるタンパク質をつくり出すために必要な情報が書かれているDNA配列や，タンパク質をつくり出す過程で重要な働きをする特別なRNA[※8]の配列情報が書かれているDNA配列を遺伝子と定義づけている．これに従えば，遺伝子の発現時期や発現量を調節するDNA配列は遺伝子であり，偽遺伝子や反復配列は遺伝子ではない．

❖分断された遺伝子

ヒトを含めた真核生物の遺伝子は，原核生物にはない特徴をもっている．通常，遺伝子はタンパク質をつくり出すための情報が書かれている．100アミノ酸から構成されるタンパク質の情報なら，100アミノ酸分のDNA情報が連続的に続くのが合理的に思えるし，実際に原核生物は，おおむねそのようなしくみで遺伝情報がDNAに書き込まれている．しかし真核生物の場合，タンパク質を構成するためのDNA配列がいくつかの領域に分断された形をとることが多い．これら分断された遺伝子は，すべての配列がRNAに転写されるのだが，その後，アミノ酸を指定するための配列だけが残り，アミノ酸を指定していない配列は抜け落ちる．ここで，アミノ酸を指定するための配列はエキソン，アミノ酸を指定していない配列はイントロンと呼ばれ，イントロンが抜け落ちる現象はスプライシングと呼ばれている（**図3-6**）．

なぜ，エキソン，イントロンという構造があり，スプライシングと呼ばれる現象が起こるのだろう．一見非合理にみえるこの現象は，一方で，多様な機能の遺伝子をつくり出し，また，遺伝子変異を通じた生命の進化に大きな影響を及ぼしてきたことが，現在の研究によって明らかになっている（**4章**参照）．

❖ヒトゲノムの概要

ヒトを構成するのに必要なDNA配列をすべて解読する試み（ヒトゲノム計画）は，2003年に解読完了

※6　これらの配列はジャンクDNAと呼ばれるが，ひょっとして将来，ジャンクDNAにも重要な生理機能が発見されるかもしれない．

※7　遺伝子を表すgeneと総体を表す接尾語-omeとを合わせた造語である．

※8　tRNAやrRNAのことを指す．

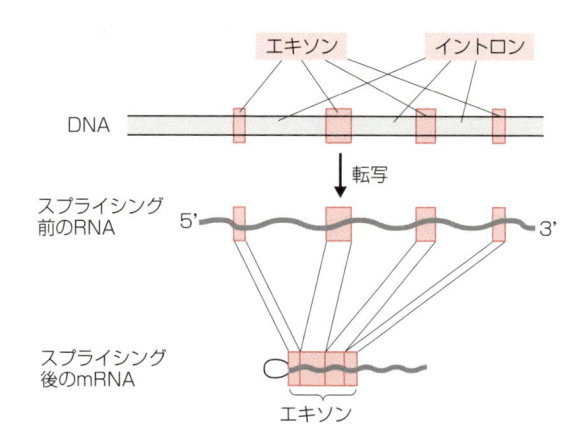

図3-6　真核生物の遺伝子発現の模式図
はじめにエキソンとイントロンの両方を含んだ形でRNAが転写される．その後，イントロンが抜け落ちるスプライシングという過程を経て，アミノ酸への翻訳に耐えられるmRNAがつくり出される

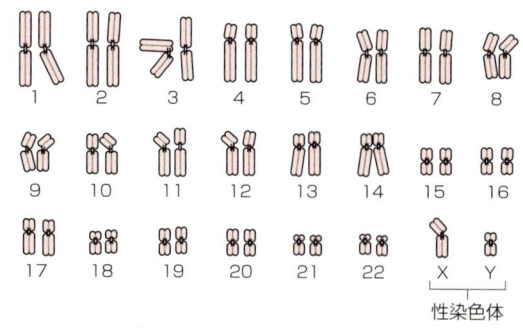

図3-7　ヒト染色体の一覧
図は男性の場合を示す．女性の場合は性染色体の組合わせがXXとなる．この図のように，ヒトの体をつくる細胞には，父親由来と母親由来の同一番号の染色体が存在する．そのような同一番号の染色体の組は，相同染色体と呼ばれる

宣言が出された．ここでゲノムという観点からヒトという生物種を概観してみよう．

1つのヒト細胞に，染色体は46本ある．母親から23本，父親から23本の染色体を受け継いでいるのである．そのなかに1本，父親だけがもつ染色体があり，Y染色体と名付けられている．Y染色体に対応するものとして，X染色体がある．これらの染色体は性染色体と呼ばれ，残りは常染色体と呼ばれている（図3-7）．つまり，母親から22本の常染色体とX染色体，父親から22本の常染色体とXまたはY染色体を受け継いでいることになる．

ヒトゲノムを構成するDNA配列は約30億塩基対である．ここでいうゲノムとは，22本の常染色体にX，Yの両性染色体，さらにミトコンドリアDNAの配列を合わせたものを指している．

ヒトの遺伝子の数は約2万5千といわれる．また，1遺伝子あたり，平均して大体450個のアミノ酸を指定する塩基配列が使われている．ヒトゲノムのうちタンパク質の情報が書かれている領域は1.3％しかなく，残りの98.7％はタンパク質を意味していない領域であることが明らかになった．

Column　ゲノム配列がわかると生物をつくることができるか

　現代の技術では，A，G，C，Tの塩基を化学的につなぎ合わせ，自由に配列を指定したDNAを人工的につくることができる．実用上は数十塩基のDNAが並んだ配列を人工的に合成することが多い．さて，仮に30億塩基対のヒトゲノム配列を人工的に合成することができたら，それをもとにヒトという生物を人工的につくることができるだろうか．

　少なくとも現代の科学技術では，答は否である．ヒトどころか，ごく単純に思われる細菌でさえ，つくるのは不可能である．その大きな理由として，構造物としての細胞を再構築できないことがあげられる．細胞は脂質からできた細胞膜で外界から隔てられている．細胞膜には多くのタンパク質が埋め込まれている．細胞内には種々の細胞内小器官が点在している．原核生物はDNAがむき出しになって存在するが，真核生物には核が存在し，DNAはその中に守られている．また，DNAは細胞内で，さまざまなタンパク質と立体的に結合し，複合体を形成している．このように，細胞を機能させるために必要な構造をあげればきりがない．器としての細胞を用意することができなければ，いかにゲノムの配列が明らかになろうとも，それらがDNA情報として機能することなど考えられない．とどのつまりは，人工的に生命をつくるために越えなければならない壁は多く，そう簡単には実現しそうにないということである．

現在ではこのゲノム配列の情報を用いて，ヒトの病気の原因を探ったり，ヒトと他の生物種との比較が行われるなどの新たな研究が盛んに行われている．

3 ゲノムからみた生殖

❖ 父と母——さまざまな性の形態

動物では，卵子を配偶子としてつくるものを雌，精子を配偶子としてつくるものを雄と呼び，雌と雄の存在をもって性という言葉が定義づけられる．

人間の文化の一形態として，さまざまな形式の結婚が認められつつある．しかし生物学的にみれば，あるヒトには必ず一人の父親と一人の母親が存在する．つまり，ヒトには女性と男性という2つの性が存在し，両者の配偶子による生殖によってのみ，子孫がつくられる．

当然のようにみえるこの事実は，自然界全体をみると性の形態の一様式に過ぎない．単細胞生物は通常，単なる細胞分裂で増殖する．ミツバチの雄は未受精卵から発生する．つまり，ミツバチの雄は雌の半分のDNA量しかもたない．ミジンコは単為生殖[※9]を行う．生まれてくるのはすべて雌である．線虫は一個体の中に精子と卵子をつくる器官が共存し，同一個体の中で受精が行われる[※10]．ミジンコや線虫は環境が悪化したときに初めて雄が出現する．また，ある種の魚のように，一個体においても，あるときは雄，あるときは雌になるというような性転換が起こる例も知られている．

ゲノムという観点からみれば，ヒトの場合，ゲノム中に性を決定するXとYという染色体が存在し，両方の親からX染色体をもらってXXとなれば雌となり，XYとなれば雄となる．つまりヒトは，親から引き継ぐ性染色体の組合わせによって，生物学的な性が規定されている生物である．ここで出てきたミツバチはDNA量が性を決定し，魚は環境が性を決定している例といえる．

❖ 性の起源

前述の単細胞生物であっても，細胞同士が融合し，互いの染色体が混ざり合った後，再び分裂するという現象がみられることがある．融合する細胞の組合わせは，その細胞が発現するタンパク質や合成する化学物質の種類によって規定されており，その相性が合わない細胞同士は融合しない．このような現象に，原始的な性の起源をみてとることができる．また，互いの染色体が混ざり合った後，そこで互いのDNA配列を交

Column ──────────── 性染色体と遺伝病

筋肉が進行性に萎縮し，機能が損われる病気を筋ジストロフィーと呼ぶ．特に，発見者の名を冠したデュシャンヌ型筋ジストロフィーは，ジストロフィンと呼ばれる遺伝子の変異が原因で発症する．

この遺伝病は劣性の形式で発症する．一般に，優性遺伝の場合，父親由来と母親由来の2本ある染色体のうち，1つでも優性の遺伝子がのっていれば，表現型も優性となる．劣性遺伝の場合，2本の染色体の両方に劣性の遺伝子がのっていないと，表現型が現れない．したがって，優性の形式で起こる遺伝病より，劣性の形式で起こる遺伝病の方が，表現型の出現頻度が低いはずである．それにもかかわらずこの病気は，とりわけ男性に高頻度でみられることが知られている．

その理由は，ジストロフィン遺伝子がX染色体上にのっているためである．女性の場合，性染色体がXXの組合わせなので，その両方に遺伝子変異が起こらない限りは，筋ジストロフィーの発症はない．しかし男性の場合，性染色体はXYの組合わせであるから，いかに劣性の形式といえども，たった1個のX染色体に遺伝子変異があれば，表現型が現れてしまうのである．

このように，性染色体上にのっている遺伝子では，表現型としての伝わり方は雌雄で異なる形式をとるが，このような遺伝形式を伴性遺伝と呼ぶ．ここに述べたデュシャンヌ型筋ジストロフィーは，伴性劣性遺伝の形式で起こる遺伝病の例である．一方，ハンチントン病（**11章**p.130参照）の場合，常染色体である4番染色体にある遺伝子の変異が原因で起こり，その形式は常染色体優性であることが知られている．

[※9] 受精を経ない生殖のことで，処女生殖ともいう．　　[※10] 雌雄同体と呼ばれる．

換しあう遺伝子組換えが起こっている．この遺伝子組換えこそが，性というものの存在の重要な意義だと考えられている．

❖ 生殖細胞と減数分裂

ヒトを例にとると，父親から精子が，母親から卵子が提供され，両者が受精することによって個体の発生が始まる（**5章図5-1**参照）．ヒトの体の細胞には，父親由来と母親由来の両方のDNA配列が存在しているから，必然的に受精前の精子と卵子は，ともに半分の量のDNAをもつことになる．実際には，通常の細胞が特殊に分化した始原生殖細胞[※11]から，減数分裂と呼ばれる過程を経て，DNA量が半分の生殖細胞（配偶子）がつくられる．

減数分裂の際に，父親由来のDNAと，母親由来のDNAの再配分が行われる．1番染色体は父親由来，2番染色体は母親由来というように，各々の染色体がランダムに再配分される．さらに重要なこととして，同一染色体であっても，父親由来のDNA配列と母親由来のDNA配列が混ざり合う遺伝子組換えが行われる（**図3-8**）．

つまり，配偶子がつくられるということは，遺伝子の組換えと再配分が行われることを意味しているのである．ヒトの性も単細胞生物の性も，遺伝子の組換えという重要な役割を担っている点には変わりがないことがわかる．また，遺伝子の組換えは，DNAの正確な複製をあえて乱すものであるから，性の存在とそれに伴う遺伝子の組換えという現象が，遺伝情報の変化に対する柔軟性を生み出しているともいえる．

❖ 人工的な遺伝子組換えと遺伝子治療

科学技術が進歩し，現在では人工的な遺伝子組換え操作が可能である（**図3-9**）．また細胞に感染するウイルスをうまく利用することで，正常な機能をもつ遺伝子を病気の人の体内で発現させ，治療を行うといった遺伝子治療も実現している（**11章**p.130参照）．

現在のところ，ヒトに対する遺伝子治療は，体細胞（生殖細胞以外の細胞）を対象にしたものである．

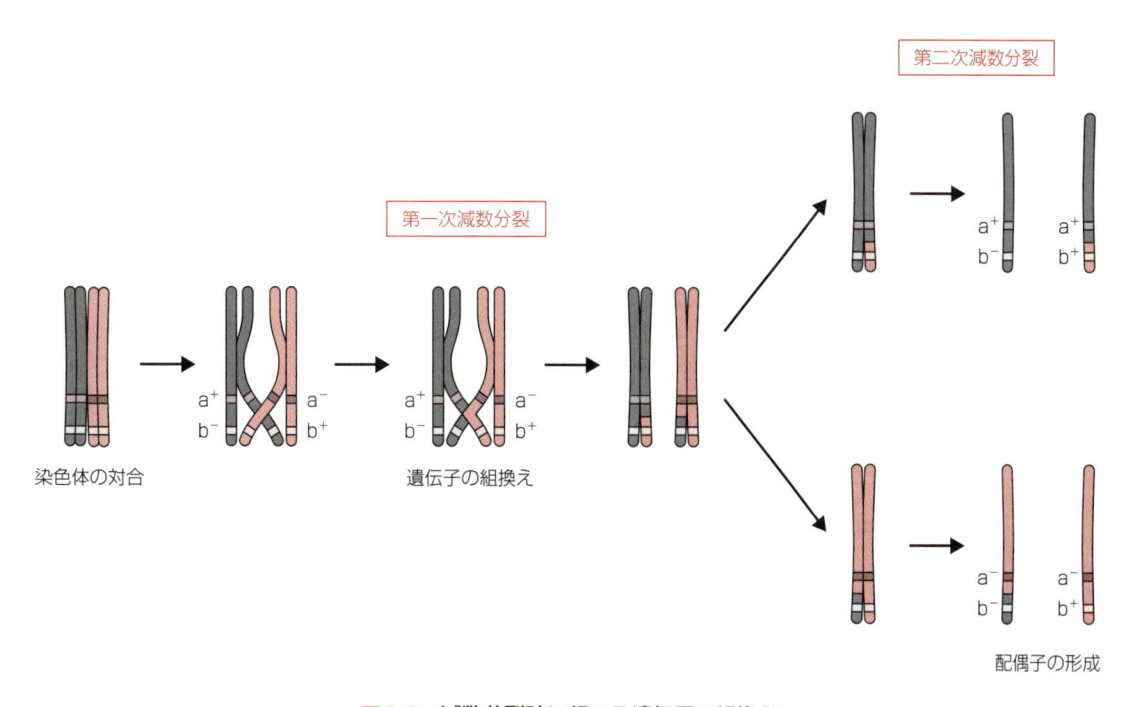

図3-8 減数分裂時に起こる遺伝子の組換え

※11　生殖細胞になる前の細胞という意．

3章　生命の設計図：ゲノム・遺伝子・DNA

つまり，その人本人の体細胞に対して，その病気を補うための遺伝子治療が行われる．

　遺伝子操作の対象が体細胞なのか，生殖細胞なのか，この両者の差は非常に大きい．体細胞に対する操作であれば，人工的な組換え遺伝子は次世代に伝わらない．一方で生殖細胞に対する遺伝子操作は，例えば生まれながら弾丸のような足の速さをもち，桁外れの知能をもつ超人をつくり出すというような考えにつながるのである（**11章**p.131 **コラム**参照）[※12]．

　技術的にみれば，ヒトにおいても，実験動物で確立されたような遺伝子組換えは可能であろう．しかしこれまでに組換え遺伝子を生殖細胞に取り込ませることを目的とした遺伝子操作がされたことはなく，今のところ，外来遺伝子を生殖細胞に取り込ませることは強く禁じられている[※13]．

4 個人差と種差

❖個人差とゲノム

　ヒトという生物を規定するゲノム配列がすべて解読された後，次に研究者はヒトという生物がゲノムレベルでもつ多様性に着目した．ヒトは減数分裂によって配偶子をつくるが，その際には遺伝子組換えが起こる．減数分裂時の組換え以外にも，DNAは紫外線や活性酸素などの刺激で傷を受け，塩基配列の変異を起こすことがある．その変異が生殖細胞に起これば，新しい変異は次世代に伝えられる．このように遺伝子変異と組換えが繰り返されたゲノム配列は，人ごとに少しずつ異なる唯一のものであり，他に同一のものは存在しない．

　このような変異のうち，全体に対して1％以上の

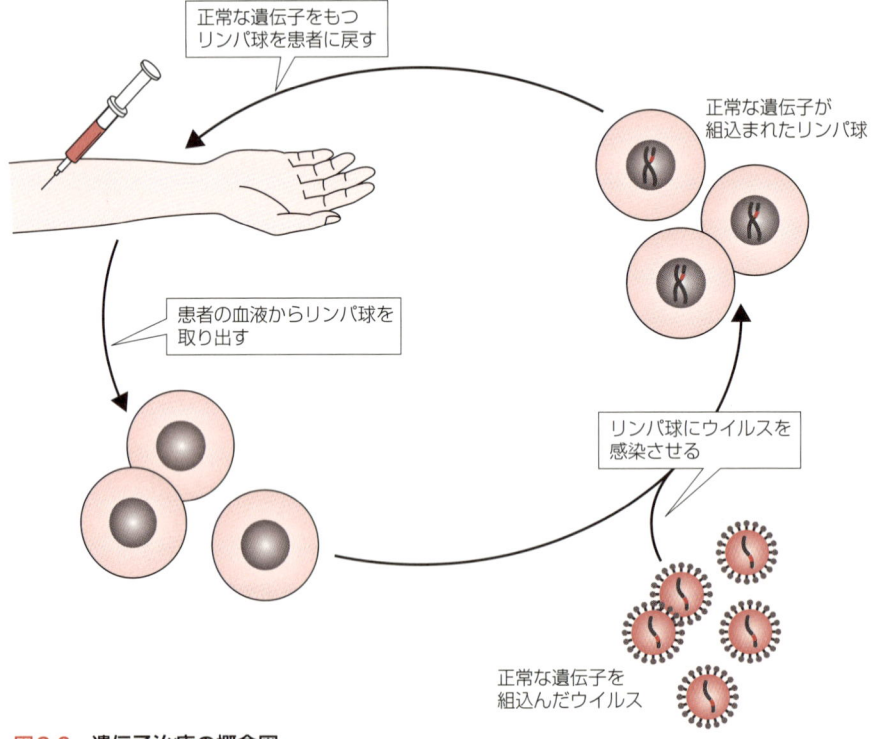

図3-9　遺伝子治療の概念図
ヒトに感染するウイルスを利用して，人工的に作製したDNAをヒトの体細胞に感染させる．DNAが感染した細胞では，人工的にデザインした遺伝子が発現することとなる

[※12] 遺伝子操作でなくても，出生前に胎児の遺伝子をとり，遺伝子の出生前診断を行うというようなことは，すでに実現化されている（**11章**p.130参照）．

[※13] 現在の遺伝子治療の技術でも，その治療の結果，導入した外来遺伝子が生殖細胞に入ることを完全に否定することはできない．

頻度でみられるものを多型と呼ぶ．ヒトゲノムには，1塩基レベルでの多型〔SNP（single nucleotide polymorphism）※14〕が多く存在している．現在，データベースには1千万個近くのSNPが登録されている．単純に計算して300塩基に1個の割合でSNPが存在していることになる．

Column ― 知る権利，知らないでいる権利

ヒトゲノム計画が完了した現在，多くの遺伝病の原因がDNAレベルで明らかになりつつある．人からDNAを取ってきて，その配列を調べるだけで，その人のDNAに遺伝病の原因となる変異が入っているのかどうか，容易にわかるようになったのである．

このような状況は，科学技術の進歩の一例として捉えられるが，果たしていいことづくめなのだろうか．仮に自分のDNA配列を調べ，そこに遺伝子変異が含まれていた場合，あなたはどのような思いをもつだろうか．

このように，遺伝情報は知るだけが利益ではないという問題提起が起こり，今では遺伝子変異を調べる「知る権利」と，調べないままでいる「知らないでいる権利」の両方が認められている．

しかし，この「知る権利」「知らないでいる権利」というものは，想像するよりもはるかに難しい問題をはらんでいる．ここにその一例をあげよう．

ある女性が医師のもとを訪ねて，こう言った．「自分の母親は，ある遺伝病が原因でこの世を去った．ヒトゲノム計画が完了した現在，その原因となる遺伝子変異も判明している．一般に，この病気は10万人に1人の確率で発症するが，この遺伝病は優性の形式で起こるため，親が患者の場合は，自分が病気になる可能性は1/2だ．

自分も，母親が病気に倒れた年代を迎え，同じ病気にかかるのかどうか，とても気になる．特に，周りの者からしきりに遺伝子診断をすすめられている．けれども，もし自分のDNAに母親と同じ病気の変異が見つかったら，それを受け止める勇気も自信もない．社会の目も，とても怖い…」

このような申し出に対して，医師は，今では知らないでいる権利というものが確立されていますよ，無理に調べることはないと言って，その女性を帰した．

ところが，その女性には子供がいた．その子供は，自分の祖母がかかった遺伝病に，自分もかかるのではないかと知りたくてしかたがない．現代の医療技術の進歩を思えば，少しでも早く知っておいた方が，その対策も立てやすいと考えたのだ．父親の家系にはこの遺伝病の発症者はいないため，母親の遺伝子に変異がなければ，自分がこの遺伝病にかかる心配はない．だから，この子供は母親に遺伝子診断を受けてほしいのだが，母親は受けようとしない．

業を煮やした子供は，母親への相談を抜きにして，自分のDNAを病院に持ち寄り，遺伝子診断を行ってしまった．結果は，DNAに問題の遺伝子変異が入っているというものだった．同時に，この遺伝子変異は母親由来のものであると考えられるため，母親もまた，この変異の保因者であることが，期せずして判明してしまったのである．

このように，いくら本人が知らないでいる権利を選んだとしても，周囲の理解が得られなければ，その権利が守られることはない．もはや，ゲノム情報は本人だけに関係するものではないことを，私たちは理解しておくべきである．

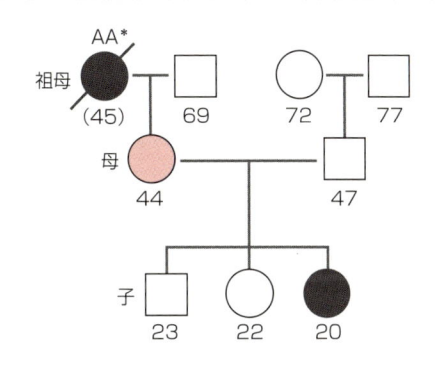

コラム図3-1　遺伝子変異と家系

この家系図における丸は女性，四角は男性である．黒く塗りつぶされたものは，遺伝病の遺伝子変異（A*）の保持者を表す．各々の数字は年齢を表す．斜線はすでに死去していることを示す．この遺伝病は優性の形式で伝えられる．この家系図における母親（赤で示した）は，遺伝子変異を保持しているだろうか，いないだろうか

※14　スニップと読む．

ヒトが成長するには，生まれながらの遺伝的な要因と，生まれ育った環境要因の2つの要因を考慮に入れる必要があるが，こと遺伝要因に関しては，このようなSNPをはじめとした多型や変異の積み重ねが，表現型としての個人差となって現れているという見方ができる．

❖ 種差：チンパンジーとヒトとの違い

次にヒトと他の生物種を比べてみよう．ここでチンパンジーを例にとれば，複雑な道具を使う，高度な言語を操る，いわゆる文化的な生活を行うなど，チンパンジーとヒトとの違いはいくらでもあげることができよう．しかしチンパンジーとヒトのゲノムを比較すると，DNA配列の上では，両者は99%近くの割合で同じ配列をもっており，その違いはたったの1.23%でしかない．

一方で，ゲノムの構造を含めて比較してみると，ヒトとチンパンジーとの間には明らかな違いがみられる．ヒトゲノムを構成する染色体は22組の常染色体とX，Yの性染色体であるが，チンパンジーでは常染

Column 近親婚

ヒトは父親と母親から染色体を1セットずつ引き継いでいる．特定の遺伝子に注目した場合，配偶子を形成する際に，父親由来と母親由来のどちらの遺伝子が引き継がれるかは，確率的に1/2である．

ここで，家系図を書いてみよう（コラム図3-2）．祖父母がおり，何人かの子供を生んだとする．その子供が別々に結婚し，さらに子供を生んだとすると，その子供同士はいとこである．さて，そのいとこ同士が結婚して，子供を生んだらどうなるか．

試しに，祖母の特定の染色体の特定の遺伝子が，揃っていとこの子供（つまり，ひ孫）に伝えられる確率を求めよう．父親を介した経路では，祖母－父親－本人（孫）－子供（ひ孫）と，3回配偶子が形成されているから，1/2の3乗＝1/8，母親を介した経路でも同様に1/8，したがって1/8×1/8＝1/64となる．

祖母，祖父ともに2本ずつの染色体をもつ[※15]から，一般にいとこ同士の結婚で生まれた子供に同じ祖先の遺伝子が揃って伝えられる確率は，1/64×4＝1/16である．この計算によって得られた数字は近交係数と呼ばれ，いとこ婚における近交係数は1/16であるというような使われ方をする．

仮に，遺伝病の原因となる劣性遺伝子の出現頻度が1/1,000としたら，自由結婚で劣性ホモとなる確率は1/1,000×1/1,000＝1/1,000,000である．それがいとこ婚の場合は，祖父母が劣性遺伝子をもつ確率1/1,000に近交係数1/16を掛けたものが，大まかに劣性ホモになる確率となる[※16]．したがって両者の違いは，ざっと60〜65倍となる．

近親婚を繰り返すと，遺伝子がホモとなる確率は，確実に大きくなる．現在の日本の法律では，近交係数が1/16であるいとこ婚は認められているが，近交係数がそれよりも大きくなるような近親婚は認められていない．

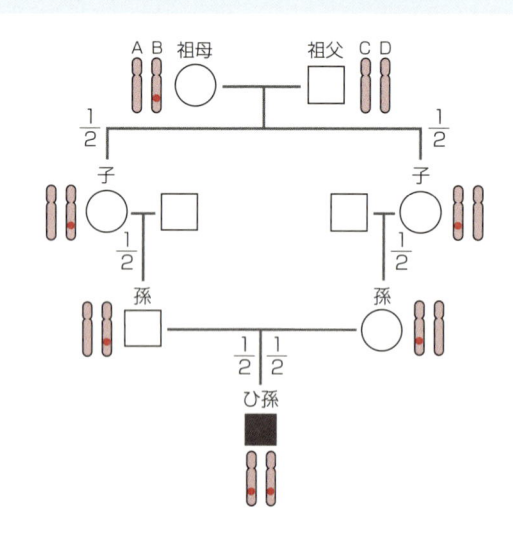

コラム図3-2　いとこ婚の家系図
祖母や祖父から出発し，ひ孫に至るまでに特定の遺伝子が引き継がれる確率を実際に計算してみよう

[※15] 合わせて4本と考える．

[※16] 正しくは 1/16×1/1,000＋15/16×1/1,000,000

色体の数が1組多く，23組の常染色体とX，Yの性染色体である（図3-10A）．また，ヒト2番染色体にはチンパンジーの12番と13番の各染色体が断片的につながった構造をもつ（図3-10B）．つまり，ヒトとチンパンジーの共通の祖先が世代を重ねていく過程で，ゲノムレベルでの大規模なDNA組換えが起こり，2つの染色体が融合して1つになってしまったのだと考えられている．このように染色体構造が変化し，新種として枝分かれした新たな生物の末裔がヒトであるという考え方もできる．

さらに，発現するタンパク質のレベルでヒトとチンパンジーを比べると，その多くにアミノ酸の置換がみられ，機能分子としてのタンパク質の働きにも違いが生じていることが示唆されている．

❖ 複製と変異の繰り返し：生命の多様性と進化

DNAを遺伝情報として保持する原始生命が誕生して以来，生物は頻繁に遺伝子組換えを繰り返してきた．遺伝子組換えによって，新しい遺伝子が誕生することもあるし，特に性というものが確立されてからは，配偶子の形成の際にゲノムレベルでの遺伝子組換え，重複，欠失というものが起こり，遺伝子レベルでの多様性が画期的に増大した．真核細胞のようにエキソン－イントロン構造をもつ場合，イントロンの部分で遺伝子組換えが起これば，遺伝子の前部分と後ろ部分で異なる遺伝子由来の新たな遺伝子がつくり出されることもある（**4章**参照）．

配偶子の形成時に起こる遺伝子組換えにより，個人差という意味での多様性が生じる．その多様性が限

ヒトとチンパンジーのゲノムの比較

染色体数	22組とX，Y	23組とX，Y
ゲノム全体の長さ	約30億塩基対	約30億塩基対
塩基配列の違い	1.23%	
予測遺伝子数	25,000	25,000

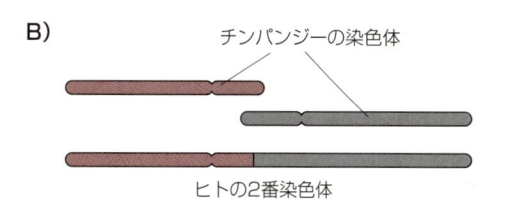

図3-10 ヒトとチンパンジーのゲノムの比較
A）ゲノムサイズ，遺伝子数ともにほぼ同じであるが，染色体の数は異なっており，この両者で子孫を残すことはできない．
B）ヒトの2番染色体は，チンパンジーの12番と13番染色体が融合した構造をしている

Column　ゲノムと社会生活

ゲノム配列の解読という科学技術の功績は，すでに私たちの生活に恩恵をもたらしている．

ゲノムというと，病気や医療といった言葉が思いつく．もちろん，医療においては，遺伝病の診断を確定するために，ゲノム情報を用いることができる．また，長寿の遺伝子，というような報道を耳にすることもあるだろう．これも，ゲノム情報が生活に結びつく一例である．

日常に即した，もっと身近な例として，食品の検定があげられる．特定の銘柄や産地を表示する牛肉が実際に表示通りか，ゲノム情報の観点から調べることができる．外見はごまかせても，DNA配列はごまかせない．

また，事件が発生したときに，容疑者の遺留品を集め，そこからDNA鑑定を行うことで，高確率で個人を特定することができる．ごく微量の細胞があれば，それを材料に鑑定が行えるのである．同様の原理で，親子鑑定を行うこともできる．

これらの鑑定には，主にPCR（**11章**参照）と呼ばれる実験手法を用いる．

その技術の重要性から，開発者のマリスは1993年にノーベル化学賞を受賞した．

Belgium Blueという銘柄の牛は筋肉隆々で，食肉としても珍重されているが，その肉質の理由がミオスタチンと呼ばれる遺伝子の変異であることが判明している．ゲノム配列が明らかになるにつれ，このようなDNA配列レベルでの情報管理が進められていくことも予想できる．

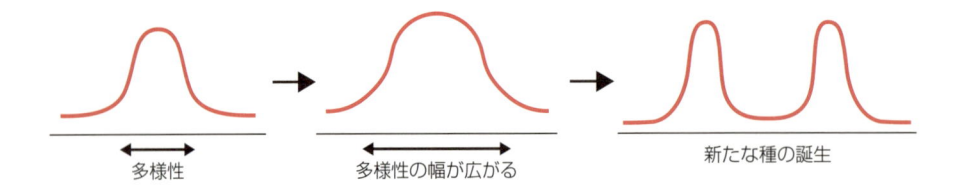

図3-11　生命の多様性と進化の概念図
1つの種に対して，ゲノムレベルで多様性がある．この多様性が限界を超えれば，そこで共通の配偶子を残すことができなくなり，新たな生物種が誕生する．新たな生物種はそのなかで再び多様性を増やしていく

界を超えて，交配することができなくなれば，それはもはや新しい生物種の誕生である．ここに生物種としての多様性が生じる（図3-11）．ヒトとチンパンジーも，このようにゲノムの複製と変異とを繰り返しながら，共通の祖先から枝分かれしていったのであろう．

このことは同時に，現在生活している私たちヒトという種であってさえ，未来永劫には続かないであろうことを示唆している．ヒトは子孫を残す際に必ずゲノムの複製と変異を繰り返している．このことによってヒトとしての多様性が生まれるが，その多様性がある範囲を超えれば，ヒトという生物種から新たな生物種が枝分かれしていく可能性もある．

これから先，地球環境は頻繁に変化していくだろう．多様な生命が存在していれば，多数の生物種が絶滅しても，何かしらの生物は環境の変化に適応して生き残り，そこで再び多様性を増やしていくことができるだろう．複製と変異の繰り返しとは，生命の生存に宿命づけられた一種の戦略なのである．

本章のまとめ

- [ ] 遺伝の基本法則に，メンデルの法則がある．
- [ ] 遺伝子の実体はDNAである．
- [ ] 遺伝情報はDNA，RNA，タンパク質の順番に伝わっていく．
- [ ] ある生物種を形成するのに必要なすべてのDNA配列をゲノムという．遺伝子はゲノムの一部である．
- [ ] 生物学的には，さまざまな形態の性が存在する．
- [ ] 配偶子形成の際に，遺伝子組換えが起こっている．
- [ ] ゲノムの複製と変異の繰り返しが，生命の多様性と進化の原動力である．

第Ⅰ部　ヒトの基礎

4章　氏も育ちも大切：遺伝子は何を支配するか

ヒトゲノムの解読によって遺伝子配列の全体が明らかになるにつれ，「氏か育ちか」とよくいわれるように，親から子へ遺伝するものとそうでないものはどう決まるのかに関心が集まっている．同じ遺伝子をもっていると考えられている一卵性双生児では顔かたちはそっくりであるのに，性格や病気への罹りやすさには違いがあることもわかってきた．20世紀半ばにジャコブとモノーにより，遺伝子にはタンパク質の構造の情報をもつ部分と，環境変化を感知して発現を制御する部分があり，そのフィードバックによる制御が示された．遺伝子は環境への応答のしかたを決めており，多数の因子のかかわるがんや生活習慣病においては病気の感受性を決めている．生物は氏（遺伝）と育ち（環境）の相互作用で生み出され進化しているといえよう．

1　遺伝と環境のかかわり

❖親と子の似るところ，似ないところ

地球上にはさまざまな生物がいて，それぞれ特徴的な形をしている．また地球上には60億人を超える人々がいるが，同じ顔の人はいない．それでも親と子をみるとどことなく似ているところがある．とりわけ特徴的といえるのは，一卵性双生児といわれる同じ受精卵から生まれ同じ遺伝子をもっている人たちで，きわめてよく似通った顔かたちをしている．このことから，遺伝で決まるものとそうでないものを考えるうえで一卵性双生児の研究が重視されてきた．

3章で述べたように，1つの遺伝子で表現型が決まる場合はメンデル遺伝と呼ばれ，遺伝形式がよく研究されている．だが，実際には多数の遺伝子がかかわる場合が多く，メンデル遺伝にはならない場合が多い．例えば一卵性双生児でも顔かたちはよく似るが，病気へのなりやすさはそれほど同じではない．

1つの遺伝子で決定される先天的な代謝異常や小児がんなどでは一卵性双生児で同じ症状を示すことが多い．また統合失調症では一般に発症する率は1％程度とされるが，一卵性双生児では片方が発症した場合に，もう一人が生涯に罹患する率は40％ほどといわれている．しかし成人になって起こるがんが一卵性双生児で一致して起こる率は20％程度と低く報告されている．つまり，このように一致して起こる率が高いほど，遺伝的な素因が深くかかわっているといえる．

同じような遺伝的素因をもっていても，異なった環境のもとで異なった表現型を示す例はほかにも多い．日本人成人男性の平均的な身長は江戸時代には155 cm台，第二次大戦前後は160 cm台，現在では170 cm前後と，環境，栄養条件により大きく変わってきている．病気でも，近年の食生活や生活スタイルの変化を受けて胃がんが減り大腸がんが増えるなど，環境因子により変化するところも大きい（図4-1）．そこ

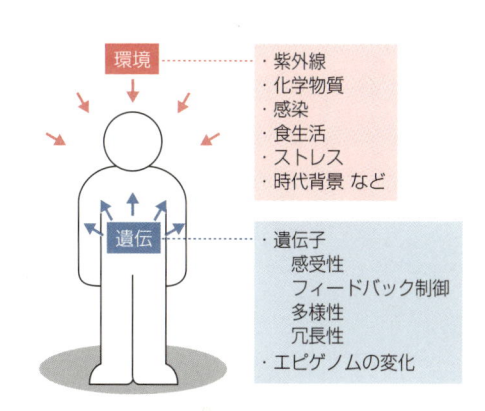

図4-1　遺伝と環境の相互作用
生物はさまざまな遺伝的素因と環境因子の相互作用を通じて生きている

で遺伝子が何を決定するか，どのように決定するかを解明することは生命科学の大きな課題となっている．

❖疾患へのなりやすさと遺伝子の関係

現代のわが国などで主要な死因となっているがんや心臓病，それに脳卒中などは，多数の遺伝子と，環境因子がかかわって起こる．病気の原因の考え方も，多数の因子がかかわることを踏まえて大きく変わってきた．この場合には疾患感受性遺伝子という考え方が用いられる．

血液中のコレステロール濃度にかかわるアポリポタンパク質E（アポE）遺伝子には，多型で2型，3型，4型という異なったアミノ酸配列をもつ人がいることが知られている．疫学調査から，このアポE配列の違いが動脈硬化や認知症の発症に関係することが知られている（**6章**参照）．

図4-2に示すように，父親と母親の両方から2型遺伝子を受け継いだ人（2/2型と示す）は，普通は血液中のコレステロールが健常者より低くなる．ところが，他の脂質代謝遺伝子の異常をもっていたり，コレステロールを食べすぎると2/2型の人は異常な高コレステロール血症となり，動脈硬化性の疾患が増える．この場合に，アポEの2型の遺伝子をもっている人は，コレステロール代謝異常に感受性が高いという．同じ高コレステロール血症でもアポE2/2型の人は治療に非常によく反応することがわかっている．遺伝的異常を知ることにより，予防も治療もスムーズに行える場合があることを示す一例である．

❖多数の因子が重なる疾患の感受性

がんや心臓病，脳卒中のような現代人に一般的な病気は多数の因子が関与する疾患である．アポE遺伝子の変異は，コレステロール異常などの疾患の感受性を増すが，別の因子があるかないかでコレステロールを高くすることもあるし，低くするほうに働くこともある．こうした場合，遺伝子の働き方は，置かれた環境や，他の遺伝的素因で変わってくる．生活習慣病とも呼ばれる多因子疾患は，1つの遺伝子だけでは理解できず，生活スタイルや人体の制御のメカニズムから理解するのが肝心である．病気の発症には遺伝と環境が絡みあって作用する．

さらに，同じ遺伝子変異でも病気が異なると，感受性のかかわり方は変わる．コレステロール異常にはなりにくいアポEの4/4型の人は，今度はアルツハイマー病になりやすくなる．一般の人では，85歳以上で起こりやすくなる認知症がアポE遺伝子の4/4型の人は75歳程度からみられる頻度が多くなることが知られている．すると動脈硬化には抵抗性だが，アルツハイマー病や認知症には感受性となる．

よく「行動の遺伝子」や「性格の遺伝子」など多数の因子で決定されることを1つの遺伝子が原因であるかのように語られることが多いが，注意してみる必要がある．

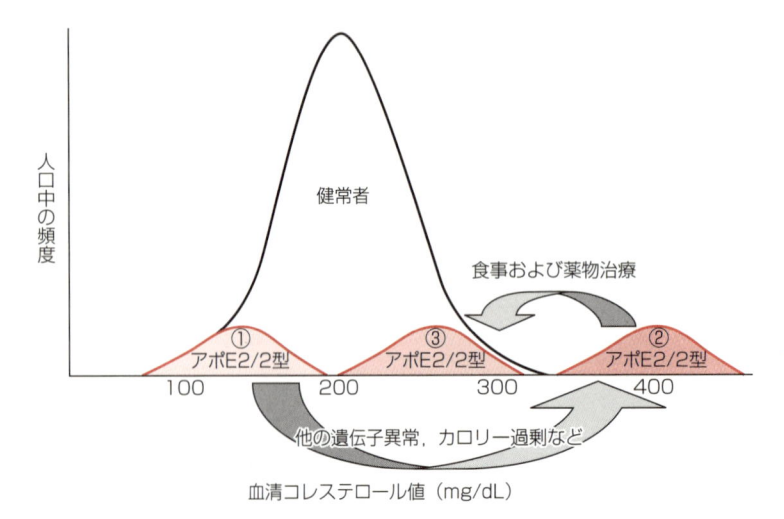

図4-2 コレステロール代謝異常と疾患感受性遺伝子アポE

①アポEの2/2型の人は普通は，コレステロールは低値である．②しかし，他の遺伝子異常やカロリー過剰があると顕著な高コレステロール血症を示す．③このタイプの患者は薬物治療への反応がよい

2 遺伝子のフィードバックによる制御

❖ ゲノムに書かれた遺伝子の制御のしくみ

　遺伝子の作用がなぜ複雑かというと，生物の多くの遺伝子はいつも同じように発現しているわけではなく，外部の環境の変化に対応して発現が変化するからである．1950年代にジャコブとモノーにより大腸菌の実験で，DNAからRNAがつくられる遺伝子の発現の制御が，こうした内部の環境を一定の範囲に保つ応答の鍵であることが証明された（p.46 **コラム**参照）．

　大腸菌では，ラクトースという糖を分解してグルコースをつくる．この反応を司る酵素タンパク質が β ガラクトシダーゼである．グルコースが減るとこの酵素タンパク質をつくるmRNAが増加し，酵素タンパク質がつくられてグルコース濃度が増加する．一方ラクトースが減ると，この酵素をつくるmRNAが減り，酵素タンパク質が減る．その結果ラクトースが分解されなくなり，ラクトースの濃度が増加する（図4-3）．

　こうした環境因子の変化を感知して濃度を一定に保とうというしくみをフィードバック制御という．この場合はラクトースの濃度が上がると分解酵素のmRNA量を上昇させ，濃度が下がるとmRNA量を低下させるので，逆方向に向けるという意味から，「負の」フィードバック制御という．これは，部屋の温度を一定に保つように，温度が下がれば暖房し上がれば冷却するエアコンの温度制御と同じ，内部環境を一定に保つためのしくみである．

❖ さまざまな種類のフィードバック制御

　フィードバックによる制御には，さまざまなパターンがある．図4-4に示すように，フィードバックが成り立つためには，まず状況を感知するセンサーのタンパク質が必要になる．前述した大腸菌のラクトースの例でいくと，ラクトースの濃度を感知する抑制因子がセンサーになる．こうして，ラクトースの濃度を感知すると遺伝子の発現を制御して，ラクトースを分解する酵素のような機能タンパク質がつくられ，恒常性を保つように働く．この場合の糖分の制御は，増加した成分は減らし，不足する成分は増加させる「負」のフィードバックである．

　これとは逆に，濃度が上昇するときに合成を進めるような，入力と同じ方向の出力を与える「正」のフィードバックというしくみもある．正のフィードバックでは一度開始された反応がどんどん進む特徴をもつ．しかしブレーキがかからないため悪循環になると，資源の限られた細胞の中での持続は不可能である．

　こうした正のフィードバックは，細胞が特殊な細胞に分化するときにしばしば用いられる．ここでは，赤血球の分化を例に説明する．

　GATA1[※1]と呼ばれる遺伝子は，赤血球の分化の鍵となる遺伝子である．DNAに結合することによっ

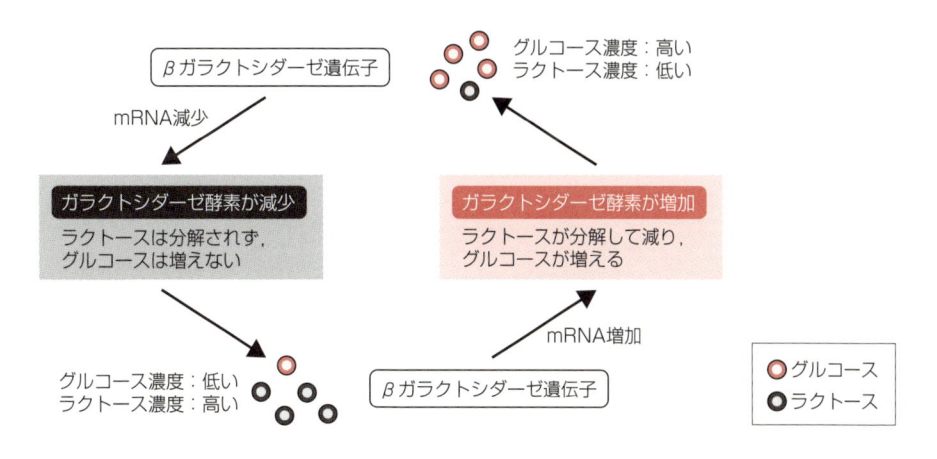

図4-3　大腸菌の糖の代謝の制御

※1　通常，遺伝子名はイタリック体で表記する．

Column ジャコブとモノーによる遺伝子制御のメカニズムの発見

私たちの遺伝子には，タンパク質の構造の情報をもつ配列と，その発現，すなわちDNAからRNAがつくられるステップを制御している配列の2つの部分がある．コラム図4-1Aにラクトースを分解してグルコースをつくるβガラクトシダーゼの遺伝子の制御にかかわる配列を示す．タンパク質の構造の情報をもつ配列の前に制御にかかわる配列がある．まずRNA合成を活性化する活性化因子のタンパク質の結合する配列がある．この活性化因子のタンパク質は，A, G, C, Tの4種の塩基のつくるGTGAG XXXX CTCAC（Xは任意の塩基）という配列に結合する．

その次にRNAを合成するRNAポリメラーゼが結合する配列がある．活性化因子とRNAポリメラーゼが結合すると，酵素タンパク質をつくるためのRNAがつくられていく．

その次にはRNA合成を抑制するタンパク質が結合する配列がある．もし抑制因子が結合していると，RNAポリメラーゼはRNAをつくれなくなってしまう．

コラム図4-1B, Cに示すように，ラクトースの濃度が高いときは，ラクトースの代謝産物が抑制因子に結合するため，抑制因子はDNAに結合できなくなる．このとき，さらにサイクリックAMP（cAMP）という化学物質の濃度が細胞内で上がると活性化因子が結合する．すると酵素がつくられてラクトースが分解されてグルコースが増加する．

その結果，サイクリックAMP濃度が低下し，活性化因子がDNAに結合しなくなる．一方，ラクトース濃度が低下すると，抑制因子がDNAに結合し酵素のRNAがつくられなくなる．

このように，タンパク質が環境因子の変化を感知して構造を変え，遺伝子を制御していることがわかる．ラクトースからグルコースをつくる酵素遺伝子の場合，原料のラクトースと産物のグルコースが使われてできるサイクリックAMPの濃度をチェックし，ラクトースが多くあり，グルコースが少ないときにだけ，ラクトースを分解してグルコースをつくる反応が進むようになっている．このように生体内での制御は，複数の制御系が重なりあって，確実に内部の環境が保たれるように精密に制御されていることが多い．

コラム図4-1　活性化因子と抑制因子による遺伝子発現のフィードバック制御
A）βガラクトシダーゼ遺伝子の構造．B）大腸菌では，ラクトースが多くなると抑制因子が遺伝子の制御配列に結合し，RNA発現が抑制される．C）サイクリックAMPが多くなると活性化因子が働き，RNAが合成される

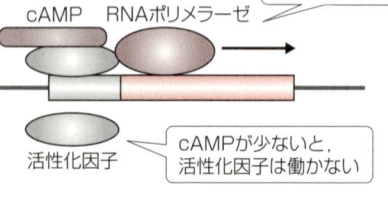

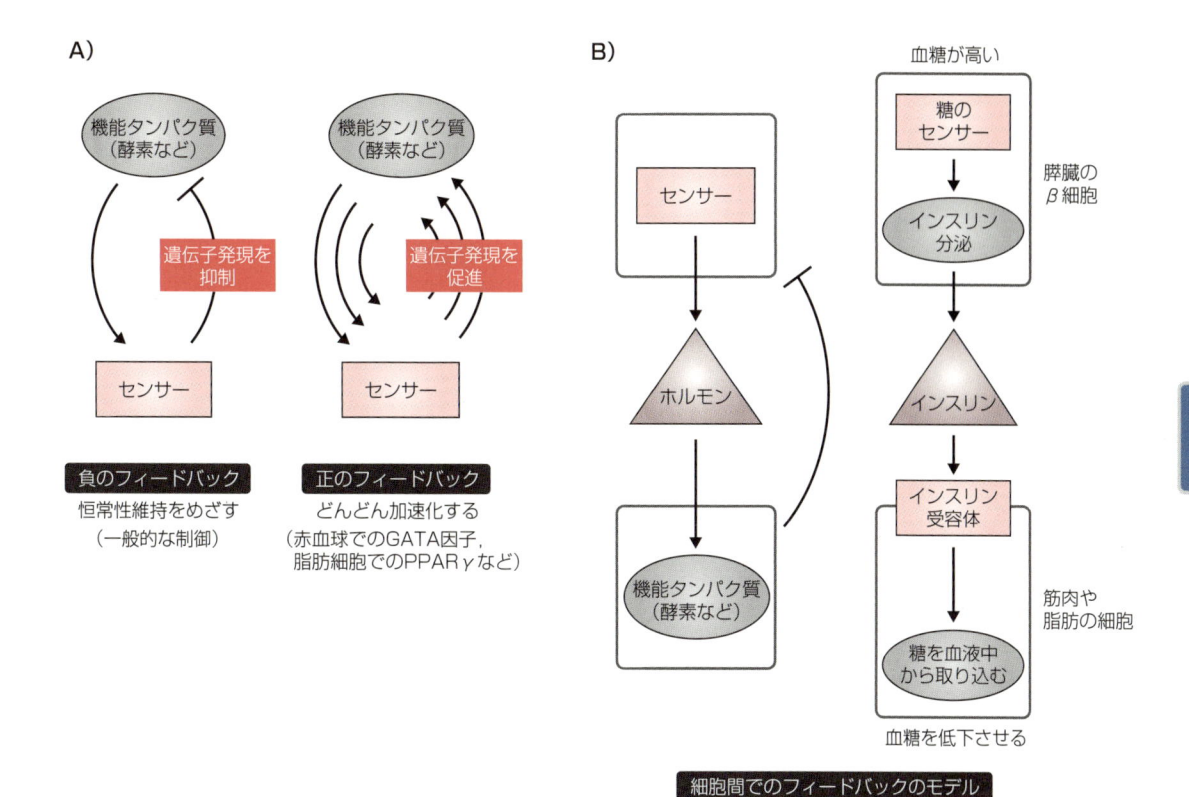

図4-4　細胞内と細胞間でのフィードバック制御のしくみ

て遺伝子の発現を調節するタンパク質を転写因子と呼び，GATA1は転写因子の仲間であることがわかっている．GATA1タンパク質はDNAの制御配列中にあるGATAという配列に結合するが，実は*GATA1*遺伝子自身の制御配列にも，GATA1タンパク質が結合することが知られている．

　赤血球のもとになる細胞では，GATA1が活性化されると，それがDNA上の*GATA1*遺伝子自身の制御配列に結合し，*GATA1*遺伝子の発現が促進される．すると，GATA1の活性化がGATA1自身の発現を促すという正のフィードバックがかかり，GATA1タンパク質がどんどんつくられ，その結果として分化が進んでいく．分化が進むと遺伝子を含む核は細胞の外に追い出されてしまい，増殖は不可能になる．最終的に分化の済んだ赤血球は，酸素を運ぶ機能に特化している．

　人体内では，フィードバックは1つの細胞だけではなく，複数の細胞によっても担われる．例えば血糖は負のフィードバックで制御されている（図4-4B）．

血液中の糖分は膵臓のβ細胞で感知される．β細胞はインスリンというホルモンを血液中に分泌する．筋肉や脂肪細胞ではインスリンの受容体があり，血液中のインスリンの濃度が上昇し，それを感知すると血液中の糖分を細胞の中に取り込む．一方，インスリンは肝臓では糖の合成を抑制する．こうしてさまざまな細胞が協調的に働いて血糖値が下がり，恒常性が維持される（8章図8-6参照）．

❖周期性を生み出すフィードバック制御

　多くの生物の活動は周期性をもっている．短い時間では1秒程度ごとに繰り返す心臓の鼓動，概日周期と呼ばれる24時間ごとの食事，睡眠などの行動，30日前後で起こる女性の生理の周期，1年のうち一度起こる冬眠など，さまざまな時間の長さでの周期的な変化が知られる．このために，遺伝子の活性化の系と抑制の系のフィードバックが同時に働くと周期的に振動する制御が起こる．

図4-5に周期的な制御が起こるメカニズムの例を示す．動物の体には，脊椎骨のような繰り返し構造がたくさんある．こうした繰り返し構造をつくるのに，図4-5Aに示す*Hes*という遺伝子が1〜2時間ごとに発現することが知られている．Hesタンパク質は自分の遺伝子を制御する配列に結合して，発現を抑制する．こうした自分のつくるタンパク質が，その遺伝子の発現を抑制するフィードバック制御は，2つの条件のもとで周期性を生み出す．

第一には*Hes*遺伝子を持続的に活性化させようとする刺激があることである．第二は，*Hes*遺伝子のつくるタンパク質が分解されるスピードが適当な早さであることである．この条件が満たされたとき，Hesタンパク質の濃度が増加すると，遺伝子発現が抑制されRNA濃度が低下し，次にタンパク質が分解されてくると，遺伝子発現が増えてRNA濃度が増加する．図4-5Bに示すようなRNAとタンパク質が交互に周期的に発現することが観察される．*Hes*のRNAはショウジョウバエの発生途上では1〜2時間おきに発現して同じ構造が繰り返しつくられる．

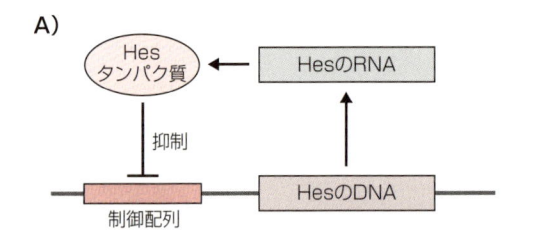

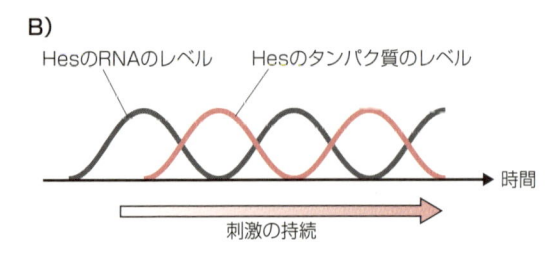

図4-5 フィードバック制御で生まれる振動

24時間ごとの概日周期と呼ばれるリズムも，遺伝子が24時間ごとに誘導されるしくみが基礎となっている．こうした周期的な遺伝子発現から，生物時計と呼ばれる周期的な行動が制御されている．

Column　毒にも薬にもなる化学物質

人間の2万5千の遺伝子のなかで，さまざまな化学物質の受容体（センサー）の遺伝子は1千種類を超える．これらの受容体は，非常に低い濃度の化学物質を感知して遺伝子の発現を活性化する．

土壌や水や空気の中に，これらの受容体に作用する化学物質があると，微量でも遺伝子の発現を変化させて大きな影響を与える可能性がある．生物の体内で蓄積する化学物質も濃度が自然界より高くなるので危険が大きい．特に，体が形成される時期の妊婦の体内にいる胎児には影響が大きい．

ゲノム解読とともに，どのような化学物質が人体に危険かがわかり始めている．化学物質のなかで内分泌攪乱物質といわれるようなヒトの受容体に作用する化学物質は，微量でも危険性が高いといえる．

化学物質は悪い役割だけではない．今まで，メカニズムがわからなかったさまざまな薬，例えば，がんや，高血圧，精神疾患の薬が，これらの受容体に結合して作用することがわかってきた．ゲノムの解析では，似たタンパク質の情報をもっている遺伝子群をファミリーと呼ぶ．ヒトゲノムでは800個を超えるGタンパク質共役型受容体ファミリーという細胞外の変化を感知する受容体の遺伝子ファミリーがある．胃潰瘍の薬の標的のヒスタミン受容体，高血圧治療薬の標的のアンジオテンシン受容体などはいずれもこのファミリーに属する．

また，亜鉛を含むジンクフィンガータンパク質のファミリーがある．このファミリーのタンパク質は，DNAに結合して，遺伝子の発現を制御する活性化因子や抑制因子のタンパク質である．例えば副腎皮質のステロイドホルモン製剤や，女性ホルモン，男性ホルモンの標的はこのファミリーのタンパク質である．

こうしたGタンパク質共役型受容体のような受容体や，ジンクフィンガータンパク質のような遺伝子の制御タンパク質に作用する薬が，今まで医療用に用いられている薬の半数程度を占めており，まだたくさんあるこれらのファミリーのタンパク質を標的とする医薬品の候補を数百万の化学物質から発見する研究が世界で始まっている．これをゲノム創薬という．

これらのGタンパク質共役型受容体のような受容体のタンパク質や，ジンクフィンガーのような遺伝子制御タンパク質に作用してしまうものは，人体内の制御系に影響するので，危険な環境の化学物質にもなるし，さまざまな病気の医薬品にもなるのである．

3 ゲノムとエピゲノムの進化

ジャコブとモノーが研究の材料とした大腸菌と比べて，ヒトのゲノムは非常に複雑になっている．遺伝子の数は，大腸菌で4千程度なのに対し，ヒトでは2万5千とそれほど数が増えていないにもかかわらず，ヒトでは1個の受精卵が60兆個の細胞をもつ成人になり，しかもほぼ同じゲノムをもつ一卵性双生児が非常によく似た顔かたちをもつほど正確に発現が制御されている．

ヒトゲノムの解読から，人間のDNAの配列が明らかになり，環境の変化に対応する遺伝子の特徴がわかってきた．3章で述べたように，ヒトの遺伝子は，タンパク質の配列の情報をもつエキソンという部分が，多数の大きなイントロンにより分断されている（図4-6A）．人間の遺伝子ではタンパク質の構造の情報をもつ部分は全体の1.3％程度である．

もう1つの特徴は，生物の進化の間に，似た遺伝子が重複して数が増えていることである．生物の形づくりにかかわるホメオティック遺伝子（5章p.60コラム参照）という遺伝子群でみると，ショウジョウバエのホメオティック遺伝子群の塊を1セットとすると，ヒトでは同じような遺伝子群が4セットある．

こうした遺伝子の分断と重複に加えて，生物が生まれてからゲノムが修飾されて変化することがわかり，エピゲノムと呼ばれている．これらのことが遺伝子の制御にどのようにかかわっているのだろうか．

❖分断された遺伝子がつくり出す多様性

前述のように，ヒトの遺伝子では，タンパク質の構造の情報をもつエキソンという部分が，多数の大きなイントロンにより分断されて，飛び飛びに存在している．また，遺伝子が発現するときには，RNAポリメラーゼが活性化されてRNAをつくる．最初は，イントロンも含めて長いRNAがつくられ，次にイントロンを取り除いてタンパク質の構造にかかわる成熟型のmRNAがつくられる．このイントロンを除く過程をスプライシングと呼ぶ．

環境の変化に適応するには，たくさんのタンパク質が必要となる．ヒトゲノムにある遺伝子数は約2万5千であるが，その数は当初の予想より格段に少なかった．

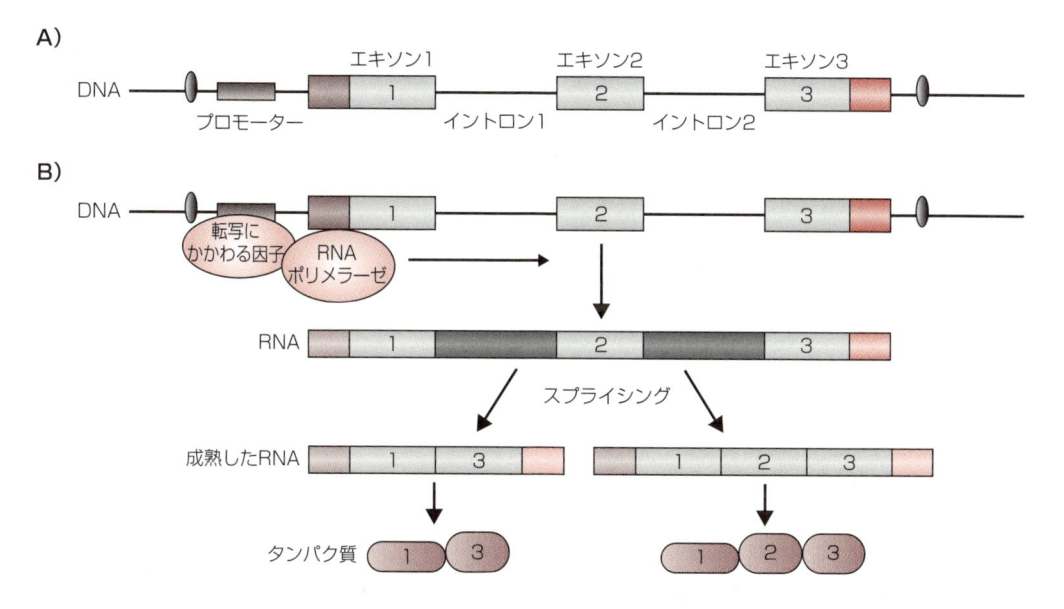

図4-6　スプライシングが生み出す遺伝子の多様性
A) ヒトの遺伝子の構造．B) 転写の活性化．プロモーターと呼ばれる制御配列に活性化因子や抑制因子などの転写にかかわるタンパク質が結合し，RNAが合成された後，スプライシングによりエキソン部分のみの成熟したRNAがつくられ，これをもとにさまざまなタンパク質がつくられる

ヒトの細胞では，1つのタンパク質の遺伝情報が多数のイントロンで分断されている．実は遺伝子発現時に起こるスプライシングの途中で，エキソンが組合わされて使われ，結果として1つの遺伝子から多種類のタンパク質がつくられているのである．例えば，図4-6の遺伝子では3つのエキソンがあるが，このなかからスプライシングの際にエキソン1，2，3，1-2，1-3，2-3，1-2-3の7通りのタンパク質をつくる可能性がある（図4-6B）．こうした方法で2万5千しかない遺伝子から10万種程度のタンパク質をつくることができる．

免疫にかかわるタンパク質をつくり出すしくみは，さらに複雑である．例えば病原菌やウイルスが体内に入ると，防御のために生体内で抗体というタンパク質がつくられる．病原菌やウイルスは非常にたくさんの種類があるが，人体はそれらを排除するために100億を超える種類の抗体タンパク質をつくることができる．抗体タンパク質をつくり出す際には，DNAの組換えが重要な役割を果たしている（**9章p.112コラム**参照）．

❖ 新たな遺伝子が誕生するしくみ

タンパク質を構成するアミノ酸配列は，構造的にも機能的にもいくつかの単位（ドメイン）に分けられることがある．進化の過程では，このドメインの使い回しにより多様なタンパク質がつくられてきたと考えられる．

遺伝子変異が生物の表現型に影響を及ぼし，結果として生物の進化を促す．しかし，DNAのランダムな1塩基置換の蓄積だけによって生存に有利な機能をもつタンパク質を新たにつくろうとすると，確率的にみて非常に無駄が多い．複数のサイコロを振った場合，思うように数がそろわないことと同じである．

それに対して，前述したエキソン-イントロン構造のような分断された遺伝子構造が，新しい遺伝子の創出に一役買っている場合がある．遺伝子の組換え時に互いにイントロン同士のところで組換えが起こると，アミノ酸情報が書き込まれているエキソンには何の変化も起きずに，そのエキソンの前後のDNA配列が置き換わる（図4-7）．

すなわち，断片化した遺伝子構造のおかげで，新たなエキソン-イントロン構造の組合わせが誕生する可能性があるのである．このようにして誕生した新たな遺伝子は，組換え前のもとの遺伝子と似たような構造と機能をもちつつ，それとは別の新たな機能ももっていることが予想できる．このように，エキソン-イントロン構造が組合わさることで新たな遺伝子がつくられる現象はエキソンシャッフリングと呼ばれる．タンパク質として機能をもつために必要なドメインが，あたかもトランプのようにシャッフルされ，配り直された結果，新たな組合わせの機能タンパク質がつくられるのである．

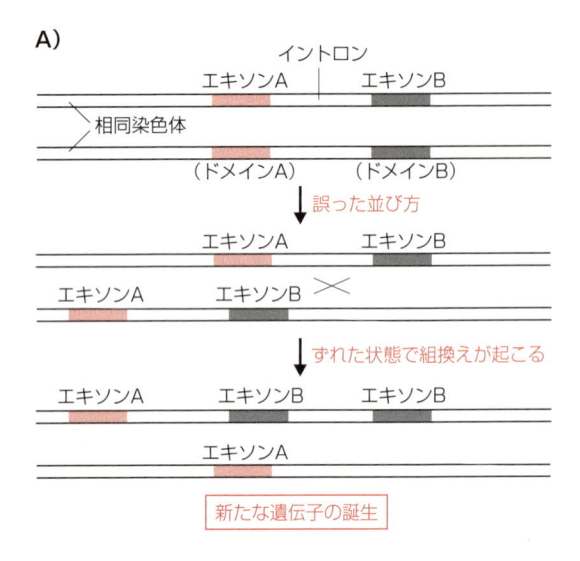

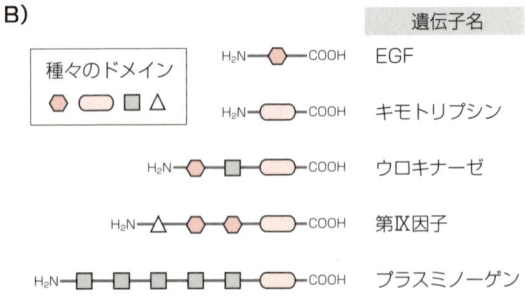

図4-7 エキソンシャッフリングによって，新たな遺伝子が誕生するしくみ

A) 組換えがイントロンのところで起こると，エキソンのアミノ酸情報が保持されたまま，そのエキソンの前後のDNA配列が置き換わる．その結果，新たな並び順のエキソン-イントロン構造がつくられる．**B)** 互いに異なる遺伝子であっても，共通のアミノ酸配列（ドメイン）をもつものが多く存在する．これらは，エキソンシャッフリングによってもたらされたものと考えられる

❖ 重複した遺伝子がつくり出す冗長性

ゲノムのもう1つの特徴は，生物が複雑になるにつれ同じ塩基配列が繰り返す「繰り返し配列」がたくさん存在することである．ヒトゲノムでは約50％がこうした繰り返し配列である．この繰り返し配列があると組換えが起きやすくなり，繰り返し数が変化しやすくなる．繰り返し配列の間にある遺伝子の数が，重複して増えてしまうことが進化の間で起こり，同じ遺伝子や，似た遺伝子がたくさんのコピー数あることになる（図4-8）．

ただし，重複した遺伝子といっても全く同じことは少ない．遺伝子の塩基配列が変化している場合はできあがるタンパク質が変化していく．遺伝子の発現を制御している配列が変化している場合は，どんなタイミングでどんな場所で，どれくらいRNAがつくられるかが変わってくる．実際にはこの両方が変化している場合が多い（図4-9）．

例えば，ウイルス感染を防ぐタンパク質であるインターフェロンでは似た遺伝子が20種類以上ある．比較的似ている α のタイプだけでも13種類ある．α型のインターフェロンは同じ受容体に作用するので機

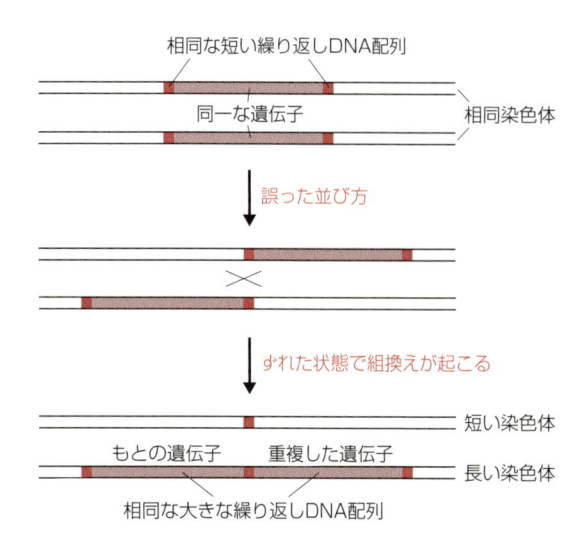

図4-8　繰り返し配列と遺伝子が重複するしくみ
相同染色体にある同一な遺伝子の前後に，互いに相同な繰り返しDNA配列があると，混同されて組換えが起こることがある．その結果，同じ配列の遺伝子が重複して存在することになる．いったん遺伝子の重複が起こると，そこで相同な大きな繰り返し配列ができる．このようなDNAの繰り返し配列がある程度まとまって存在すると，遺伝子の重複が，より頻繁に起こりやすくなる

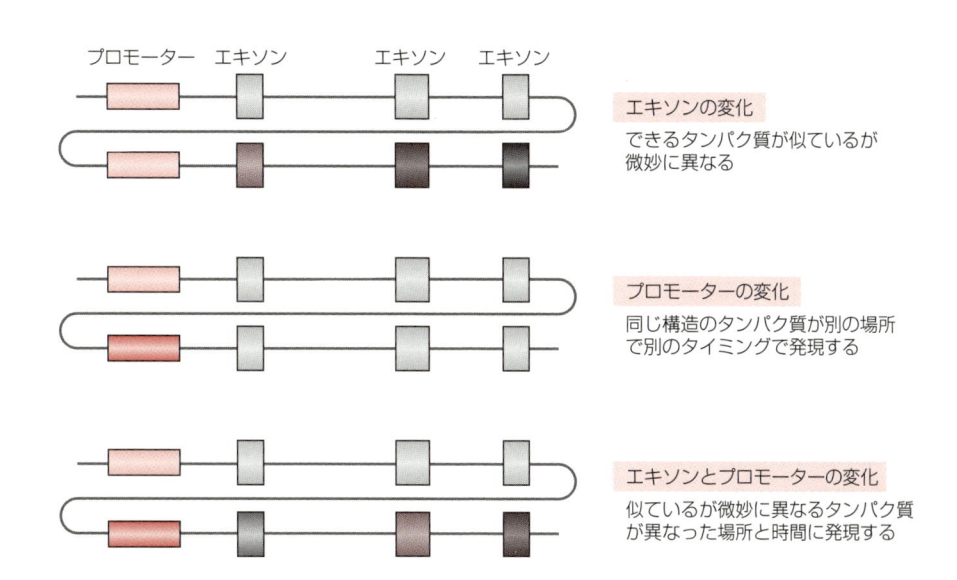

図4-9　重複した遺伝子の機能変化
遺伝子が重複するときに，エキソンとそれ以外の配列に変異があると，できるタンパク質が変わる場合と，似たタンパク質が異なる場所と時間帯に発現する場合がある

能は似ている．さまざまなウイルスに対し，細胞ごとに異なるいろいろなα型のインターフェロンが発現して，生存に適していたのかもしれない．この場合には，同じタンパク質であっても，いつどこで働くかが大事であったと考えられる．重複することによりゲノムには無駄もあるが余裕のあるシステムができあがっている．これを冗長性（リダンダンシー）と呼ぶ．

進化の過程において，生物は，ランダムな遺伝子変異だけにその身をまかせるのではなく，すでにある有効な遺伝情報を組合わせることで新たな機能遺伝子をつくっていき（組合わせによる多様性），遺伝情報を重複させてそれをさまざまな状況で使い分けてきた（重複による冗長性）．ここで説明したエキソンシャッフリング，遺伝子重複などの現象は，生物ゲノムにおいて多様性と冗長性を増す原動力となっている．このような多様性と冗長性が，生物が環境の変化に対して柔軟に応答する能力を広げる基盤となっているのである．

❖生まれてから修飾されて変わるゲノム：エピゲノム

従来，遺伝情報は生まれてからは変わらないと考えられてきた．確かにDNAの配列は，私たちの体で1つの受精卵から60兆個といわれる細胞がつくられる過程で，分裂して複製されるときに，基本的にはDNA配列が変わらないような品質保証のメカニズムができている．

ところが最近，図4-10に示すように，私たちのDNAは生まれた後，修飾されて変化していることがわかってきた．DNAにはA，G，C，Tの4つの塩基があるが，このうちCで示されるシトシンにメチル基（炭素1分子と水素3分子：CH_3）が付くことがある．DNAは2本の鎖からなるが，図4-10のCGという配列のCがメチル化され二重らせんの反対側のCもメチル化されていると，複製されたときにメチル化も複製される．遺伝子の発現をコントロールする制御配列にメチル化されたCを多く含む遺伝子は，RNAの発現が抑制される．これをメチル化によるサイレンシングという．

Column ― エピゲノムの異常と病気

受精卵で，エピゲノムがリセットされるときに，2コピーある遺伝子のうち母親（卵子）由来の遺伝子のメチル化だけが消えない場合がある．この場合，父親由来の遺伝子しか，子供では働かないことになる．

エピゲノムの制御がきちんとしていないとがんなどの病気が起こりやすくなる．細胞を増殖させるホルモンであるIGF2の遺伝子では，母親由来の遺伝子はメチル化されていて働いておらず，父親由来の遺伝子のみからIGF2ホルモンがつくられている．ところが，この母親由来のIGF2遺伝子がメチル化されないと，母親由来のIGF2遺伝子もIGF2ホルモンをつくり，細胞の増殖刺激が2倍になってしまう（コラム図4-2）．動物実験では，腸のがんが増える．このがんはIGF2の働きを抑えることにより治療できることがわかってきた．エピゲノムに異常があると病気が起こりやすくなるのである．

コラム図4-2　エピゲノム異常からのがん

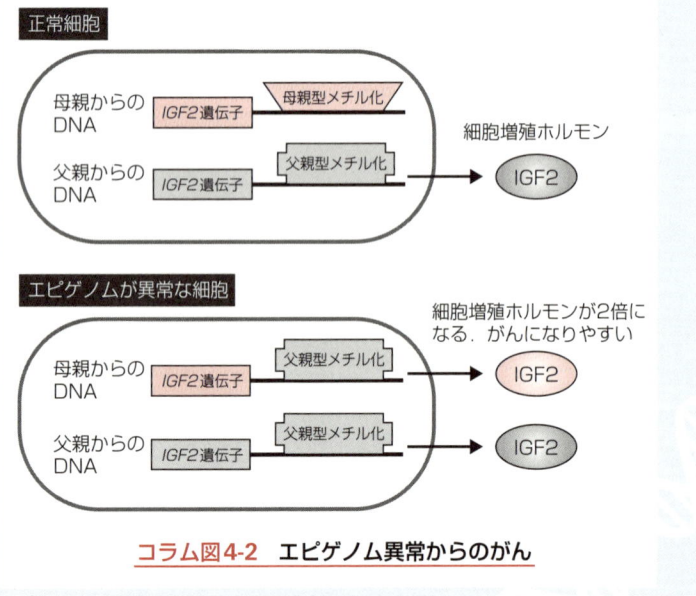

Column

DNAを巻きつけるヒストンタンパク質とエピゲノム

DNAは生命の糸とも呼ばれる二重らせん構造をしたひも状の分子である．ヒトの細胞では46本の染色体というひも状のDNA分子があり，全長は1mにもなる．コラム図4-3に示すように，染色体ではDNAはヒストンというタンパク質に巻きついて，折りたたまれて存在している．このヒストンに巻きついたDNAをクロマチンという．

クロマチンは動的に変化する．たくさんのヒストンに巻きついて折りたたまれたDNAは働きにくく，その部分にある遺伝子の発現は抑制されている．一方，ヒストンが離れて開いた状態のDNAは遺伝子が発現しやすい．DNAを巻きつけているヒストンタンパク質のリシンというアミノ酸がメチル化やアセチル化の修飾を受けると，DNAの発現が変化することがわかってきた．発現を活性化するタンパク質が結合すると，ヒストンがアセチル化され開いた状態にDNAが移行する．そこにRNAポリメラーゼが結合し，RNAをつくっていく．一方，ヒストンがメチル化されると，遺伝子発現が抑制される場合のあることもわかってきた．ヒストンのさまざまなアミノ酸の修飾の組合わせで遺伝子の発現は大きく変化する．

DNAのメチル化と同じように，細胞が分裂して，遺伝子が複製されるときに，ヒストンの修飾も複製されることがわかってきた．核の中のDNAのメチル化とともに，ヒストンのアセチル化やメチル化によるゲノムの修飾が，エピゲノムを決めている．

コラム図4-3 染色体の構成とヒストン修飾
A）DNAはヒストンに巻きついてクロマチンを形成する．B）ヒストンの修飾は細胞分裂に伴い複製される

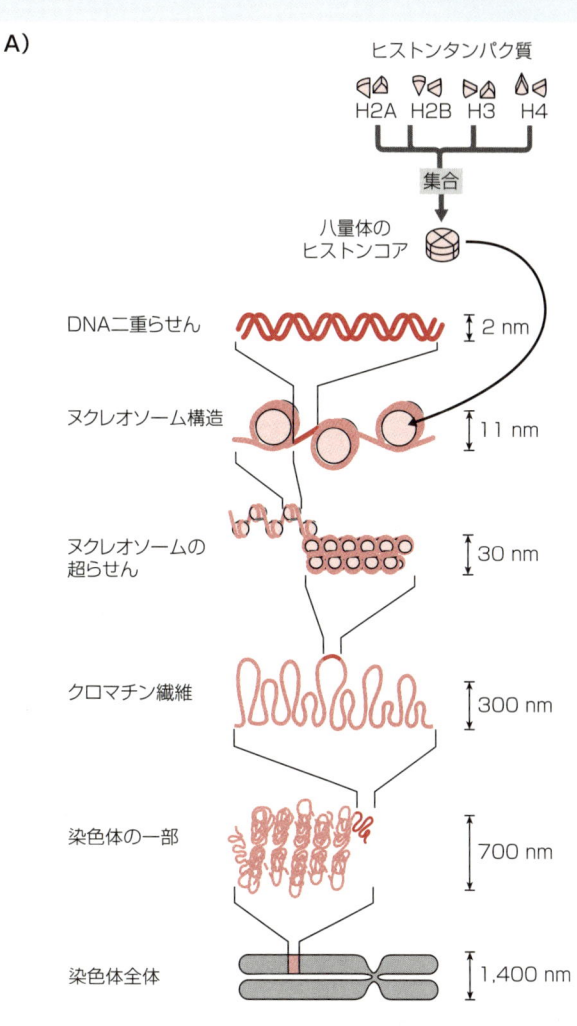

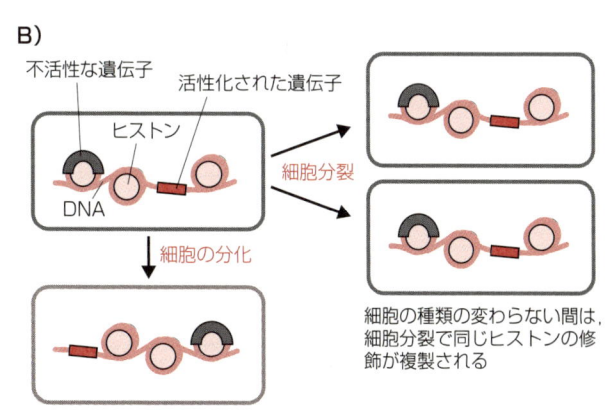

4章 氏も育ちも大切：遺伝子は何を支配するか

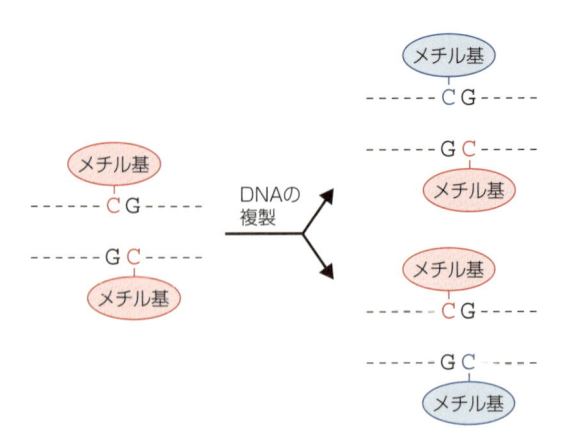

図4-10 エピゲノム：DNAのメチル化
DNAのCGと続く配列のC（シトシン）のメチル化は細胞が増殖するときにも，同じように複製され伝わる

　ヒトのDNAが複製されるときに，DNAのメチル化の修飾も一緒に複製される．こうした核の中のゲノムの修飾を「後の」という意味のepiという接頭語をつけてエピゲノムと呼ぶ（p.53**コラム**参照）．
　エピゲノムは1つのゲノムから多数の細胞種を生み出すのにかかわっている．人体内には，肝臓などの臓器の細胞や，全身の血管の細胞や神経のニューロンなど大きく分けて200種類の特徴的な細胞が知られている．これらの細胞は1個の受精卵から分化してできてくるが，一度分化すると安定して同じ性質を示す．例えば腎臓は移植すると腎臓として機能するし，肝臓は移植すると肝臓として機能する．細胞の種類ごとに解析するとDNAのメチル化が異なることがわかった．すなわち，エピゲノムが異なると違った細胞種になると考えられている．
　ヒトは父親からの精子のDNAと，母親からの卵子のDNAを受精卵として受け継いでスタートする．受精してしばらくの間にDNAのメチル化などは大半取り除かれてリセットされる．いろいろな細胞に分化できる未分化な細胞から分化していくにつれ，細胞のエピゲノムが変わっていく．
　一度，ゲノムが後天的に修飾されると，そのまま細胞が分裂しても複製されて継承されていくので，発現が抑えられた遺伝子が増えていく．さまざまな環境の刺激でもメチル化されたDNAは増加する．メチル化の修飾は複製されるので，年とともにDNAに蓄積していくと，発現が抑えられて働かない遺伝子が増えていく．これとともに細胞の老化も進んでいくと考えられる．一方，前述のように精子と卵子が受精すると，受精卵ではメチル化は一度リセットされるので，生まれてきた赤ちゃんは，元気な細胞でみずみずしい肌をもっているのである．

本章のまとめ

- ☐ 遺伝子の発現は環境の変化により制御される．
- ☐ 病気は制御系の弱いところが環境変化で破綻して起こる．
- ☐ 遺伝子は病気への感受性を決める．
- ☐ DNAからRNAが転写される段階は特定のタンパク質によって配列特異的に制御される．
- ☐ 体内の恒常性を保つために遺伝子発現はフィードバック制御を受ける．
- ☐ フィードバック制御により周期性が生み出される．
- ☐ ヒトの遺伝子の情報は断片化されて存在し，組合わされて多様性を生む．
- ☐ ヒトの遺伝子は重複して数が増えていて，さまざまな状況に適応できる．
- ☐ 遺伝子は生まれた後も修飾され，エピゲノムが変化する．
- ☐ エピゲノムは受精卵の段階でリセットされる．

第Ⅱ部　ヒトの生理

5章　発生と老化 …………………………………… 56
6章　脳はどこまでわかったか ……………………… 70
7章　がん ………………………………………… 81
8章　食と健康 …………………………………… 93
9章　感染と免疫 ………………………………… 104

第Ⅱ部　ヒトの生理

5章　発生と老化

　私たちの体の形成は1つの細胞（受精卵）から始まる．受精後，卵細胞は活発な細胞分裂を繰り返して細胞数を増加させながら体の基本構造を形成する．その過程では，大がかりな細胞の移動運動や，細胞同士の相互作用が働き，細胞の運命が決定づけられていく．そして，運命が決定された細胞から，体の各部の構造（脳，心臓，消化管など）が形成され，ヒトの基本的な体の構造ができあがる．出産後，ヒトは生殖年齢に至るまで成長を続けるとともに，さまざまな機能を発達させる．生殖年齢を過ぎると，次第に体の機能が衰えて老化し，最後は死に至る．
　最近の研究により，私たちの体が形成される発生のしくみや，その体が老化していくしくみが次第に明らかになりつつある．本章では，最近の知識を踏まえて，私たちの体が形成されるしくみや，老化の原因について学ぶ．さらに，最近の分子発生生物学の知識が，病気の新たな治療法に応用されつつあるという現状についても理解する．

1 ヒトの初期胚発生

　ヒトの発生は，卵細胞と精子が融合する受精により開始される．卵細胞と精子は，それぞれ両親の体を構成する細胞（体細胞）の染色体数（46本）の半分（23本）をもつので，両者が融合することにより，体細胞と同じ46本の染色体数をもつ新たな細胞が形成されることになる．受精した卵細胞は，その後まもなく，活発な細胞分裂を開始して細胞の数を増加させる．このような卵細胞の細胞分裂は，特別に卵割と呼ばれている．
　卵割が進行して細胞数が増加すると，やがて，胚の内部に広い隙間が形成され，胞胚と呼ばれる胚になる（図5-1）．ヒトが属する哺乳類の胞胚は胚盤胞と呼ばれており，栄養膜と呼ばれる構造で囲まれた中空のボール状の構造をしている．そして，その内部には，私たちの体をつくるもとになる細胞集団（内部細胞塊と呼ばれる）が存在している．
　胞胚の時期を過ぎると，体をつくるための作業が開始される．最初に，内部細胞塊から2層の細胞層が形成される．その2層は原始外胚葉と原始内胚葉と呼ばれ，それらが合わさって胚盤が形成される．やがて，胚盤を構成する原始外胚葉から細胞が遊離して，その2層の細胞層の間に移動する．その結果，胚盤の部分に3層の細胞層が形成される．この3層の細胞層は三胚葉（外胚葉，中胚葉，内胚葉）と呼ばれ，三胚葉の形成される時期の胚が原腸胚と呼ばれている．やがて，この三胚葉構造をもとに，私たちの体のさまざまな構造が形成されてくる．このような胚葉構造の形成は無脊椎動物から脊椎動物のヒトの発生に至るまで共通してみられる現象で，動物の体が形成されるために必要不可欠なステップと考えられている．

2 体の構造の形成―器官形成

　三胚葉構造が形成されると，やがて，外胚葉からは脳や脊髄などの神経組織，感覚器，皮膚などが，中胚葉からは筋組織や骨などが，そして，内胚葉からは消化器，肺，肝臓などが形成されてくる．これらの過程は器官形成と呼ばれている．ここではその一例として，中枢神経系と呼ばれている脳と脊髄が形成される過程について述べる．
　中枢神経系の形成は，その構造が脊椎動物の最も重要な器官の1つであるとともに，それが発生の最初の過程で起きるという意味で，動物の発生過程における重要な出来事である．中枢神経系が形成される最初のステップは，外胚葉の一部が胚の内部に陥入して神経管と呼ばれる管状の構造が形成されることである．やがて，その神経管の前方部が肥大することにより脳

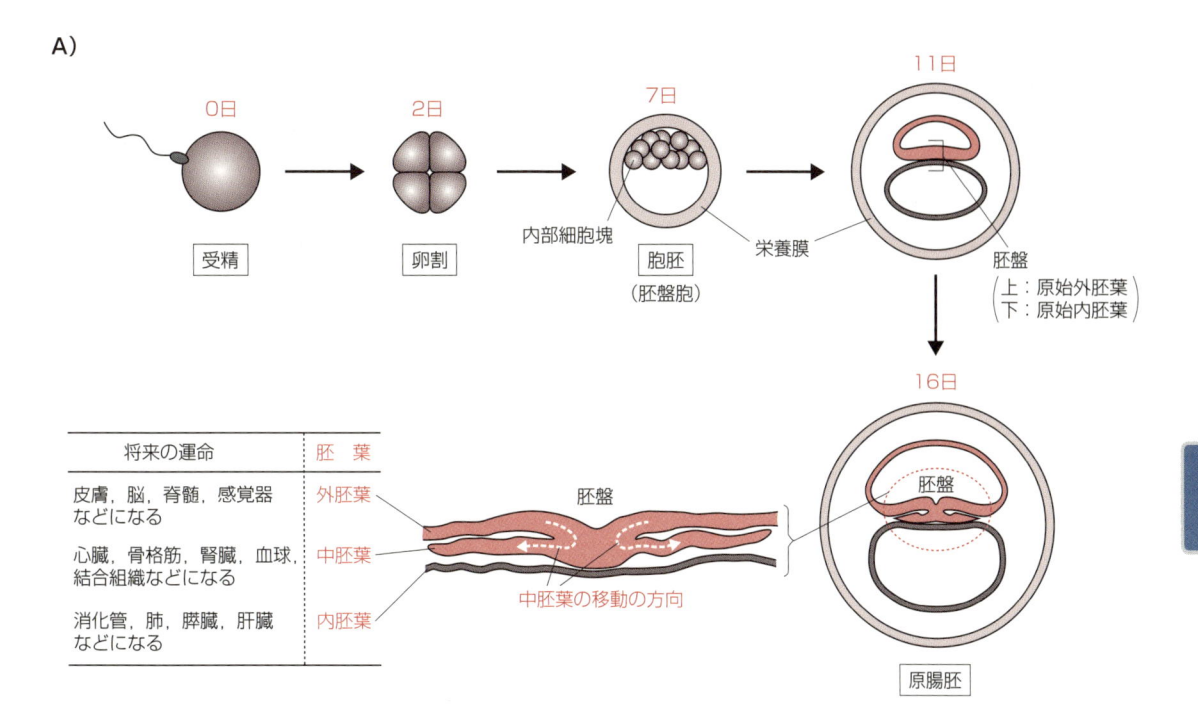

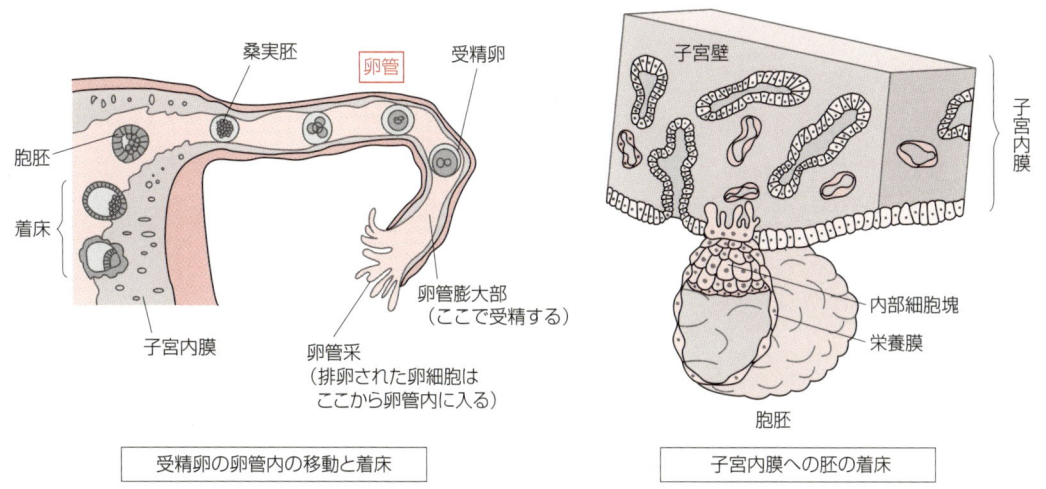

図5-1 ヒトの初期発生

A） ヒトの卵細胞は，受精すると細胞分裂を繰り返して桑実胚となり，さらに胞胚を形成する．やがて，その内部に存在する内部細胞塊から原始外胚葉と原始内胚葉が形成され，両者が接着した部分に胚盤が形成される．そして，原始外胚葉から遊離した細胞が，2層の細胞層の間に移動することにより三胚葉構造（外胚葉，中胚葉，内胚葉）が形成される．その三胚葉から体の各部の構造が形成される．**B）** 卵細胞は卵管内で受精し，発生しながら子宮まで移動する．子宮に達した胚は子宮内膜に着床し，その内膜の中に潜り込んで発生を続ける

が形成され，その後方の部分から脊髄が形成される（図5-2）．

　神経管をはじめとして，さまざまな体の構造が形成される際には，いくつかの共通したしくみが働いている．その1つが，胚葉間の相互作用である．例えば，外胚葉から神経管が形成される際には，中胚葉と外胚葉の間の相互作用が働いている．その作用は，それぞれの胚葉から分泌される誘導物質や，細胞同士の接着などを介して行われている．このような誘導物質による作用の例を実験的に示すことができる．例えば，誘導物質の一種として知られている分泌タンパク質のアクチビンをカエルの胚細胞に作用させると，その濃度に応じてさまざまな組織や器官の形成を誘導することができる（図5-3）．このように，胚細胞が外部からの作用（例えば，誘導物質の作用）を受けて，さまざまな種類の細胞になることを細胞分化（次節参照）と呼んでいる．

　発生過程でみられる細胞分化や器官形成の分子メカニズムを明らかにすることは，学術的な重要性だけではなく，後述する再生医療の開発にも大きく貢献することになる．それゆえ，クローン技術（**11章**参照）をはじめとした最近の分子発生生物学の研究の発展は社会的に大きな影響をもつようになってきた．

　そして，もう1つ，動物の器官形成の際に共通して働いている重要なしくみがある．それは，ホメオティック遺伝子と呼ばれている一群の遺伝子（p.60 **コラム**参照）の働きである．これらの遺伝子は，動物の発生過程の胚に一定のパターンで発現することにより，胚の各部域が将来どのような組織や器官になるのかを決定する重要な役割を果たしている．

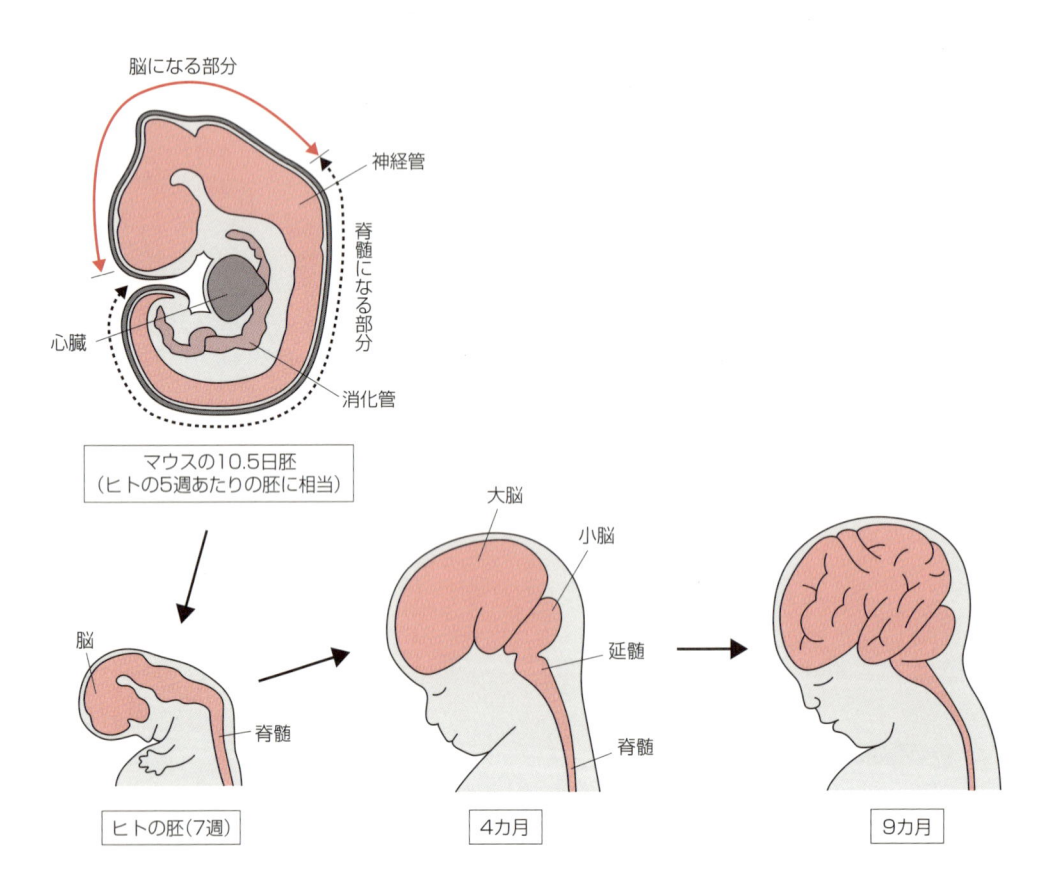

図5-2　脳の発達
神経管から脳と脊髄が発達する過程を示す．神経管の前方部が成長し脳が形成され，残りの部分からは脊髄が形成される．胚における神経管の全体図はマウスの胚で示す

3 細胞分化

　私たちの体を構成する細胞は受精卵の遺伝子が複製されて引き継がれているので、それらの細胞のすべてが受精卵と同じ遺伝情報をもっていることになる。それを証明した実験が、クローン動物の作製実験（**11章**参照）である。この実験により、動物の体細胞から取り出された核でも、体全体の構造を形成する能力のあることが証明された。

　発生が進むにつれ、同じ遺伝情報をもった胚細胞が、あるものは筋細胞へ、そして、あるものは神経細胞へと分かれていく。このような現象を細胞分化と呼んでいる。このように胚細胞がさまざまな種類の細胞に分化することにより、多様な組織や器官が形成される。分化した細胞に発現している遺伝子を比較すると、種類の異なる細胞では発現している遺伝子のパターンが異なっている（**図5-4**）。例えば、筋細胞では収縮機能に必要なタンパク質の遺伝子が発現し、神経

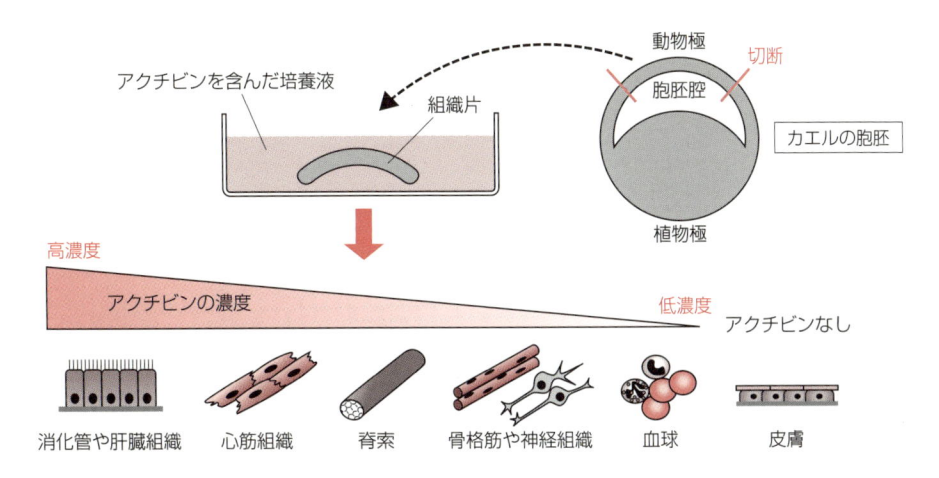

図5-3　誘導物質の作用による組織や器官の形成
カエルの胞胚から組織片を切り取り、誘導物質の一種であるアクチビンを含んだ培養液で培養すると、アクチビンの濃度に依存して、さまざまな組織の形成が誘導される

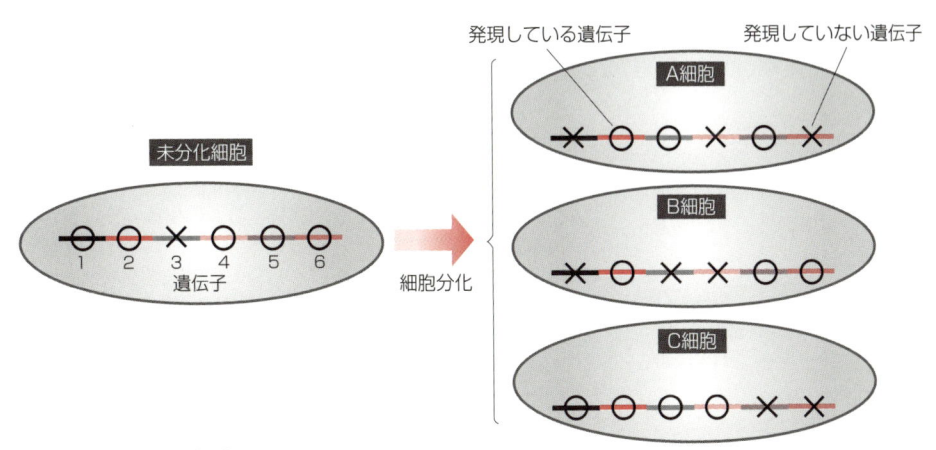

図5-4　細胞分化の概念図
分化した細胞は、もとの細胞とは異なる遺伝子の発現パターンを示す。そして、異なる種類に分化した細胞の間でも、発現している遺伝子のパターンが異なっている。それは、分化した細胞のそれぞれが異なる機能を果たすために、異なるパターンの遺伝子を発現しているからである

Column ホメオティック遺伝子

その姿が大きく異なり，全く違った生物のようにみえる昆虫やヒトの間でも，実は，その体が形成される過程の分子メカニズムには多くの共通点のあることが明らかになった．その1つが，ホメオティック遺伝子と呼ばれる遺伝子の発生過程における役割である．

ショウジョウバエを用いた研究から，頭に足が形成されたハエや，本来は二枚翅であるはずのハエに四枚翅が形成されたハエ（コラム図5-1A）など，体の構造に異常が引き起こされた突然変異体が数多く知られていた．近年になり，分子遺伝学的研究により突然変異体が調べられた結果，それらの突然変異を引き起こしているのは，ホメオティック遺伝子複合体（HOM-C）と呼ばれるグループの遺伝子であることがわかった．

ホメオティック遺伝子は発生過程の胚に一定のパターンで発現することにより，胚の各部域が将来どのような組織や器官になるのかを決定する中心的な役割を果たしている遺伝子である．それゆえ，このホメオティック遺伝子に突然変異が生じると，前述したように，ハエの体の構造に大きな形態の異常が引き起こされてしまう．

その後の研究から，ショウジョウバエのホメオティック遺伝子複合体と類似した遺伝子群がヒトを含めた多くの動物にも共通して存在していることが明らかになった．そして，脊椎動物では，HOM-Cに相当する遺伝子群としてHoxと呼ばれるグループが4セット（HoxA～D）存在していることが明らかになった．HOM-CとHox遺伝子群には構造上の類似のみならず，発生過程でみられる発現パターンや，それらが体の構造の形成に果たす役割など，多くの類似点が知られている（コラム図5-1B）．このことは，ホメオティック遺伝子が進化の過程で保存され，動物の体を形づくるための共通した分子メカニズムにおいて重要な役割を果たしていることを示している．

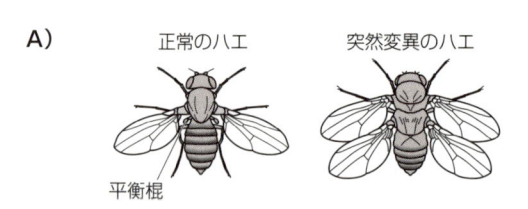

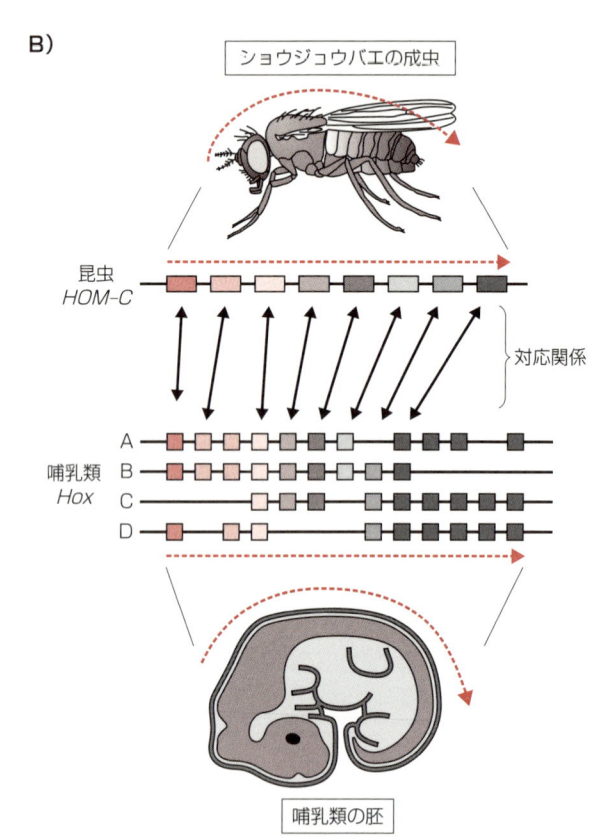

コラム図5-1 ホメオティック遺伝子の発現パターンとその役割

A）突然変異によりショウジョウバエに引き起こされた翅の過剰形成．突然変異のハエでは，正常のハエの平衡棍（飛翔する際のバランサー）が形成される部分に翅ができ，トンボやチョウなどと同じように四枚翅が形成されている．B）ショウジョウバエのHOM-Cと脊椎動物のHoxは類似した遺伝子グループにより構成されている．HOM-CとHox遺伝子群は，ハエや脊椎動物の発生過程において，胚の頭部から尾部にかけて同じようなパターンで発現する．ショウジョウバエの体の基本構造の形成はHOM-Cの発現パターンにより決められている．同じように，哺乳類の場合でも，例えば，脳や脊髄，消化管などの基本構造の形成がHox遺伝子群の発現パターンにより決められている．このように，ホメオティック遺伝子は動物の体の基本構造の形成において，重要な役割を果たしている．-----▶ は胚に発現する遺伝子グループの向きや位置関係を示す

細胞では興奮や刺激伝達に必要なタンパク質の遺伝子が発現している．もちろん，細胞機能の維持に必要な基本的な遺伝子は，両者に共通して発現している．

4 動物の発生と進化

発生のしくみについて分子生物学的な研究が進み，動物の体を形成する共通の分子メカニズムが明らかになると，その知識が動物の進化のしくみの説明にも適用されるようになった．つまり，長い時間の流れとともに動物の体の構造が変化してきた進化の過程においても，動物の発生過程で働いている分子メカニズムと同じようなしくみが働いているのではないかと推測された．

そこで，現存するさまざまな種類の動物の発生過程におけるホメオティック遺伝子の発現パターンと動物の進化との関係が比較検討された．その結果，興味深いことがいくつも明らかになった．例えば，魚の鰭から鳥の翼や私たちの手足が進化した際に，ホメオティック遺伝子が関与した可能性がある（図5-5）．そこで，現存する魚の鰭や鳥の翼（両生類の手足と同じ構造）の原基となる鰭芽や肢芽に発現するホメオティック遺伝子の発現パターンと，古代魚の鰭や古代両生類の手足の骨格構造が比較された．その結果，ホメオティック遺伝子の発現パターンの違いと骨格構造の違いとの間に対応関係がみられた．つまり，動物の進化の過程でホメオティック遺伝子の発現パターンに変化が起こり，その変化が動物の体の構造に大きな変化を

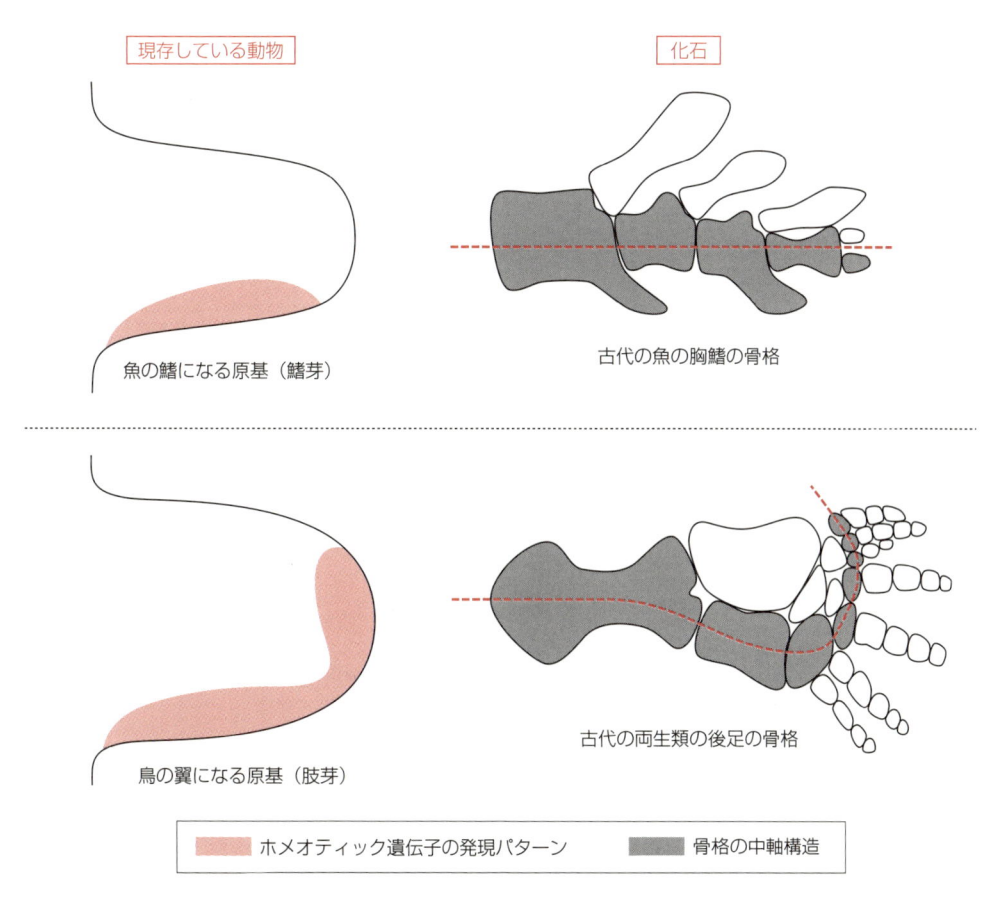

図5-5 ホメオティック遺伝子の発現パターンと進化
魚の鰭が四足動物の手足へと進化する過程では，ホメオティック遺伝子の発現パターンの変化が重要な役割を果たしたと考えられている．現存する魚の鰭とニワトリの前肢のもとになる原基に発現するホメオティック遺伝子の発現パターンをみると，それらが化石にみられる鰭と足の骨格の主軸構造のパターンとよく一致している

生じさせた可能性が考えられる．そして，その構造変化が環境に適していて，動物にとって有利に働いた場合には，その変化が子孫に引き継がれたと考えられる．このような例は，ホメオティック遺伝子だけでなく，発生過程にかかわる多くの遺伝子についても知られている．これらのことは，発生過程にかかわっている多くの遺伝子が動物の進化の過程でも重要な役割を果たしたことを示唆している．

5 成長と老化

母体内で発生を続けた胎児が出産される時期は，その生命を独自で維持できるようになってからである．例えば，肺呼吸，養分の摂取とその消化吸収，運動能力などが充分に機能するようになってからである．それらの発達のなかでも，特に肺呼吸の機能の発達は重要である．それは，早産で生まれた新生児の生存には，肺呼吸が可能であるかどうかということが大きく関係してくるからである．

新生児から一定の時期に達するまでは，体の各部のサイズが急速に増大すると同時に，体の各器官の機能も顕著に発達する．哺乳類を含めた動物一般にいえることであるが，そのような体の発達は繁殖期に至るまで続く．そして，繁殖期を過ぎると，動物の体の各部の機能が徐々に衰え，やがて死に至る．このようなライフサイクルにおける繁殖期以降の変化は老化（エイジング）と呼ばれ，ヒトの場合には，その変化が比較的にゆっくりと進行する．その一方では，身近な例として，鮭やセミなどのように，繁殖期以降の変化と死が急激に起こる動物もいる．このような老化の期間の長短は，繁殖期の長さ，次世代の成長に要する期間（子育て期間）などと関連している．しかしながら，その長短にかかわらず，繁殖期以降には体が衰えて死に至るという老化の現象は，動物に共通してみられる必然的なものである．

6 生殖細胞

有性生殖を行う動物や植物は，生殖細胞と呼ばれる細胞系列を通して，その細胞と遺伝情報を次の世代へと引き継いでいく（図5-6）．その生殖細胞は，体のさまざまな構造をつくる体細胞とは別の運命をたどり，次の世代へと引き継がれていく．生殖細胞と体細胞への運命の分かれ道は，受精後の卵割とともに始まる．ショウジョウバエ，カエルなどでは，卵細胞の細胞質に蓄えられている特殊な物質（生殖細胞質と呼ばれている）が，その運命を決めている．それは，生殖細胞質を引き継ぐ細胞だけが生殖細胞となり，それ以

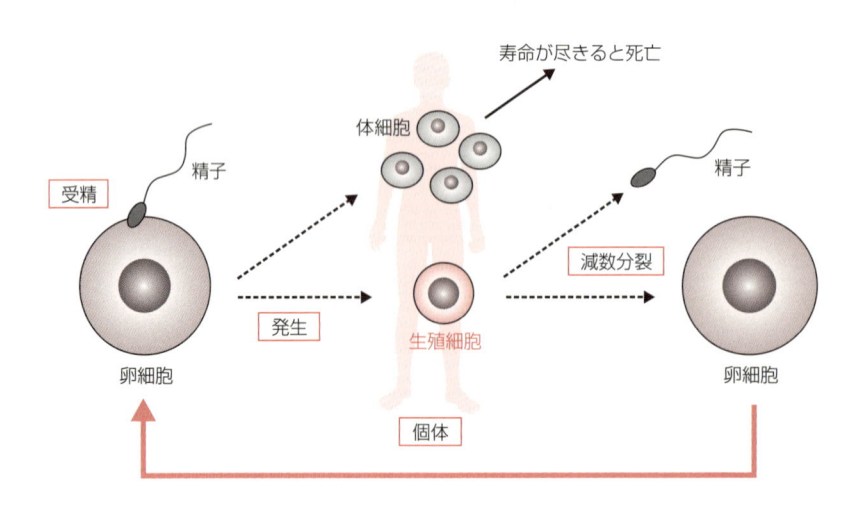

図5-6　生殖細胞の連続性
生殖細胞は体細胞とは別の運命をたどり，やがて精子や卵細胞になる．精子は雄の染色体の半数を卵細胞に運ぶ役割を果たし，雌の卵細胞は次の世代を形成するためのもとになる細胞としての役割を果たす

外のものはすべて体細胞になるというしくみである．これと同じようなしくみが私たち哺乳類でも知られている．

7 哺乳類の生殖と発生

哺乳類では，産卵された卵が独立して発生する他の脊椎動物とは異なり，その発生は母体に依存して行われる．つまり，哺乳類以外のほとんどの脊椎動物では，卵の中に蓄えられた養分を用いて発生が行われるのに対して，哺乳類では母体から供給される養分や酸素を用いて発生が行われる．

哺乳類の発生において，生殖細胞になる細胞は発生中の胚の内部を移動して生殖巣が形成される領域に達する．そして，雌の場合には卵巣の分化に伴い，生殖細胞は卵細胞のもとになる一次卵母細胞まで成長し，その段階で成長をいったん停止する．出生後，体が成長して第二次性徴期を迎えて性周期が始まると，成長を停止していた卵母細胞は，性周期に伴い，毎回一定の数が成熟した卵細胞へと成長して排卵される．

雌の性周期は脳下垂体前葉から分泌される卵胞刺激ホルモンと黄体形成ホルモンによって制御される．

成熟して卵巣から排卵された卵細胞は卵管へ入り，子宮方向へと卵管内を移動する．精子が存在する場合，卵細胞は卵管内で受精した後，卵割を繰り返しながら子宮へと運ばれていく．子宮に達するまでに胚は胞胚にまで発達し，子宮に達するとまもなく，子宮内膜に着床してその膜の中に潜り込んで発生を続ける（図5-1B参照）．

ヒトの場合，受精後8週目までを"胚"と呼び，それ以降から出産されるまでの時期を"胎児"と呼ぶ．着床後の胚は約10カ月間で出産可能な段階にまで成長する．この間には，胎盤を介して母体から胎児に養分や酸素が供給される．胎盤を介して接している母体と胎児の間にはバリア機構があり，母体から胎児への細菌感染などを防ぐとともに，母体の免疫機構によって胎児が攻撃されないようになっている．このバリアを越えてしまうアルコールや薬剤などを母体が大量に摂取すると，胎児の発生にきわめて重大な影響を及ぼす可能性がある．

発生生物学の医学における応用的側面として，今日では生殖医療と呼ばれる分野（p.63コラム参照）が確立されるとともに，再生医療（後述）と呼ばれる分野の研究と臨床応用が進められている．

Column — 生殖医療

生殖関連の技術や医療には，体外受精をはじめとする生殖補助医療と，受精卵や胎児の診断がある．ここでは，主に生殖補助医療について紹介する（診断については11章参照）．

生殖補助医療は，通常の生殖では妊娠することができない場合に実施される方法である．卵細胞（卵子）や精子の機能異常が背景にある場合に用いられる方法に，人工授精や体外受精がある．人工授精は体外で精子を調製して体内に注入する方法，体外受精は，卵子を体外に取り出してシャーレの中で精子と受精させ，受精卵を子宮に入れる方法である．

こうした手法を夫婦間で実施しても妊娠に結びつかない場合には，他者の卵子や精子，胚の提供を受ける方法がある．他者の精子で人工授精する方法は「非配偶者間人工授精（AID）」と呼ばれ，日本でも1950年代から実施されている．「非配偶者間体外受精」は日本産科婦人科学会が会告で禁止しているが，国内にも実施例がある．これらが治療行為と呼べるかどうかについては，議論が分かれている．病気などで子宮を失ったり，子宮の機能に問題がある場合には，他者に出産してもらう代理懐胎の手段も考えられる．

また，精子は長期間凍結保存することが可能なので，配偶者の精子を凍結しておけば，配偶者が死亡した後でも，その配偶者との間の子供をもうけることができる．

こうした第三者や死者がかかわる生殖補助医療に対しては，「子供をもちたい親の権利」が主張される一方で，「生まれてくる子供の福祉」などの観点から，批判も強い．従来，これらの行為は日本産科婦人科学会が自主規制してきたが，拘束力が弱い．生まれた子供の法的位置づけが裁判で争われるケースもある．

このため法整備も視野に国レベルで検討がなされている．これまで，技術そのものの是非に加え，生まれてくる子供が自分の出自を知る権利，すでに生まれている子供の法的地位などが議論の対象となってきた．

8 老化と寿命

　老化と呼ばれる現象は繁殖期を過ぎた動物に一般的にみられるものである．それゆえ，老化による変化は病気と区別して考えられている．老化は，遺伝的因子を含め，さまざまな因子により引き起こされる現象である．動物はこの老化のために，やがて死に至り，その寿命を終える．動物の寿命には種の間で大きな違いがあるが，いずれにせよその寿命には一定の限界があり，それを超えて無制限に生存することはできない．

　分子生物学的な研究により，さまざまな動物の老化や寿命が調べられた結果，それらに影響を及ぼしているいくつかの遺伝的因子のあることが明らかになった．そのなかで注目されているのが，染色体の両端に分布するテロメアと呼ばれる特別なDNAの存在である（p.65 **コラム**参照）．このテロメアは染色体を保護する役割を果たしている重要な構造であるが，細胞の分裂ごとにその長さが一定量ずつ減少してしまう．そのために，細胞の分裂回数が一定の限度数を超えると，その役割が果たせなくなるほどテロメアの長さは短くなってしまう．その段階になると，染色体の異常が引き起こされるのを防止するために，それ以上に細胞分裂ができないようにされてしまう．そのために動物は一定の分裂回数を経た後にその寿命を終えることになる．

　動物の細胞には，本来の機能として，その細胞を構成する分子に生じた異常を修復するしくみが備わっているが，老化に伴いその機能は低下してくる．そのために，繁殖期以降の加齢とともに，それらの機能障害や遺伝子の突然変異などが蓄積して病気を引き起こしやすくなる．そのほかにも，老化に伴う免疫機能や内分泌機能の衰え，環境からのストレス，過食によるカロリーの過剰摂取など，さまざまな要因が私たちの寿命を短くしている．

9 クローン動物

　クローン動物とは，全く同じ遺伝子をもつ動物のことで，例えば，1つの受精卵からできた2つの個体はクローン動物ということになる．ヒトの場合の一卵性双生児は，まさしく自然にできたクローン人間である．最近話題になっているクローン動物は，これとは異なる人為的な方法（**11章図11-5**参照）により作製されたものである．つまり，核を抜き取った未受精卵に，体細胞から採取した核を移植して人為的に作製された動物のことである．このようにして作製された動物は，核を提供した動物と全く同じ遺伝子をもつことになるので，クローン動物ということになる．

　このような方法でクローン動物が作製されたのは，実は1962年にカエルを用いた実験が最初である．その実験では，核を壊したカエルの未受精卵にオタマジャクシの組織から採取した細胞の核を移植して，完全なカエルを作製した．その後，これと同じことを哺乳類で証明して話題になったのが，'96年のクローン羊のドリー（2003年に病気で死亡）の誕生である（**11章**参照）．哺乳類を用いた実験の成功で，クローン人間作製への可能性が開けたために，この実験は大きな話題となった．

　その後，多くの種類の哺乳類でクローン動物が作製され，現在では，クローン人間の作製も技術的には可能とされている．しかし，クローン人間の作製は，多くの倫理的な問題が伴うため，各国で法律的に厳しく規制されている（**11章**参照）．そのために，クローン人間が作製されたという正式な公表はない．さらに，ヒトのクローン作製については，倫理的な問題のみならず，ほかにも大きな問題がある．それは，今までに作製された数多くのクローン動物の例をみると，それらのほとんどに病的な異常がみられることである．それゆえ，家畜の改良などの応用技術として用いるにしても，クローン動物の作製法には，解決しなければならない問題点がまだ数多く残されている．

10 幹細胞

　動物の受精卵や発生初期の胚細胞は，体を構成するどのような種類の細胞にもなることができるという潜在的な能力をもっている．例えば，ヒトの2細胞期の胚細胞は，片側の胚細胞だけからでも完全な一個体をつくることが可能である．2細胞期の胚細胞が自然に分離して，一卵性双生児が形成された場合がそのよい例である．しかしながら，発生が進むにつれ，一部

Column ────────── ヒトの寿命の限界を決めるテロメア

私たちの体を構成する細胞には明確な寿命がある．その寿命を決めているのが，細胞の染色体に存在するテロメアと呼ばれる構造である．その構造により細胞の寿命（細胞分裂できる回数の限界）が決められているため，私たちの寿命には避けられない限界がある．

テロメアは，すべての染色体の両端に存在している特別なDNAで，染色体の構造の保持と，その機能の安定化のために働いている．しかしながら，DNAの複製が行われるたびに，テロメアの一部が失われてしまう（**コラム図5-2A**）．そのために，細胞分裂の回数が60〜100回に達すると，テロメアの長さはその役割が果たせなくなるほど短くなってしまう．その状態になると，染色体の異常が引き起こされる可能性が出てくるので，それを避けるために，それ以上に細胞分裂ができないようにされてしまう．細胞分裂ができなくされた細胞はやがてその寿命を終えることになり，それが私たちの寿命の限界にもなっている．

私たちの通常の人生では，テロメアが決めている寿命の限界（おおよそ110歳くらい，**コラム図5-2B**）まで生存できることは非常にまれである．それは，テロメアのほかにも，動物の寿命に大きな影響を及ぼしているさまざまな因子があるからである．例えば，動物の体内で常に発生している活性酸素のような反応性の高い分子は，DNA，タンパク質，脂質などを酸化して遺伝子の突然変異，細胞の機能障害，そして，ミトコンドリアの異常などを引き起こして，私たちの寿命を短くしている．

ところが，永遠に細胞分裂を続けることのできる特殊な細胞も存在する．その代表的な例が，生殖細胞とがん細胞である．それらの細胞が限界のない細胞分裂を続けることができるのは，それらの細胞にだけテロメラーゼと呼ばれる特別な酵素が働いているからである．この酵素は，DNA複製の際に消失した部分のテロメアを複製して，もとの状態に戻す役割を果たしている（**コラム図5-2A**）．

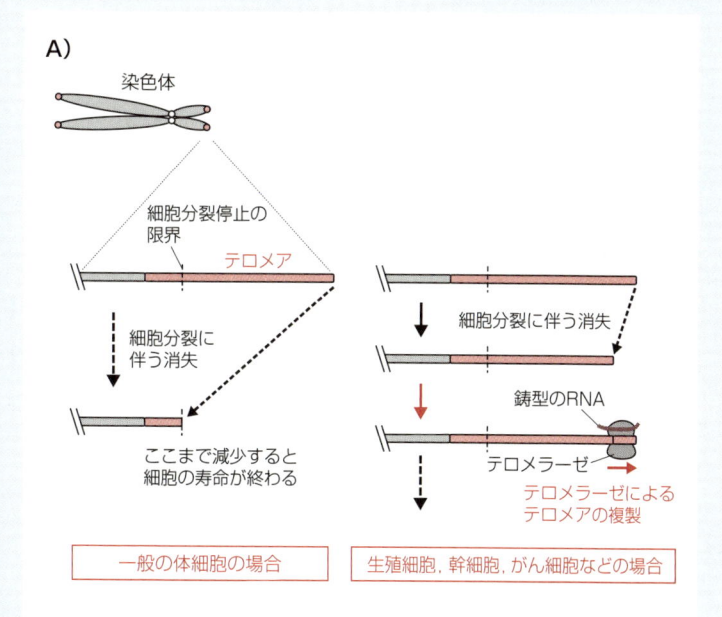

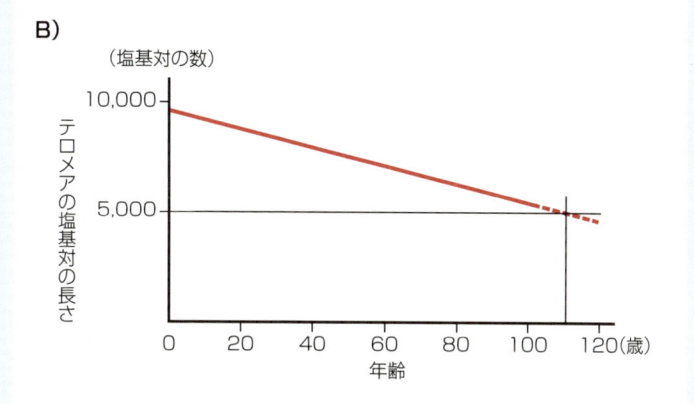

コラム図5-2　テロメアの減少と細胞の寿命

A) 一般の体細胞では，細胞分裂に伴うDNAの複製の際に，テロメアが少しずつ減少していく．そして，一定の長さにまで減少すると細胞分裂は停止されてしまう．一方，生殖細胞やがん細胞では，減少した部分のテロメアを複製してもとの状態に戻すテロメラーゼと呼ばれる酵素が存在するために，DNAの複製に伴ったテロメアの減少は起きない．テロメラーゼはテロメアの鋳型となるRNAをもっており，その鋳型をもとに減少した部分のテロメアを複製して追加している．そのために，生殖細胞やがん細胞は無制限に細胞分裂を続けることができる．**B)** 実測値をもとにして，ヒトのテロメアの長さと年齢の間の関係（赤い実線）を示したグラフ．赤い破線は実線で示した結果をもとに推定したものである

の細胞（生殖細胞）を除いて，その能力は次第に失われていく（図5-7）．そして，体の構造ができあがった成体になると，ほとんどの細胞は一定の決められた細胞にしかなることができなくなる．例えば，皮膚の表皮細胞は，特別な人為的操作を施さない限り，他の種類の細胞（例えば，筋細胞や神経細胞）になることはできない．

しかしながら，成体の多くの組織のなかには，いくつもの種類の細胞になることが可能な能力を潜在的にもち続けている細胞が存在している．このような細

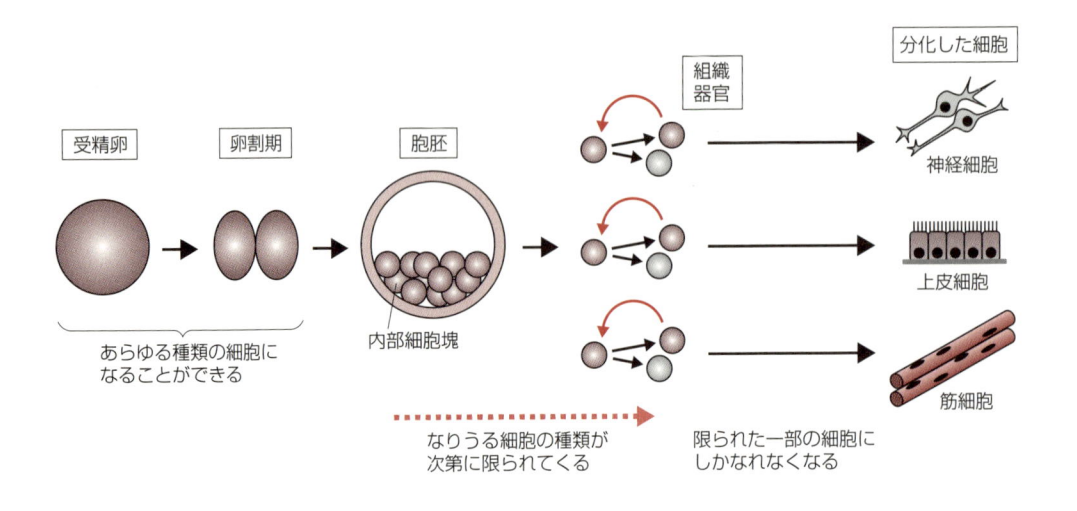

図5-7　発生過程と分化能力
発生初期の胚細胞は多くの種類の細胞になりうる能力をもっている．しかしながら，発生が進むにつれ，その能力は次第に限られてくる．そして，最終的には，限られた1種類の細胞にしかなれなくなる

Column　　　　　　　　　　　　　　　　　　　　　　　生物学と再生医療

　生物学の分野における"再生"とは，一般に失われた体の一部が再び元通りの構造に修復される現象を指す．高度な再生能力を示す脊椎動物としてはイモリが代表例であり，四肢だけでなく眼球までも完全に再生することができる．しかしながら，ヒトでは通常の新陳代謝における細胞の交換と，肝臓が高度な再生能力をもっているのを除くと，骨折や体表面の傷の修復程度の限定された再生能力しかもっておらず，イモリのような高度な再生能力は望むべくもない．このような再生能力の違いは，成体の組織中に存在する幹細胞の質や数の違いによるものと考えられるが，その原因はまだよくわかっていない．

　比較発生生物学的な観点からみると，脊椎動物の発生には種を越えた共通のメカニズムが働いていると考えられている．さまざまな生物種のもつ多様な能力が，いかにしてその基本となる発生メカニズムから発展し，それがどのようにして「動的なシステム」として維持されているのかという疑問は，生物学における根本的な問いでもある．生物は1つの動的なシステムであり，体における部分的な変更はおそらく全体に影響を与えることになるであろう．したがってシステムとしての人体を充分に理解し，適切な医療を施すには，充分な基礎生物学的知見による裏づけが必要になる．発生・再生メカニズムの基礎研究と再生医療への応用研究は，倫理的問題や副作用を生じない再生医療技術の開発を進めるうえでの車の両輪のようなものである．

　私たち人間の普段の生活に大きな影響を与える手足や眼，神経などの損傷を再生医療によって修復することができるようになれば，いわゆるQOL（quality of life）の確保という点でも，また社会福祉の観点からも益するところは大きいと考えられる．さらに，病気やけがなどによる主要臓器（心臓，腎臓，肝臓，膵臓など）の機能不全についても，その対象となる臓器を完全に再生することができれば，病気で苦しむ人も減り，社会が負担する医療費を削減することができるであろう．さらに，臓器売買などの犯罪を防ぐという観点からも，臓器を再生する技術の開発は人類の福祉にとって有益な側面がある．

胞は，例えば，多くの種類の血球（赤血球や白血球など）をつくり続けている造血組織（骨髄）や，外界に面して傷害を受けやすい皮膚や消化管の粘膜組織などに存在している．それは，組織の再生や傷の修復を行うためには，その組織を構成する何種類かの細胞になりうるもとの細胞が必要不可欠だからである．

このように，さまざまな種類の細胞になりうる潜在的な能力をもった細胞は，一般に，幹細胞と呼ばれている．そして，胚の細胞に由来する幹細胞は胚性幹細胞〔ES細胞（embryonic stem cell）〕と呼ばれ，成体の組織に存在するものは体性幹細胞と呼ばれている．胚性幹細胞はほとんどの種類の組織や器官の細胞になりうるが，体性幹細胞は限られた種類の細胞にしかなることができない．

11 再生医療

病気には細菌の感染やけがなどのように，薬や手術で治せるものもあるが，多くの場合はそうではない．そのような病気で重症になった際には，他人の組織や臓器を移植して治療することがしばしば行われている．例えば，腎臓，心臓，肝臓，角膜，骨髄などの移植治療は，すでに一般的に行われている．しかしながら，これらの場合，移植するための臓器の確保や，移植された臓器への拒絶反応の対処などが大きな問題となっている．

このような問題を解決するための画期的な治療法として，再生医療という方法が考案された．それは，増殖させた幹細胞から，さまざまな種類の組織や器官を人為的につくり出し，それを病気の人に移植して治療するというアイデアである（図5-8）．基本的には，従来の組織や臓器の移植治療と同じ方法であるが，人為的に作製した組織や臓器を移植するという点が異なる．試験管内で組織や臓器を大量に生産することができるようになれば，現在のように，移植する組織や臓器の不足に悩まされることもなくなる．

しかしながら，ES細胞を用いる再生医療では，本来一人のヒトに成長する可能性のある胚を壊して胚細

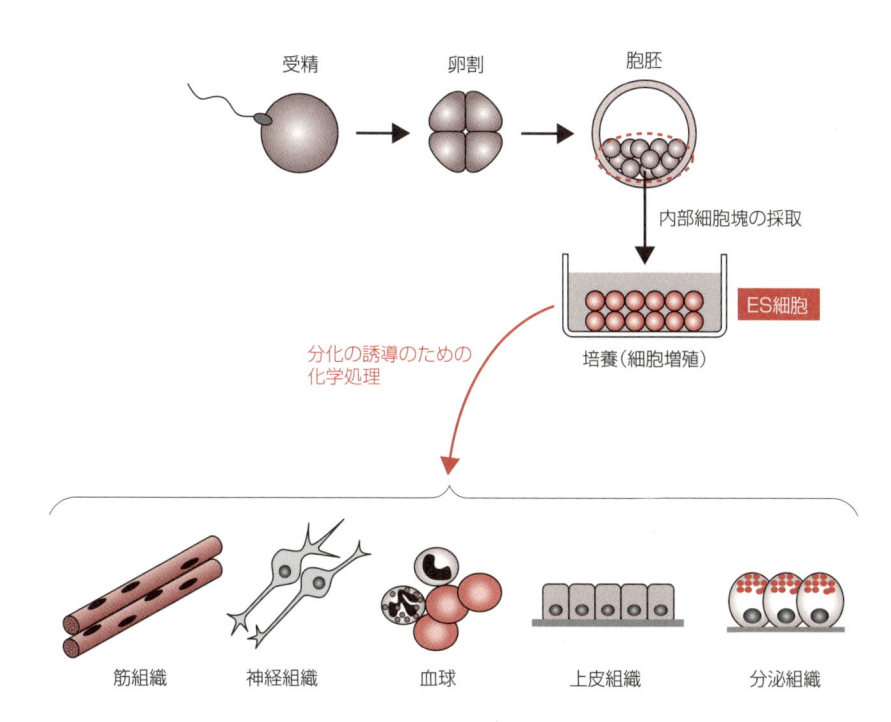

図5-8　ES細胞からの組織形成
哺乳類の胞胚の内部細胞塊は，多くの種類の細胞や組織になりうる潜在的な能力をもっている．胚から取り出した内部細胞塊の細胞を培養して増殖させ，それらに分化を誘導する処理を施すと，さまざまな組織に分化する

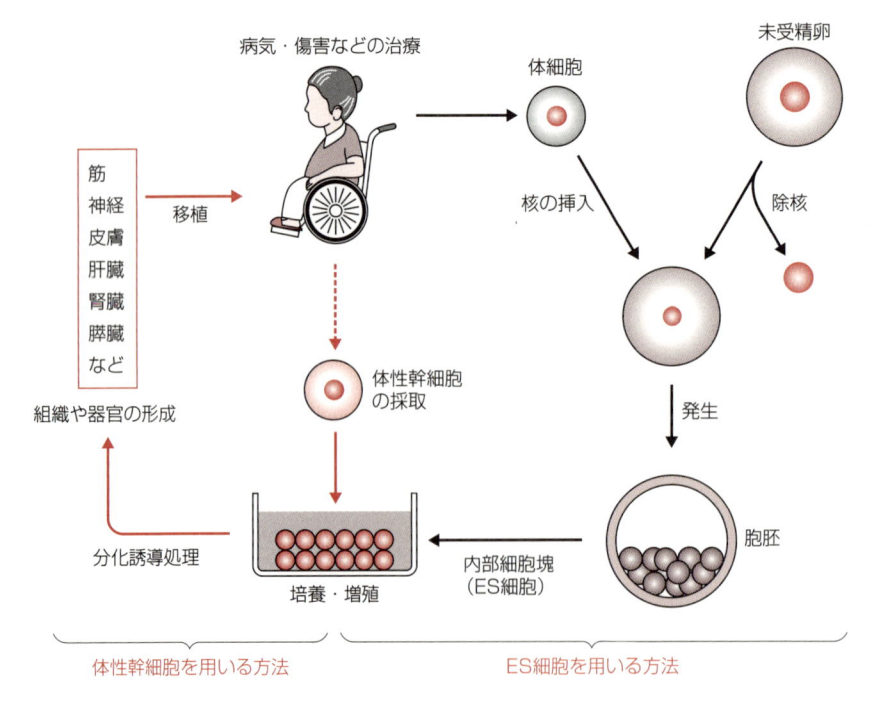

図5-9 再生医療の方法

再生医療の方法には，主に2つの方法がある．その1つはES細胞を用いる方法で，他人の胚由来のES細胞と本人の胚由来のES細胞を使う場合がある．この方法ではヒトの胚を用いるので倫理的な問題が生じる．もう1つの方法は，病気の人から取り出した体性幹細胞を用いる方法である．この方法では，前者のような倫理的な問題は生じない

胞を取り出すことになるので，倫理的な問題が生じる（**11章**参照）．しかも，この方法では，組織の拒絶反応の問題が依然として残されたままである．そこで，それらの問題を解決するための新たな方法が研究されている．それは，病気の人から採取した体性幹細胞を用いて治療に必要な組織や器官をつくり出し，それを本人に移植するという方法である（**図5-9**）．この方法がうまくいけば，倫理的な問題と拒絶反応の両方を同時に解決することが可能になる．この方法をさらに発展させた方法として，一般の体細胞を人為的に幹細胞化させ，それを用いて組織や器官をつくり出そうという試みも研究されている（**11章**参照）．

いずれにしても，解決しなければならない技術的な問題や倫理的な問題がまだ数多く残されている．そのために，これらの方法がヒトの治療に一般的に利用される段階になるまでにはまだ時間がかかりそうである．しかしながら，その技術は急速に進歩しており，倫理的な問題も解決されれば，それらの方法が病気の一般的な治療法として用いられる日もそれほど遠くないであろう．

本章のまとめ

- □ 私たちの体の構造は三胚葉(外胚葉,中胚葉,内胚葉)をもとに形成される.
- □ さまざまな体の器官は胚葉間の相互作用(誘導作用)を通して形成される.
- □ 最初に形成される器官は神経管と呼ばれる構造で,それは脳と脊髄になる.
- □ 胚の各部からどのような組織や器官が形成されてくるのかを決めているのが,ホメオティック遺伝子である.
- □ 動物の進化の過程で起きた体の構造の変化にも,ホメオティック遺伝子が関与していると考えられている.
- □ 動物の体は繁殖期になるまで成長し,体の機能も発達する.しかし,繁殖期を過ぎると老化が引き起こされ,やがて,動物は死に至る.
- □ 老化は動物にみられる普遍的な現象で,その変化を引き起こしている因子には,遺伝的因子と環境的因子がある.
- □ 生殖細胞は一般の体細胞とは別の運命をたどり,次の世代に細胞そのものと遺伝情報を引き継ぐ役割を果たしている.
- □ 発生初期の胚細胞は,さまざまな種類の細胞になりうる潜在的な能力をもっているが,発生の進行とともに,その能力は次第に失われていく.
- □ しかしながら,私たちの体の中には,依然として,他のいくつかの種類の細胞になりうる潜在的な能力をもった細胞(体性幹細胞)が存在している.
- □ 現在,そのような幹細胞を用いた新たな医療(再生医療)への道が開けつつある.

第II部　ヒトの生理

6章　脳はどこまでわかったか

　私たち人間の脳は生命科学の最後の聖域であり，意識や自我という究極の問題に向かって多方面から研究が行われている．例えば，大脳の表面直下2～3mmのところにある大脳皮質では，私たちの精神機能が営まれていると考えられているが，単純に見る，聞く，話すときに興奮する箇所は，全く異なっている．

　本章では，脳の構造からみた機能の分担が見つかった話から始め，神経細胞の興奮のメカニズム，記憶の話，最新の機器を使った各種脳機能の計測，分子生物学的手法を用いた遺伝子と行動の関係，認知症などの話をまとめる．特に今日，脳が注目されているのは，私たち人間のすべてが脳によって支配されていることがわかり，脳機能の解明こそが私たち人間のことを知る近道であることがわかったからである．

1 ヒトの脳の構造

　図6-1に，ヒトの脳の構造を示す．ヒトの脳は，大きく分けて7つの領域に分類される．脊髄，延髄，橋，小脳，中脳，間脳，大脳である．脊髄は脊椎骨の中を通っており，体の感覚を脳に伝え，脳からの指令を体の動き（運動）に翻訳する．延髄，橋，中脳は脳幹と呼ばれ，脊髄と大脳・小脳をつなぐ部分である．延髄には呼吸，心拍，血圧などの中枢がある．橋には，ノルアドレナリンやセロトニンを伝達物質にもつ神経の集まり（青斑核と縫線核）がある．中脳には，ドーパミンを伝達物質とする神経の集まりである黒質や腹側被蓋という部分があり，それぞれ大脳基底核と前頭前野に軸索（後述）を伸ばしており（投射する），運動ならびに常習行動に関与する．特に，黒質の神経細胞が少なくなると，パーキンソン病になる．間脳には，感覚情報を皮質に中継する視床や，ホルモン分泌の機能がある視床下部がある．視床の周囲には，大脳基底核（被殻，淡蒼球，尾状核），辺縁系（海馬，扁桃など）がある．小脳は，細かい運動を規定する場所である．

2 大脳皮質

　脳には，1千億個の神経細胞が存在する．神経と神経は回路をつくっており，持続的に興奮している状態を意識と呼ぶ．意識の状態が異なると興奮する箇所も異なる（図6-2）．一般に，個々の神経細胞が示す興奮の大きさはほぼ一定だが，その頻度が異なる．しかしながら，個々の回路が私たちの脳でどのように区別され認識されているかについては，依然として明らかになっていない．

　大脳全体は，前頭葉，側頭葉，頭頂葉，後頭葉の4つの部分に分けられる（図6-3）．また大脳皮質には機能差がある．脳は，その部位によって種々の機能を分担している．ここでは，ブロードマンがつくった

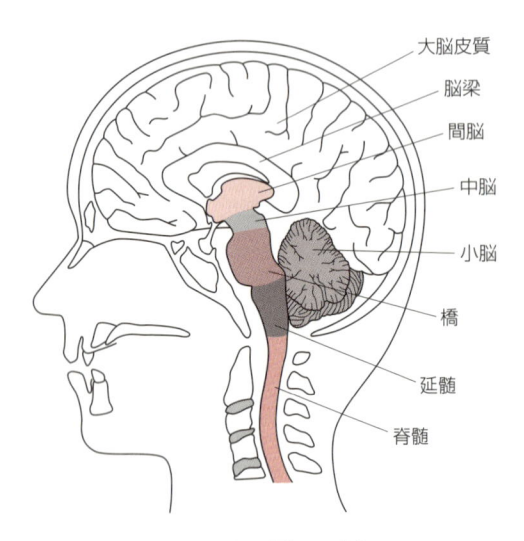

図6-1　ヒトの脳のつくり

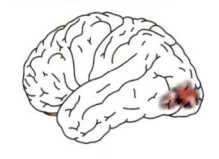

A) 言葉を見ているとき　B) 言葉を聴いているとき

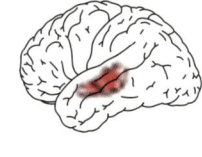

C) 言葉を話しているとき　D) 言葉のことを考えているとき

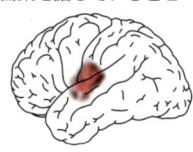

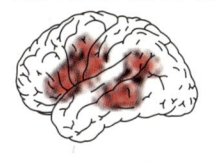

図6-2　働いている脳の箇所

脳地図（図6-4）を参考に，いくつかの歴史上の発見を述べる．

脳の各部位に機能差があることが明らかになったのは，19世紀後半のブローカとウェルニッケによる失語症患者の研究からであった．ブローカは1861年に，脳卒中の後遺症で何年間も「タン，タン」としかしゃべることのできない患者を報告した．この患者は，他人のいうことは理解できたが，自分からは「タン」としか話せなかった．患者の死後，脳を解剖したブローカは，左の前頭葉（ブロードマンの44野，45野）に欠損（卒中の跡）があることを見つけた．現在では，この部位はブローカの運動言語中枢と呼ばれている．

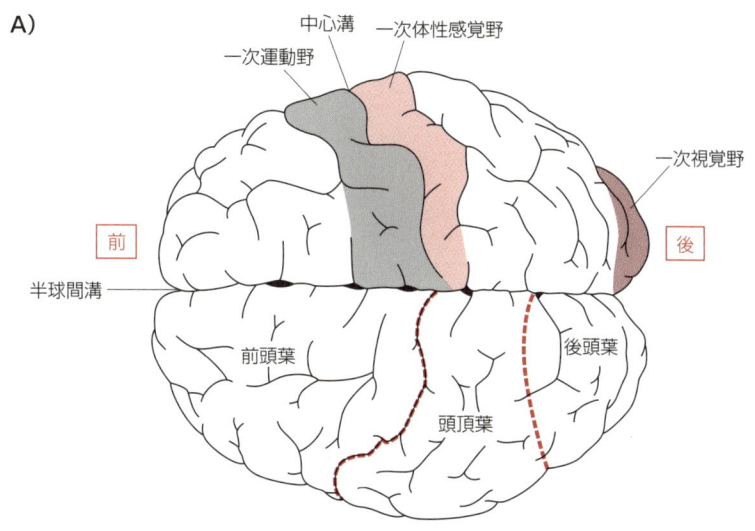

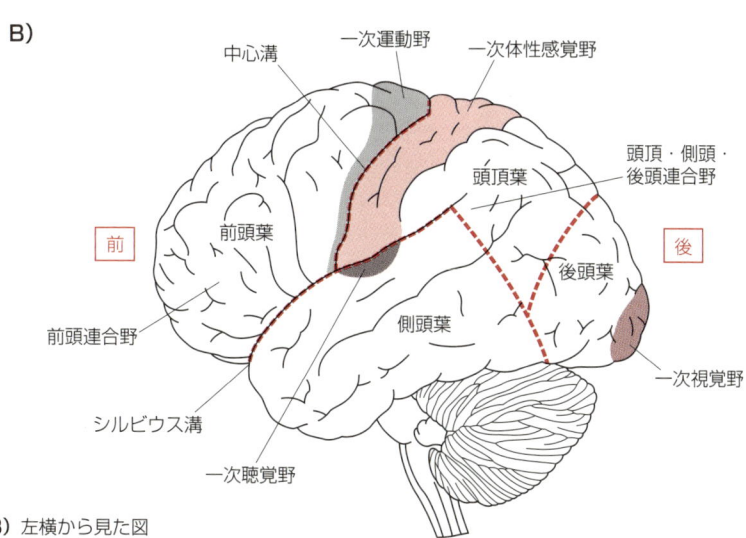

A)　中心溝／一次体性感覚野／一次運動野／一次視覚野／前／後／半球間溝／前頭葉／後頭葉／頭頂葉

B)　中心溝／一次運動野／一次体性感覚野／頭頂・側頭・後頭連合野／頭頂葉／前／後／前頭葉／後頭葉／前頭連合野／側頭葉／一次視覚野／シルビウス溝／一次聴覚野

図6-3　大脳皮質
A) 上から見た図，B) 左横から見た図

6章　脳はどこまでわかったか

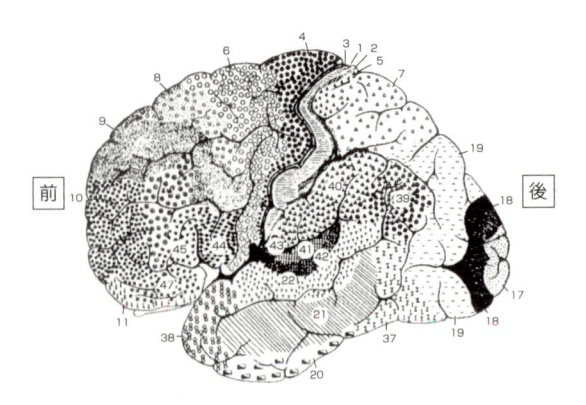

図6-4 ブロードマンの脳地図
『Essentials of Neural Science and Behavior』(E. R. Kandelほか), Appleton & Lange, 1995より転載

次に1876年，ウェルニッケは別の失語症の患者に注目した．一人の患者Aは，言葉の意味がわからなかった（聴覚性失語）．また別の患者Bは，書かれた文字を見ても理解できなかった（視覚性失語）．ウェルニッケは，前者がブロードマンの40野（左）に，後者は39野（左）に欠損があることを発見した．このウェルニッケの見つけた部位は，感覚言語中枢と呼ばれている．この2つの研究は，人間の一番大切な言語能力が，左脳の特定部位で規定されていることを意味している．その意味で左脳は優位脳と呼ばれている．それ以外は，右と左の脳機能の差はほとんどない．

3 神経細胞

それでは，回路をつくる神経細胞（ニューロン）とは，どのようなものだろうか．海馬で記憶を司るといわれている大型の三角形の錐体細胞を図6-5に示す．私たちの脳の中の神経細胞にはこのほかにいろいろなものがある．例えば，小脳にあるプルキンエ細胞は無限ともいえるほどの分岐した樹状突起をもっており，この1つ1つの枝が他の神経細胞と接触している．このほかにも，双方向性の網膜神経細胞なども特徴的な形態をしている．

このように神経の特徴は，1つの細胞でありながら方向性があるということで，丸い細胞体と軸索と呼ばれる長い突起がある．神経細胞核でつくられた物質が軸索を通って運ばれていき，末端から分泌される（図6-6）．ここから分泌される神経伝達物質は，隣接した細胞との間の刺激（シグナル）の伝達にかかわっている．また，残された物質は逆行性軸索輸送によって神経細胞体に戻される．

神経細胞には，軸索のほかに他の神経からのシグナルを受け取る樹状突起がある．軸索も1本ではなくいくつにも分かれることがあり，樹状突起も数多く存在するので，神経同士の接触点（シナプス）は多い．通常，1つの神経が他の数千の神経と接触している．

神経細胞は単独では生きていくことはできず，周囲にあるグリア細胞から栄養を受け取っている．グリ

Column ガルの骨相学

19世紀にドイツの医師ガルは骨相学を広めた．これは，いろいろな人の頭蓋骨の形を測定し，使えば使うほどその部分が大きくなる，という仮定のもとに，攻撃性や慎重さなどの性格や行動特性が脳の形に現れると考えた．コラム図6-1はその結果である．頭のてっぺんがとんがっている人は頑固さを表し，その後ろは自尊心，まぶたの外側は計算力，などと地図をつくった．ガルは，人間の精神特性が脳全体ではなく，その一部に局在すると初めて考えた人間であった．ガルの骨相学は，欧米の上流階級で一時大変なブームを呼んだが，医学の発展とともに次第に廃れていった．現代では，最新の機器（fMRIやPETなど，本章6参照）を使って脳内の血流を測ったり酸素消費量を測ったりしているが，本当にその部分でものを考えているのか，血流が流れていないところで考えているのではないか，という批判をかわすことはできず，「fMRIもPETも現代の骨相学」という厳しい見方もある．

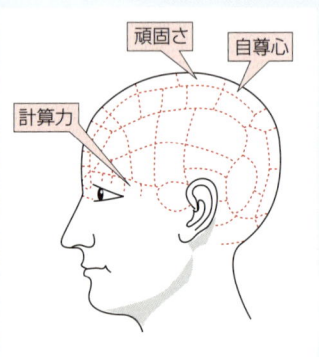

コラム図6-1 ガルの骨相学

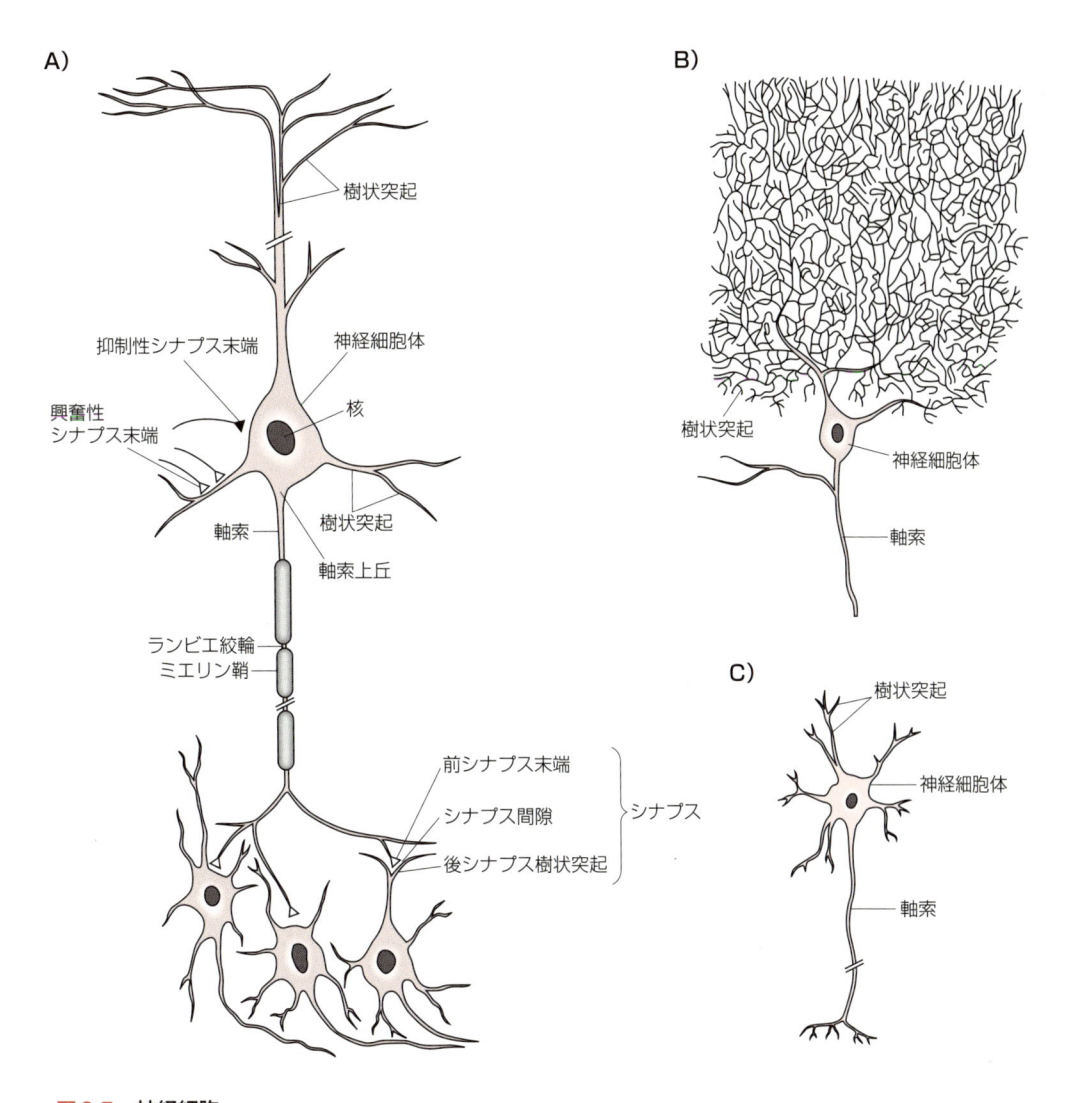

図6-5 神経細胞
A) 錐体細胞（海馬），B) プルキンエ細胞（小脳），C) 運動ニューロン（脊髄）

Column　　　　　　　　　　　　　　　　　　　　　　　　　　　　　言語と遺伝子

2001年に言葉の発音を間違えたり言語理解ができないという症状をもつ難読症の大家系の遺伝子解析が行われ，FOXP2という遺伝子の点突然変異（715アミノ酸のうち1個に変異）が見つかった．この遺伝子は，脳に強く発現する転写にかかわる因子であり，「文法遺伝子」と呼ばれるようになった．

この発見から，FOXP2が左脳の言語野の発達にかかわっているのではないかとか，サルからヒトに進化した時点でFOXP2の変異が起こりヒトが言語能力を獲得したのではないか，ネアンデルタール人にはFOXP2の変異はないのか，言語をもっていたのか，な

どいろいろな論争が起こった．詳細な検討の結果，FOXP2は哺乳類の種間でよく保存されている遺伝子で，ネアンデルタール人のDNA中にも存在し，配列は現存人類とほぼ同じであることがわかった．

6章　脳はどこまでわかったか

ア細胞には，栄養分を産生するアストログリア，ミエリン鞘をつくるオリゴデンドログリア，マクロファージ様の大食細胞であるミクログリアなど機能の異なるものが存在する．数は圧倒的にグリア細胞の方が多い．

4 神経伝達

通常，細胞内は負に帯電している．細胞内外のイオン組成を**表6-1**に示す．細胞膜が刺激を受けると，Na^+イオンが細胞内に流入して細胞内が正に帯電する．Na^+イオンは，ポンプによってくみ出され，代わりに細胞内に多いK^+イオンが細胞外に流出することによって，電位は再び負に戻る．この一過性の電位の変化を活動電位と呼ぶ（**図6-7**）．

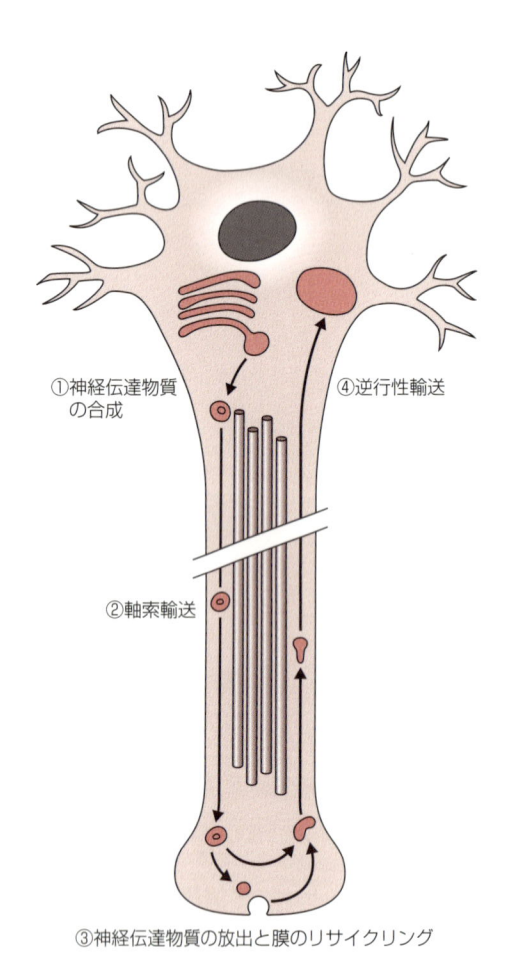

神経細胞の末端には神経伝達物質が蓄えられた小胞があり，刺激が軸索を伝わって末端に到着すると，ここから伝達物質が放出される．放出された物質は，隣接の神経にある受容体に結合し（**図6-8**），そこから新たな活動電位が発生する．神経伝達物質には，気分・摂食などに関係するセロトニン，意欲・常習などに関係するドーパミン，そしてノルアドレナリンなど

表6-1　細胞内外のイオン組成

イオン	細胞内（mM）	細胞外（mM）
Na^+	14	145
K^+	155	5
Mg^{2+}	26	3
Ca^{2+}	～0	5
Cl^-	4	105

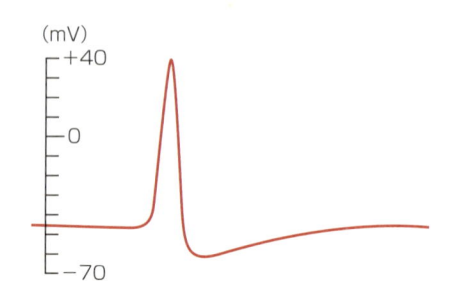

図6-7　活動電位

図6-6　軸索輸送
① 神経伝達物質の合成
② 軸索輸送
③ 神経伝達物質の放出と膜のリサイクリング
④ 逆行性輸送

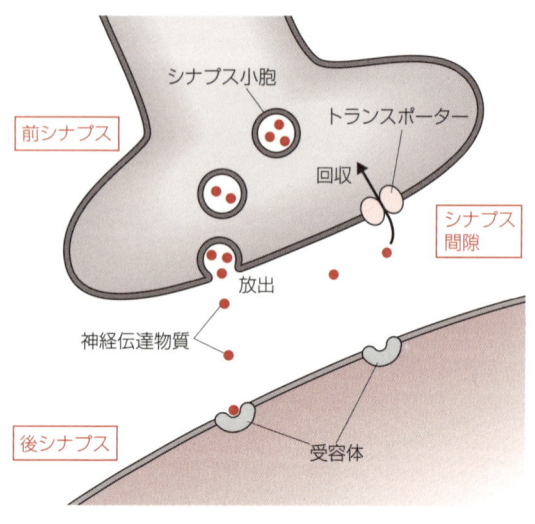

図6-8　神経伝達物質の放出とリサイクル
前シナプス／後シナプス／シナプス小胞／トランスポーター／回収／シナプス間隙／放出／神経伝達物質／受容体

のモノアミンのほかに，GABA，グリシン，グルタミン酸などのアミノ酸，ATPなどのヌクレオチド，一酸化窒素，一酸化炭素などの気体，オキシトシンやサブスタンスPなどのペプチドなどいろいろある．グルタミン酸は促進性神経伝達物質であり，グリシンやGABAは抑制性神経伝達物質である．

受容体に結合する生体内物質（ここでは神経伝達物質）をリガンドという（図6-9）．また，リガンドと同様に受容体を活性化させる機能のある物質をアゴニストと呼ぶ．逆に，受容体に結合して受容体を不活性化させてしまう物質をアンタゴニストという．例えば，脳内に存在するニコチン性アセチルコリン受容体（nAchR）は思考と密接な関係をもつが，ニコチンがアゴニストとなる．タバコを吸うと意識がはっきりして集中力が増すのはこのためである．また，矢毒であるクラーレがアンタゴニストとなる．矢に当たった動物が動かなくなるのは，筋肉にあるnAchRにクラーレが結合して筋肉の収縮を止める（弛緩させる）ためである．薬剤の効きは，この受容体との親和性で説明される．例えば，統合失調症の薬であるクロルプロマジンは，ドーパミンD2受容体のアンタゴニストである．すなわち，クロルプロマジンが症状を軽減するということは，統合失調症の陽性症状はドーパミンの機能亢進ではないか，という説が生まれた．

シナプス間隙に放出された神経伝達物質は，その場で分解されるか，細胞膜を通過して拡散していくか，または，積極的に前シナプスに回収されるかのどちらかである．例えば，アセチルコリンはエステラーゼという酵素によって分解されるが，この酵素の阻害剤がアルツハイマー病の治療薬になっている．また，一酸化窒素という気体の伝達物質は拡散によって伝わるが，その範囲は狭い．神経伝達物質の積極的な回収を行う前シナプス膜上のタンパク質をトランスポーター

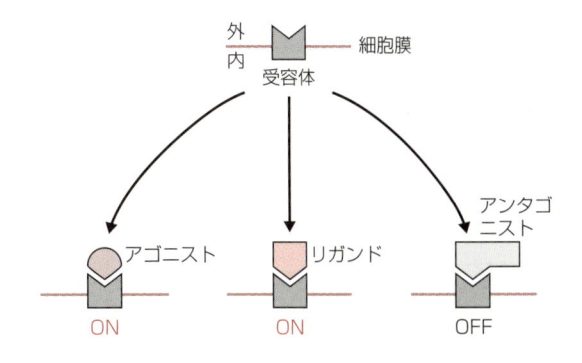

図6-9　アゴニストとアンタゴニスト
生体内で受容体と親和性をもち，結合したあと細胞内で生理作用をもつものをリガンド，同等の作用をする外来物質をアゴニスト，リガンドの作用を抑える外来物質をアンタゴニストと呼ぶ

と呼ぶ．トランスポーターはセロトニンやドーパミンなどの特殊な物質のみを通し，しかも，脳のどこにでも存在するのではなく，ドーパミントランスポーターならドーパミン神経だけに存在する．例えば，人工的な麻薬によく似たMPTPという物質は，ドーパミントランスポーターから神経に取り込まれ，ドーパミン神経だけを殺すため，この物質の中毒になった人は，ドーパミン神経が死ぬパーキンソン病のような症状になることが報告されている．

5 記憶と長期増強

大脳の辺縁系にある海馬という部分が記憶に関係することがわかったのは，あるてんかん患者の手術がきっかけであった．病気の症状が重いため，海馬を切り取ってしまったのである．この患者は，古いことは覚えているが，新しく記憶することができないという症状が出現し，海馬は新しい記憶に重要な場所であることがわかった．記憶には，自転車に乗るなど体で覚

Column ──────────────────────────── うつ病はなぜ起こるのか

うつ病になると，脳内のセロトニン，ノルアドレナリン，ドーパミンなどのモノアミンと呼ばれる一群の物質が低下することが明らかになった．かつて抗菌剤として開発された結核の薬イプロニアジドがうつ状態を改善すると報告され，この原因が脳内のモノアミンの減少を抑えたためであることがわかった．またうつ状態では，脳脊髄液中のモノアミンの量も低下していることが報告されている．最近では，モノアミンのなかでも特にセロトニンに注目が集まっており，脳内のセロトニンの量を増やす薬がうつ病の治療薬として注目を集めている．

えるもの（手続き記憶）と，概念が必要なもの（陳述記憶）がある．海馬は陳述記憶に欠かせない場所である．

海馬の神経細胞を高頻度に何度も刺激すると，受け取る側の神経の反応が大きくなる．いったん大きくなると，それが数週間も続くが，この現象を長期増強（LTP）と呼ぶ．このとき，シナプス後膜から棘のようなもの（スパイン）が出てくることが観察されている．これは，短時間に高頻度で神経細胞を刺激すると神経伝達の効率がよくなったことを示している．これは記憶のプロトタイプではないかと考えられている（図6-10）．

このとき，神経細胞に存在するグルタミン酸受容体をブロックすると長期増強が出なくなることがわかり，記憶にはグルタミン酸神経伝達が重要であることがわかった．ヒトには3種類のグルタミン酸受容体があり，特に，NMDA（NメチルDアスパラギン酸）という物質に感受性の高い受容体が記憶に働いていることがわかった．

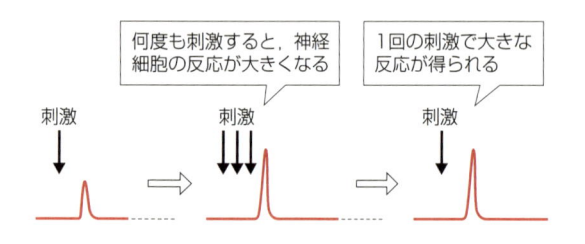

図6-10　長期増強（LTP）

6 脳機能の計測

脳機能の解明には，脳の働きをリアルタイムで見ることが必要となる．働いている脳の箇所を調べることは，最近では，教育学や心理学などの新しい分野でも行われるようになった．

❖fMRI

X線を使わないで脳の内部をリアルタイムに測定するものとして，磁気を使う機能的核磁気共鳴イメージング（fMRI）が開発された．私たちの体は主に水分子やタンパク質からできている．そのなかには水素が多く含まれているが，水素の原子核（プロトン）は強い磁場の中に置かれると，高周波の電波パルスに共鳴し照射が終わるともとに戻る．神経が活動すると，局所の血流が20〜40％増加する．酸素はヘモグロビンによって供給されるので，活動部位には酸素ヘモグロビンの割合が多くなる．酸素を手放したデオキシヘモグロビンは，周囲組織との間で磁場の不均一性を生じMRIの信号を低下させているが，神経活動によって酸素ヘモグロビンが相対的に増加するとMRIの信号強度が増す．しかし，fMRIではリアルタイムで脳の働きを見ているわけではなく，神経細胞が興奮してから数秒後の反応を見ていることになるという欠点がある．最近の技術の発達で，このタイムラグはだんだん小さくなっている．

fMRIのもう1つの欠点は，シグナルが小さいために何度も加算されたデータ（および多くの人の平均化されたデータ）が実際に表示されることになり，特別

Column ─────────────────────────────── **NMDA受容体と記憶力の関係**

NMDA受容体は，NR1とNR2という2種類の分子からなる膜タンパク質である．NR2は発生を追って，NR2B（胎児型）からNR2A（成人型）に変化していくが，受容体の効率（チャネルの機能）としてはNR2Bをもつものの方がよい．すなわち，私たち高等動物は大人になるにつれて記憶力が減退するように遺伝子に書かれているのである．

そこで，NR2Bを過剰発現するマウスがつくられたが，このマウスの記憶力は通常のものの数倍あり，NR2Bはsmart geneと呼ばれた．一方，NR1遺伝子を働かなくしたマウスは，記憶力が正常よりも悪かった．しかし，このマウスをケージに1匹で置くのではなく，広く遊べる環境で同腹のマウスと一緒に育てると記憶力が著しく改善し，遺伝子だけでなく環境条件も記憶力の増加に必要であることがわかった．

しかし，記憶は1種類の遺伝子で決まるものではなく，これ以外にも遺伝子の機能を壊すことで記憶障害を引き起こす遺伝子がいくつも発見されている．

な人の特別な脳の反応を見逃している可能性もあるという点である．

❖PET

もう1つ最近よく使われるのがPET〔ポジトロン（陽電子）断層撮影〕である．これはfMRIとは違って，特定の物質量を測定するものである．検査したい物質をサイクロトロンという装置でつくり，静脈内に注射して，脳に拡散で入ったものを撮影する．放射性核種は，半減期が非常に短いものを使うため，人体には影響はほとんどない．この方法で，脳内のドーパミンの分布やグルコース（ブドウ糖）の分布など，特定物質の量の変化を追うことが可能になる．例えば，パーキンソン病は脳の中の黒質というところの神経細胞が死ぬ病気だが，L-ドーパという物質を静脈内に投与すると，脳に行き，黒質の細胞に取り込まれ，細胞内でドーパミンになる．PETで見ると，黒質だけが光る．その大きさを見て，パーキンソン病になりやすいかどうかの判定も可能になる．なお図6-2はPETで撮影された画像をもとにしている．

❖X線CT

X線CTはX線コンピュータ断層撮影の略で，人体の内部構造をX線を使って調べるものである．絞ったX線の束を頭に通過させ，反対側で吸収値を測定するが，実際には角度をずらしてスキャンするため，正確に内部構造がわかることになる．これによって，内出血や梗塞がわかり，腫瘍の有無も判定できる．感度はよいが，人体の中での物質の動きをリアルタイムで見ることはできない．また，X線は被曝する危険もある．

❖その他の方法

脳内をもっと非侵襲的に調べる方法として超音波がある．しかし，超音波は感度が悪いことと，頭蓋を通りにくいことから，脳の内部を調べる方法としては適当ではない．このほかにも，脳波（神経細胞の活動時に流れる微量電流を検出）や光トポグラフィー（光を頭蓋骨の外から当てて頭蓋骨直下数mmのところの血流を調べる）という手法もあるが，前者のてんかんの検出以外は，まだ信頼できるデータは少なく，感度の面での改良が望まれている．

7 認知症

2005年の時点での，私たち日本の人口構成は，14歳以下，15〜64歳，65歳以上の割合が，13.8，66.1，20.1％であるが，2050年にはそれぞれ8.6，51.8，39.6％になると推定されている（『人口統計資料集2007』より）．この意味するところは，15〜64歳の生産年齢人口が，2050年にはほぼ1人が1人の老人を扶養しなければならなくなることを意味している（現在は3人が1人の老人を扶養している）．また，85歳

Column　　植物状態からの脳機能の回復

脳幹が機能せず，自発呼吸や心臓の拍動を行うことができないのが脳死である．一方，大脳皮質の機能が戻らないが脳幹は正常で，意識はないものの自発呼吸や心拍が正常なのが植物状態である．植物状態は死ではない．

体を一切動かすことができない植物状態の人に声をかけたら，脳の一部に血流の変化がみられたという報告がある．テニスをすることと家の中を歩き回ることを想像することで（この2つの試行で脳の違う部分が活性化される），イエス，ノーの返答ができるようになったというものである．また，脳の深部を電気刺激することで，数年間途絶えていた意識が回復した例もある．

また，筋肉がほとんど動かず意思を表すことが困難なALS（筋萎縮性側索硬化症）などの患者の脳内に電極を埋め込んで，考えるだけで意思を伝えることができるようなインターフェイスをつくることも可能になっている．将来的には，もっと鋭敏な非侵襲的方法の開発により，簡便に意思の疎通ができるようになると思われる．

しかし，同時にこのような機器の開発には危険もある．例えば，コイルからパルス磁界を発生させて脳内に電界を誘導し，脳の神経細胞を刺激する経頭蓋磁気刺激（TMS）法は，パーキンソン病や脊髄小脳失調症の治療に用いられているのだが，刺激部位によっては逆行性健忘を引き起こしたり，てんかんを誘発する可能性もある．また健忘を起こすことによりマインドコントロールも可能になるので，使用については厳密な制限を課すことが必要になる．

以上の老人の4人に1人が認知症というデータがある．その意味で，認知症の原因の解明と治療は，私たちにとって21世紀の最大の課題といってよい．

認知症は，温和だった人が急に怒りっぽくなったりする性格の変化，「ものを盗られた」などと言い出したり，同じ話をする，同じものを買うなどの行動の変化によって発覚する病気で，神経細胞の急激な減少がその原因となっている．認知症には，脳卒中の後遺症，頭部外傷などによるものと，それ以外のものに分類されるが，後者をアルツハイマー病と呼ぶ．

アルツハイマー病は，1907年ドイツの神経学者A.アルツハイマーが初めて報告した病気で，50歳代前半に急激に認知症（痴呆）症状を呈した女性の脳に特徴的な病理所見を認めたものである（図6-11）．その特徴とは，銀で染色すると神経細胞外に粟粒上の斑点〔老人斑，主成分がアミロイドβタンパク質（Aβ）〕がみられ，そのほかに神経細胞内にねじれたフィラメント（神経原線維変化，主成分がリン酸化された微小管結合タンパク質タウ）が認められることである．このアルツハイマー病の前段階として軽度認知障害があり，これらは脳の萎縮を伴う．すべての認知症のうち，5％ほどが家族性のものであり，それ以外は長寿に伴う孤発例である．

老人斑の主成分Aβは，アミロイド前駆体（APP）から切り出される（図6-12）．Aβには，40アミノ酸からなる易溶性Aβ40と42アミノ酸からなる難溶性Aβ42の主に2つの分子種が存在し，Aβ40のまわりにAβ42が大量に蓄積して老人斑を形成する．

APPはほぼすべての臓器で発現しているが，体内でAβが蓄積しないのは，APP代謝のメイン経路は

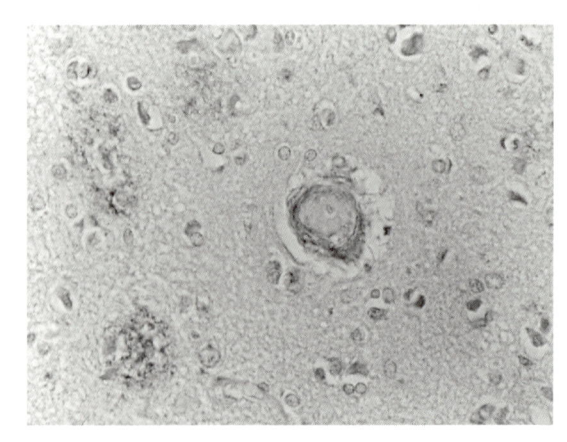

図6-11　アルツハイマー病の脳にみられる老人斑

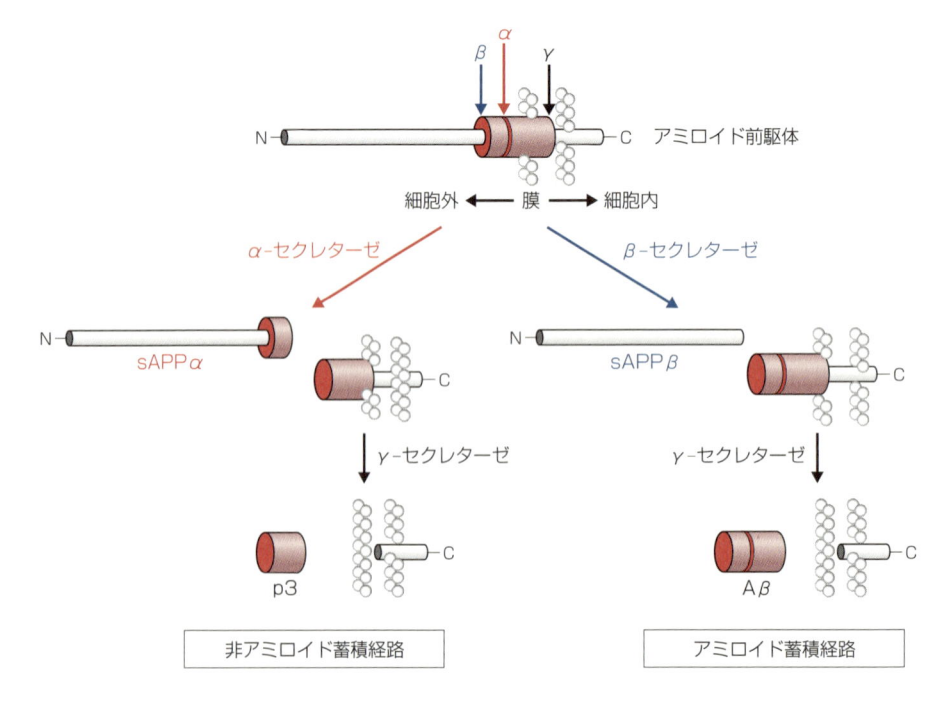

図6-12　アミロイドβタンパク質（Aβ）のでき方

非アミロイド蓄積経路と呼ばれているものだからである．この切断点はAβの真ん中であるため，Aβは蓄積しない．しかしながらアルツハイマー病の脳では，まずβセクレターゼが働き，Aβを含む約99アミノ酸の膜結合ペプチドをつくる．次に，膜の中でγセクレターゼという別の酵素（本体は，プレセニリン，ニカストリン，Pen2，Aph1という4種類のタンパク質複合体）が作用し，Aβがつくられる．アルツハイマー病は非常に長期間かかって脳にアミロイドが蓄積するが，この蓄積経路へ傾くバランスが少し多めに働いてAβ産生が高まり，脳にAβが沈着するものと考えられている．また，家族性アルツハイマー病の原因遺伝子は現在までに，*APP*，プレセニリン1，プレセニリン2，と明らかになってきており，これは上の経路にかかわる酵素と基質である．

一方，世の中の大多数を占める長寿に伴う認知症の原因として大きくクローズアップされているのが，アポリポタンパク質E（アポE）の多型である．このタンパク質は，血液中に存在し脂質を輸送する機能をもっている．アポEは299アミノ酸でできており，112番目と158番目のアミノ酸に違いがある．両方ともシステインであるのがE2，システインとアルギニンであるのがE3，両方ともアルギニンなのがE4と呼ばれている．大多数の人がこの3種類のどれかをもっており，ヒトの遺伝子型はE2/E2，E2/E3，E3/E3，E2/E4，E3/E4，E4/E4の6通りに分類できる．そのなかで，E4/E4がアルツハイマー病になるリスクが高く，E3/E4がそれに続くことが明らかになった．

日本人のE4の遺伝子頻度は0.08と考えられている．この場合，E2＋E3の頻度は0.92であるから，E4のホモの確率は$0.08^2 = 0.0064$，E4をヘテロにもつ割合は，$2 \times 0.92 \times 0.08 = 0.147$で，約7人に1人と計算される．また，白人ではE4頻度が東洋人に比べて高く，0.13程度である．

Column　　　　　　　　　　　　　　　　　　　　　　　　　　　　　　　　頭のよくなる薬？

薬は，私たちの生活になくてはならないものだが，いろいろな問題も引き起こしている．薬によって集中力が増すとされているものには，グルコースやニコチンがある．甘いものを食べると疲れがとれ元気になるのは，グルコースのおかげである．タバコを吸うとスッと頭が働くのは，ニコチンのせいである．コーヒーに含まれているカフェインにも，集中力増強作用がある．

ところが，記憶力を改善するという目的の薬もすでにヒトに応用されている．その例として有名なものには，もともとはADHD（注意欠陥・多動性障害）の治療薬として知られていたリタリン（メチルフェニデート）があげられる．この薬は，神経末端のドーパミントランスポーターという分子に強く結合することがわかっており，ドーパミンの機能を変えることによって集中力を増すと考えられている．うつ病の人に用いられて，常習作用が問題になったものである．

このほかにも，アルツハイマー病の治療薬であるアリセプト（ドネペジル）や，昼間でも自然に眠ってしまうナルコレプシーという病気の治療薬であるモダフィニルなどが集中力改善薬として認可されている．問題は，これらの薬は患者に許可されたものであって，健康な人が飲んで効くかどうか，副作用はないか，という点である．

皆さんのなかには，記憶をよくする薬なら認めてもいいが，記憶を悪くする薬は認められない，という人も多いはずである．なぜなら，記憶力を悪くする薬を悪用すると，大事な記憶を消してしまい，自分の思うがままにマインドコントロールできるからである．ところが，このような薬も心的外傷後ストレス障害（PTSD）を治療することができる．しかし，嫌な記憶だけを薬で消し去ることは可能だろうか．関係のない記憶やよい記憶も消えてしまうことがあっては困る．所詮，薬によって頭をよくしようという試み自体がおかしい，と考えるのも当然の話である．また，どんな薬にも副作用が出現する可能性があるということを知ることも重要で，知的機能を変化させる目的で使用する薬はあくまでも対症療法でしかなく，適用範囲に限界があることも知っておくべきだろう．

本章のまとめ

- □ 大脳皮質には機能分担がある．

- □ 脳には，１千億個の神経細胞が存在する．神経細胞は，シナプスを介して隣接する神経細胞へ刺激を伝える．

- □ 神経の機能は，分泌する伝達物質によって決定されており，促進性神経伝達物質と抑制性神経伝達物質がある．

- □ 神経伝達物質と同等の作用を起こす物質をアゴニスト，相反する作用を起こす物質をアンタゴニストと呼ぶ．

- □ 記憶とは，神経伝達が効率よく起こって回路がスムーズに形成されていることであり，形態的にはスパインがつくられている．

- □ 脳機能をリアルタイムに測定するには，fMRI，PET，脳波，光トポグラフィーなどの方法があり，X線CTは脳の構造を調べるのに適している．

- □ 認知症は，脳内にアミロイドが蓄積することが原因で起こる病気で，大脳皮質の神経細胞が死滅するために行動に異常が起こる．

第Ⅱ部　ヒトの生理

7章　がん

　今日の日本において死亡原因の第一位を占める疾患はがんである．がんとは，本来は正常であった細胞が自律的に増殖する能力を獲得し，周囲の組織を侵し，また，遠く離れた部分に転移して増殖していく疾患である．医学の進歩に伴いさまざまな診断・治療法が開発され，医療の現場においても，全くの不治の病と考えられた時代とはその捉え方も大きく変わってきた．こうした進歩の背景には，細胞の機能維持や増殖に重要な役割を果たすシグナル伝達といわれるメカニズムの解明や，細胞のがん化のしくみ，これに関与するがん遺伝子，がん抑制遺伝子などについての生物学的理解が深まっていることがある．がんそのものに特有の性質があることも明らかになり，こうした知識の蓄積は，現代の人にがんをどのように克服するかだけではなく，どのようにがんと付き合うのか，という新たな問題を提示している．

1 がんとは

　戦後の日本人の死亡原因の推移をみると，がん[※1]は一貫して増え続けている．1950年には人口10万人あたり77.4人だったものが，2006年（概数）には，260.9人となっている（実数で約33万人）．全死因の合計が859.7人であるから実に3割の人はがんで亡くなっているのである．1981年にそれまで最大の死亡原因であった脳卒中などの脳血管疾患を抑えて死亡原因の第一位となって以降，現在まで第一位を保っている．がんのなかで肺がん，大腸がん，乳がん，前立腺がんなどは増加傾向にあるが，胃がん，子宮がんなどはこのところ横ばいで推移している．こうした傾向の背景には，社会の高齢化とライフスタイルの欧米化があるのではないかといわれている．

　がんとは，ある組織の細胞が周囲の調節を受けずに自律的に増殖を続け，単に病変が大きくなるばかりでなく，増殖するがん組織が周囲の正常部分に入り込みながら広がり（浸潤し），あるいは，離れた部分でも増殖を起こしていく（転移を起こす）疾患である．一般には発端となった器官により「肺がん」「胃がん」などとされる．

　病変としてのがんの塊は，もとをただせば1つの細胞ががん化して増殖することによってできあがっていると考えられている（図7-1）．細胞のがん化は後述するようなさまざまな要因によって生じることがわかってきているが，細胞に生じる遺伝子の変異は細胞がもともともっている性質を鑑みると，長い時間経過のうちにはその発生は避けがたいものである．また，生命活動を続けるなかで環境中のさまざまな発がん物質の影響も蓄積されていく．人の寿命が延びていくなかでがんと向き合うことになるのは必然のことといえる．

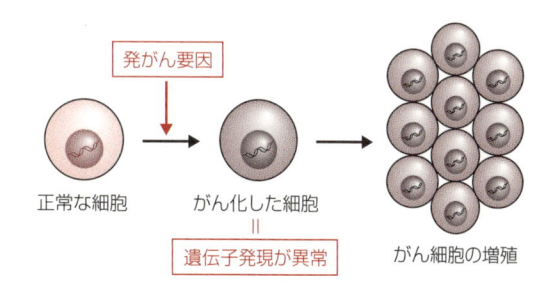

図7-1　細胞のがん化のプロセス

[※1] ここでは，悪性腫瘍をまとめて「がん」としている．狭義のがんは，ある種の組織に由来するもののみを指し，それ以外のものは肉腫，白血病，悪性リンパ腫などとされる．また，特に断らない限りはここではヒトのがんを前提としている．なお腫瘍とは自律的に増殖している細胞集団で，このうち，無制限な増殖や浸潤，転移といった性質を示すものが悪性腫瘍である．

2 細胞のがん化

　正常な組織では，すべての細胞が個体としての調和を保ちながら必要に応じて増殖し，あるいは自殺[※2]しながらそれぞれが求められた機能を発揮している．例えば，上皮の細胞は周囲の細胞や細胞外基質[※3]などと接触していることで増殖が抑制されている．さもないと上皮でいつまでも細胞が増殖し続け，細胞が上皮表面からあふれ出してしまうかもしれない．実際には，どんどん皮膚が増え続けてしわくちゃになったり，気管の粘膜上皮がいつまでも増殖して空気の通り道がふさがったりというようなことは起こらない．前述のように，がん細胞は自律的に，つまり，皮膚がしわくちゃになろうが気管がふさがろうが勝手に増殖を続けるわけであるが，これは正常組織でみられるような増殖の抑制が正常に機能していないことが一因になっている．

　がん細胞を研究することから，細胞のがん化を説明できるような多くの事実が明らかになってきている．細胞ががん化して自律的増殖を行うようになるプロセスを分子レベルで解明することは，正常細胞の増殖などの振る舞いを理解するうえでも重要な情報をもたらしている．具体的な例をいくつか示す．

❖ 細胞増殖の抑制の異常

　がんの一種で網膜芽細胞腫という疾患がある．これは主に小児でみられる遺伝性のがんである．このがん細胞を調べていくと，多くのケースである特定の遺伝子に異常が見つかった．この遺伝子からつくられるタンパク質は網膜芽細胞腫（retinoblastoma）にちなんで，Rbと名付けられたが，網膜芽細胞腫のがん細胞ではRbが機能していないのである．研究が進むとRbは細胞周期の制御に重要な役割があることがわかってきた．細胞の増殖は細胞周期と呼ばれるステップを経て行われる（図7-2）．細胞増殖は，1つの細胞

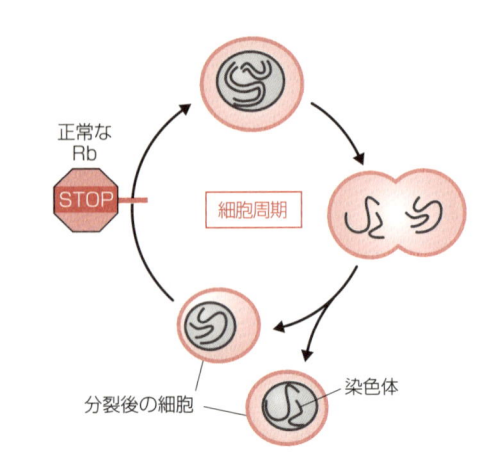

図7-2　細胞周期とRbタンパク質
Rbは細胞内で状態を変えながら細胞周期を調節している．異常Rbでは細胞周期が進むのを抑制できなくなる

Column　　　　　　　　　　　　　　　　　　　　　　　　　アポトーシス

　正常な個体においては，異常のある不都合な細胞が出現すると，個体を防御するための免疫を担当する細胞の働きかけによって，異常細胞の細胞死が引き起こされる．この細胞死は細胞がもって生まれた死ぬためのメカニズムを活用して起こるもので，アポトーシス（apoptosis）といわれる．

　アポトーシスの開始はシグナル伝達（p.84 **コラム** 参照）によって細胞に告げられるが，このシグナルが入ると，細胞内のタンパク質を分解する酵素が活性化されて細胞の生存に必要な種々のタンパク質が破壊される．核などの細胞内小器官も破壊され，細胞は複数の小胞に分かれ吸収されてなくなってしまう．がん細胞はこのアポトーシスのしくみをかいくぐり無限に増殖を続けてしまう．

　がんに対する防御のほか，個体の発生でもアポトーシスは重要な役割を果たしている．例えば，ヒトの胎児の指と指の間には水かきのような膜が存在する時期がある．体内での成長が進むにつれこの膜は消えてなくなってしまう．これもアポトーシスによるもので，成長の過程で必要のないものは消え去るようにあらかじめプログラムされており，アポトーシスがプログラム細胞死とも呼ばれるゆえんである．さまざまな原因で傷ついた細胞でもアポトーシスが起こることが知られているが，この場合，アポトーシスの開始の合図は細胞内の物質の変化による．

[※2]　アポトーシスといわれる．p.82 **コラム** 参照．　　　　[※3]　細胞周囲のタンパク質などにより形成されている微小環境．

が2つに分裂して進むが，適当に2つにちぎれてもそれぞれの細胞は生き続けることができない．そこで，複製に必要なタンパク質などの準備をする時期，核にある染色体を複製する時期，染色体をはじめとする細胞の重要な部品を均等に分ける時期（顕微鏡などで観察して目に見える細胞分裂はこの時期である），細胞が組織において機能を発揮する時期（分裂しない時期），というように，段階を踏んで細胞が増えていくのである．そして，Rbはこのステップが進むのを抑制的に制御している．細胞周期の抑制がかからなくなると細胞分裂がいつまでも進んでしまうことは容易に予想できる．

❖ 細胞増殖の促進の異常

細胞増殖の抑制のメカニズムに異常が生じた場合の細胞のがん化の例を示したが，今度は，細胞増殖促進のメカニズムに異常が生じて細胞ががん化する例をあげよう．このタンパク質のそもそもの発見の経緯はRbのそれとは異なるが，がん細胞のタンパク質の異常の別の例としてEGFRがある（p.84 **コラム** 参照）．

肺がんやその他のがん細胞の一部ではEGFRというタンパク質の異常がみられることがある．EGFRは上皮増殖因子受容体（epidermal growth factor receptor）[※4]とも呼ばれる細胞膜上に発現しているタンパク質である．上皮増殖因子（EGF）は細胞を増殖させる作用のある物質で，細胞膜上に発現しているEGFRに結合することでその細胞の増殖を促進する．EGFによる刺激がなくなるとEGFRを介した細胞増殖促進も終息する．がん細胞で見つかる異常EGFRではEGFが結合していないにもかかわらず，あたかもEGFが結合しているかのような状態が持続し，細胞増殖を促す方向で作用し続ける．

EGFRに関連してもう1つ重要なタンパク質がある．Rasと呼ばれるタンパク質で，細胞のがん化とタンパク質の異常の関連が最初に解き明かされた例の1つである．Rasは細胞の中でEGFRやその他の多くの受容体からの情報が次々と伝達されていく経路上にあるタンパク質である．RasはEGFによる細胞増殖をはじめとしてその他多くの細胞増殖のプロセス，また，Rbが関与する細胞周期の制御にも関係している．し

Column ──────────────────── タバコ

タバコとがんの関係が論じられるようになって久しい．疫学的には肺がんだけでなく，胃がん，乳がん，膀胱がんなどさまざまながんのリスクを高めることが知られている．タバコには発がん物質とされる化学物質が実験的に確認されているものだけでも60種類以上含まれていて，そのうち少なくとも15種類はヒトでの発がんが実際に確かめられている．

ところで，タバコの習慣性のもとはニコチンであるが，その代謝はタバコに含まれる発がん物質の1つNNK[※5]の代謝（発がん物質としての活性化）と同じ酵素に依存している．この酵素の活性には個人差がある．ニコチン依存状態にある喫煙者はタバコに含まれるニコチンが少なかったり，尿へのニコチンの排出が増えたり，ニコチンの代謝が多くて結果的に体内にニコチンが不足気味になると，吸うタバコの量を増やすことでその不足を補おうとするとの観察結果がある．よって，このニコチンを代謝する酵素の活性が強いと喫煙の量が増えるということがいえる．一方で，この酵素の活性が強いということはNNKを代謝して発がん性を高めることになるのでがんのリスクも高まる．しかも，ただでさえNNKの代謝が盛んなのに，今述べたような理由で喫煙量も増えるわけであるから，発がんの危険性がますます増しているといえる．これは，あたかも，がんがタバコを通して人間集団に蔓延するためにあらかじめ用意されていた罠のようで，少し気味が悪い．

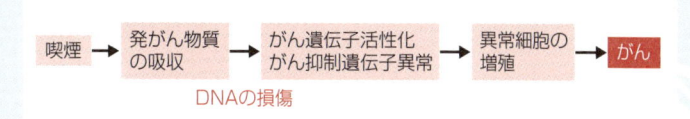

喫煙 → 発がん物質の吸収 → がん遺伝子活性化 がん抑制遺伝子異常 → 異常細胞の増殖 → がん

DNAの損傷

コラム図7-1　喫煙から発がんに至るまで

[※4] 細胞への刺激は分子レベルでみると受容体と呼ばれるタンパク質に何らかの物質が結合することで伝えられる．この物質は一般にはシグナル分子と呼ばれ，ホルモンなどもシグナル分子である．シグナル分子と受容体の結合によって引き起こされる細胞の情報伝達をシグナル伝達という．シグナルは細胞内でもタンパク質やその他の小分子を介して伝達され，最終的には新たなタンパク質の発現など細胞の振る舞いに変化が生じる．p.84 **コラム** 参照．

[※5] 4-（メチル-ニトロソアミン）-1-（3-ピリジル）-1-ブタン

Column ── 細胞のシグナル伝達

　細胞への刺激や細胞周囲の環境の情報は，シグナル伝達というしくみで細胞に伝わる．シグナル伝達を介在する物質は一般にシグナル分子と呼ばれ，シグナル分子は細胞表面にある受容体というタンパク質に結合し，その細胞にシグナルを伝える．受容体とシグナル分子の組合わせはある程度決まっていて，このことが適切なシグナルが適切な細胞に伝わるためにはきわめて重要である．受容体に伝わったシグナルは細胞内の物質の活性化と呼ばれる変化や細胞内外の物質の移動を引き起こし，これが次の変化への合図となり，最終的には細胞の機能の変化をもたらす．

　上皮増殖因子（EGF）をシグナル分子とするシグナル伝達について具体的にみてみる．EGFはさまざまな組織で分泌され細胞の増殖を促す作用がある．EGFが2つのEGF受容体（EGFR）に結合するとEGFRの化学的性質が変化する．この変化したEGFRには別のタンパク質が結合して，そのタンパク質にシグナルが伝わる．このタンパク質はさらにRasと呼ばれるさまざまなシグナル伝達経路に関与するタンパク質にシグナルを伝える．シグナルは次々に別のタンパク質にリレーされていき，最終的にはシグナルを伝えるタンパク質が核に移行し遺伝子の転写を促し，タンパク質合成のステップを開始する（**コラム図7-2**）．

　砂糖を甘いと感じるのは，シグナル分子である砂糖が舌の味覚細胞にシグナルを伝えることから始まるシグナル伝達の結果であり，空が青く見えるのは光がシグナル分子のような役割を果たして網膜の細胞のシグナル伝達を開始させることがきっかけとなっているなど，ありとあらゆる生体の反応がシグナル伝達というしくみを利用している．生体のしくみを解明することのかなりの部分はそのシグナル伝達のプロセスを解き明かすことだとしても過言ではない．

　また，医療に用いられる薬剤もシグナル伝達のしくみを利用しているものが多い．あるシグナル分子をまねてその受容体に結合するものや，受容体をふさいでしまってシグナル分子の結合を邪魔してシグナルを遮るものなど，さまざまな種類がある．以前は薬品の発見が先で，その作用のメカニズムを解明していく過程で関係するシグナル伝達経路が明らかになることが多かったが，現在では特定のシグナル伝達経路にねらいを定めてそこに作用する薬品を開発することで目的の効果を得ようという試みが盛んである（p.88**コラム**参照）．

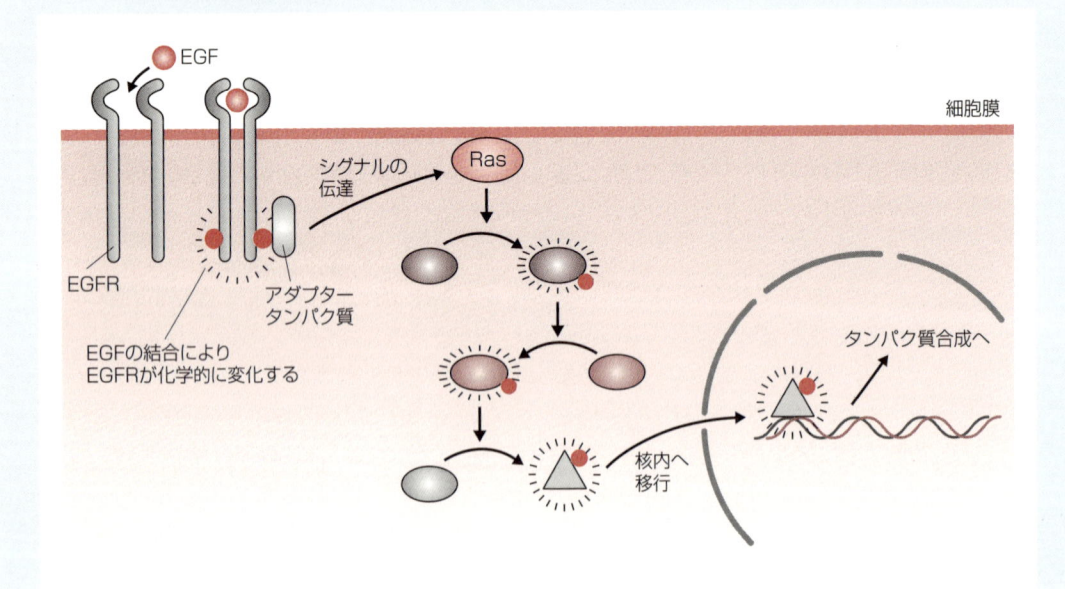

コラム図7-2　EGFによる細胞内シグナル伝達の例
EGFが結合した受容体は化学的に性質が変化し，シグナル伝達の足場となるアダプタータンパク質と呼ばれるタンパク質を介して，次々とシグナルを伝達していく．シグナルが伝達される際，経路上のタンパク質には化学的な性質の変化や細胞内での局在の変化が起こる

たがって多様ながん細胞で異常Rasが見出される．

タンパク質の異常と細胞のがん化についてここで示した例はそれぞれ非常に重要な要素であることは間違いないが，実際にはこのタンパク質に単独で異常が生じただけでは細胞はがん化せず，アポトーシスを起こしてしまう．正常な細胞は，増殖を開始するのに必要な刺激を細胞外から受け取り，細胞内の細胞周期を促進する機構に伝達する．さまざまなシグナル伝達経路が巧妙に制御しあって，必要なところで必要な細胞が増殖し，適切なタイミングで増殖をやめる．細胞にはこうした機構が破綻したときに備えて，セーフティーネットとして細胞死が引き起こされる機構が用意されている．ここで例示した以外にもいくつもの異常が積み重なることで，このセーフティーネットがうまく働かなくなったとき，細胞の無秩序な増殖が始まる．細胞のがん化にはいくつもの段階が必要なのである．

3 発がんの要因，がん遺伝子，がん抑制遺伝子

前節で正常細胞にどのような変化が起こると細胞ががん化するのかの概略を説明した．それでは，なぜそのような変化が起こるのだろうか．環境や食品の安全に絡んで「発がん性」などという言葉を耳にしたことがあるかもしれない．ここでは，そうした「発がん」のメカニズムについて解説する．

本章冒頭にがん死亡者が増え続けていると述べたが，がんそのものは最近になって出現した疾患ではなく，古くから存在していた．エジプトのミイラでもが

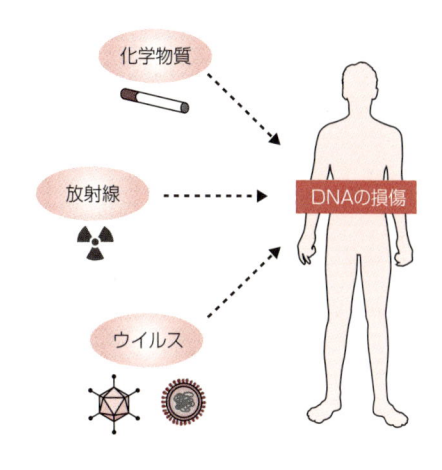

図7-3 発がんを引き起こす要因

ん病変が確認されている．18世紀になるとイギリスでがんの発生についての疫学的な発見があった．煙突清掃従事者に陰嚢のがんが多いことから，その原因が煙突のすすではないかと考えられた．後の研究ですすに含まれるタールに発がん性があることが明らかになっている．こうした化学物質はがんとの関連から，発がん物質という．発がん物質による発がんは化学発がんといい，放射線による放射線発がん，ウイルス感染による発がんとともに，発がんメカニズムにおいて重要な位置を占めている（図7-3）．

❖ 遺伝子の傷

発がん物質が細胞に取り込まれると核内のDNAと反応を起こしてゲノムに突然変異を起こす．この突

Column ウイルスとがん

化学発がんや放射線発がん以外の重要な発がんのメカニズムとしてウイルスの関与がある．ウイルスの役割がその発症に重要とされるがんとして，HTLV-1による成人T細胞性白血病，パピローマウイルスによる子宮頸がん，B型肝炎ウイルスおよびC型肝炎ウイルスによる肝細胞がんなどがある．まだ解明されていない部分が多いが，他の発がんメカニズムと異なり，ウイルスによる発がんでは基本的にはウイルス感染が起こったあと，ウイルスの遺伝子由来のタンパク質が宿主細胞で産生され，これが直接または間接的に正常な細胞周期を障害し，やがてがん化させる．ウイルスによって宿主細胞への作用のしかたに違いがあり，ウイルス感染によるがん発症のリスクがウイルスごとにかなり異なっている．ウイルス感染の予防ががん発症の減少につながると期待されることからウイルスに対するワクチンの開発が進められている．パピローマウイルスなど，すでにワクチンが実用化されているものもある．

然変異はゲノムのなかでランダムに起こり不可逆である．この細胞には未だ自律的な増殖能力はなく，その多くは死んでしまう．しかし，他の化学物質などで追加的な変化を受けた一部の細胞は生き残っていく．これらの細胞が増殖していくなかで新たな遺伝子異常が出現し蓄積していき，蓄積した遺伝子異常により細胞が増殖能，浸潤能，転移能を獲得し，がんとして増殖していく[※6]．この段階の細胞では遺伝子が非常に不安定となりさまざまな突然変異が出現し，そのなかでも増殖に有利ながん細胞がさらに増殖を続けていく．

放射線発がんでは，放射線によって化学発がんにおける初期の変化と類似の現象が細胞で生じてDNAの損傷を引き起こすと考えられている．放射線は高いエネルギーをもっており，DNAに当たるとこれを傷つけ，時には破壊してしまう．

❖ がん遺伝子，がん抑制遺伝子

ヒトの細胞の核にある全DNA配列のなかで遺伝子としての情報をもっている部分は1.3%程度とされている．発がん物質や放射線でランダムに発生するDNAの損傷の多くは遺伝子を含んでいない部分に生じていると考えられる．このため，細胞の機能に生じる変化がはっきりしない[※7]．ところが，こうした"キズ"が遺伝子上に生じるとその遺伝子をもとにつくられるタンパク質に異常が生じてしまう．どのような遺伝子に異常が生じるかで，その結果引き起こされる細胞の異常が変わってくる．もっとも，基本的には細胞にはこうした異常を発見，修復する機能が備わっているし，こうした異常が残っている細胞は免疫機構によって排除されてしまう．細胞の増殖や細胞死などの重要な機能を担う遺伝子に異常が生じると細胞のがん化が引き起こされる可能性が高まる．通常1つの遺伝子異常だけでそのままがん化することはまれで，いくつかの重要な遺伝子の異常が積み重なる必要がある．これらのうち，異常が起きたことによりそのタンパク質の機能の調節がきかなくなり，常にそのタンパク質が機能を発揮する状態になってしまう（前述のEGFRなど）ことで細胞のがん化を引き起こす可能性が高まるものをがん遺伝子と呼ぶ[※8]．これに対して，正常な状態では細胞の増殖を制御したり，異常な細胞の細胞死を引き起こしたりするなど，がん発生に抑制的に作用するタンパク質（前述のRbなど）をつくるものをがん抑制遺伝子と呼ぶ．がん遺伝子由来の活性化し続けているタンパク質とがん抑制遺伝子の異常によりブレーキがきかなくなった状態が"うまく"組合わされると細胞ががん化する．

❖ 多段階発がんモデル

大腸がんの発がんプロセスは最も研究されているものの1つである（図7-4）．大腸がんは，正常な1個の粘膜細胞の核の中でがん抑制遺伝子の1つであるAPCに異常が生じることから始まると考えられている．実際APCの異常は8割以上の大腸がん患者のがん病変から見つかる．APCに異常をきたすと粘膜の細胞が過剰に増殖して腺腫と呼ばれる良性[※9]の増殖性の病変をつくる．加えてがん遺伝子K-rasに異常（基本的には点突然変異）が生じると腺腫が大きくなり，個別の細胞の形態の変化が顕著になる．さらに別のがん抑制遺伝子であるp53に異常が加わることで細胞が無秩序に増殖するようになり，腺腫ががん化する[※10]．さらにいくつかの遺伝子に異常が生じ，これらの遺伝子異常が蓄積されてくると，がんが浸潤したり転移したりする能力を獲得すると考えられている．もっとも，すべての大腸がんでこうした経過をとるわけではなく，他のがんの場合まで含めると，発がんのステップにはさまざまなパターンがあると考えられている．

※6　がんの重要な性質として自律的増殖能について焦点を当ててきたが，それ以外に，がん細胞が細胞外基質を破壊しながら正常組織に入り込んだり（浸潤），血流などを介してがん細胞が遠く離れた部分に移動・定着してそこでも増殖，浸潤したり（転移）する能力も，がんの重要でやっかいな性質である．
※7　最近，全DNA配列のなかで遺伝子領域以外の部分にもさまざまな役割があることがわかってきている．そういう意味では非遺伝子領域の"キズ"もDNA上の遺伝子領域に生じる変化と同様に細胞の機能に変化をもたらす可能性はある．
※8　がん遺伝子はがんの原因となるような異常をもった状態であるのに対して，異常が生じる前の正常な遺伝子は原がん遺伝子と呼ぶ．
※9　腫瘍性病変のうち無限には増殖せず，浸潤や転移などの性質も示さない，がんの「悪性」に対応する表現．
※10　K-rasやp53の異常を便から検出することでがんの早期発見をしようという試みも行われている．

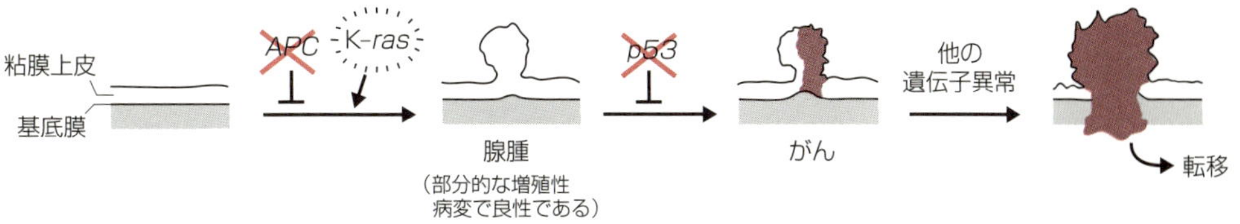

図7-4　大腸がんの多段階モデル
正常組織からがんに進むに従っていくつかの遺伝子の異常が積み重なっていく．APCはがん抑制遺伝子で本来細胞の骨格に関係している．K-rasはがん遺伝子でrasの一種である．これらの異常により大腸粘膜に腺腫が出現する．さらにがん抑制遺伝子で転写制御に関与しているp53に異常が生じると，がんとなる．さらに遺伝子異常が蓄積し転移などがみられるようになる

4 がんの診断と病理学

❖ がん細胞であることの判断の基準

ここまで述べてきたように，がんの原因は遺伝子に生じた傷であるが，遺伝子に傷のある細胞すべてががん細胞であるわけではない．では，がん細胞があるかないかを見極める「がんの診断」とは臨床の現場ではどのように行われるのだろうか．ある臓器に腫瘍があり，これを外科的に切除したとする．この腫瘍が，悪性か，良性か，あるいは感染や炎症応答の一環とし

Column ― がんの遺伝子診断

乳がんや卵巣がんの発症に関係するとされるがん抑制遺伝子にBRCA1，BRCA2がある．欧米のデータでは全乳がん患者の5～10％，全卵巣がん患者の2～10％でこれらの遺伝子に異常が見つかり，逆に，これらの遺伝子に異常がある人の60～85％で乳がんが，26～54％で卵巣がんが，一生のうちには発症するとされている[※11]．

アメリカではすでに，BRCA1，BRCA2の遺伝子検査が実用化されており35万円前後で検査を受けられる．日本でも一部の医療機関でいくつかの疾患関連遺伝子の検査を行っているが，皆さんはこうした検査を受けたいだろうか，それとも何かしらのためらいを感じるだろうか．BRCA1，BRCA2の異常に関して，以下に述べるアメリカでの現状を参考にして，来るべき日本の近未来に備えていただければと思う．

遺伝子検査の実際は1回の採血で終わりである．検査費用をカバーする健康保険が多いが，検査の必要性が特に高いと認められる場合にのみ費用の一部が支払われる[※12]．家族に乳がんや卵巣がんの患者がいる場合や，自らがこれらのがんを若くして発症したような場合でも実際に遺伝子異常が見つかる確率は必ずしも高くはない．検査で遺伝子異常がないことがわかれば，これらのがんのリスクは他の人と比べて違いはないと考えてよい．残りの人生を安心して暮らしていける，という人もいるかもしれない．ただし，検査には低い可能性ながらも偽陽性や偽陰性があるため，一度遺伝子異常がないという結果になったからといってそれ以降の検診などを怠っていいとは言い切れない．そもそも，遺伝子異常がなくともがんにならないわけではない．遺伝子異常の確率には人種差もある．

遺伝子異常が見つかった場合の選択肢として，両方の乳房の予防的切除術を受ける，両方の卵巣の切除術を受ける，25歳を過ぎたら年4回以上の検診を受ける，ホルモン剤による発病予防を継続して行う，などがあるが，手術療法に関しては特に，身体面，心理的側面の問題が大きい．ホルモン補充療法では副作用が知られており，その他の化学予防でも同様である．検診も完璧ではない．当然ながら，乳がんについては予防的切除術を受けた患者は受けなかった場合に比べて乳がん発生のリスクは下がる（10分の1程度になる）．卵巣についてもリスクの低下が認められる．なお，遺伝子診断に際しては専門のカウンセリングを受けることが推奨されている．

※11　同じく欧米のデータでは遺伝子異常の有無を考慮せずに見積もって，90歳まで生きる全女性の12％に乳がんが発生するとされる．

※12　アメリカでは遺伝子情報に基づいた保険上の差別は禁止されている．

ての組織の変化なのかは，病理学的に判断される．通常の診断は主に光学顕微鏡を用いた組織形態の観察による．判断の基準は臓器ごとに異なっているが，基本的には，細胞の形，核の形と種々の染色液による染色の様子，細胞の分裂像，周囲の組織との関係などががん細胞の診断の根拠となる．

❖ 腫瘍組織

がんはがん細胞だけで成り立っているわけではない．正常の組織がそうであるように，結合組織，血管，リンパ管，免疫系の細胞などが含まれている．がん細胞が増殖している周囲の組織においては，傷が修復するのと同じメカニズムで，組織を修復しようとする応答が起こり続けているので，がんは治癒することのない傷であるともいわれる．がんが増殖するためには栄養の供給が必要であり，血管による血液の供給が必要となる．多くのがん細胞は飢餓状態になると血管の増殖を促すタンパク質を放出し，血管の新生を促す．

❖ がん細胞の不均一性

がんを構成しているがん細胞は1個のがん細胞が増殖したものであるといわれるにもかかわらず，不均一な性質と形態を示すことが多い．同じ臓器由来のがんであっても，遺伝子への傷の付き方は千差万別であり，それぞれのがんでがん細胞の性質もその不均一性の範囲も多様である．このような「がんの個性」はしばしばがんがどのように宿主に攻撃を加えるかを決定する因子である．よく知られている例として，スキルス型の胃がんは進行が早く危険であるとされるが，このがんではカドヘリンという細胞同士の接着にかかわるタンパク質の一群に属する遺伝子に異常が生じていることがその一因であると考えられている．

その一方で，がんの個性がしばしばそのがん細胞が生ずるもととなった細胞の性質に依存していることも事実である．

Column ― 分子標的薬

分子生物学の進歩により，がん治療においてもその恩恵が得られるようになってきた．分子標的薬と呼ばれるもので，がんの増殖のメカニズムの理解に基づいた新しい治療戦略によって開発された薬剤である．

肺がんの一部など，ある種のがんにおいては，EGF-EGF受容体（EGFR）の経路の活性化が細胞のがん化や，がんの増殖に重要な役割を果たしている．EGFRの活性化にはリン酸化という反応が必要であるが，このリン酸化が起こる部位に結合してリン酸化を阻害することで細胞死を引き起こす薬剤（ゲフィチニブ：gefitinib）もがん治療薬としてすでに実用化されている．ゲフィチニブの有効性については細胞レベルでは認められるが，実際のがん患者に投与した場合の有効性については腫瘍縮小効果，延命作用，副作用などさまざまな観点から意見が分かれている．

このほか，血液のがんの一種，慢性骨髄性白血病では診断から数年で死に至るとされた病が，分子標的薬の登場により8割以上の患者が救われることとなったなど，進歩は著しい．現在研究中の薬剤も多く，今後も発展が期待される分野である．

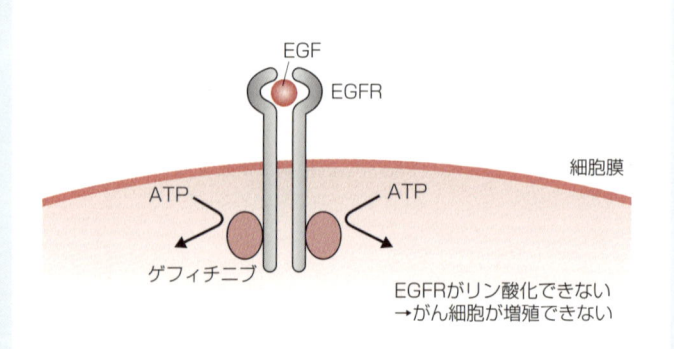

コラム図7-3 分子標的薬ゲフィチニブの作用
EGFRが細胞増殖のシグナルを伝えるには，ATPからリン酸を受け取ってリン酸化することが必要であるが，ゲフィチニブと結合しているEGFRはATPからリン酸を受け取ることができず，細胞増殖のシグナルを細胞内に伝えることができない

5 がんの進行と転移

❖ がんの進行

がんが診断されずに放っておかれると，治療が困難になってしまうことがよく知られている．これは，単に腫瘍のサイズが大きくなるからではなく，がんが宿主の中で増殖する際にそれに伴ってより悪性度の高いがんへと変化するためである．「悪性度が高い」という表現は必ずしも科学的ではないが，転移と再発を起こしやすい，がんのできている臓器に機能障害を起こしやすい，高い細胞増殖性をもち治療に抵抗性を示す，免疫系に影響して免疫抑制状態を引き起こす，などの性質を指す．これは，がん細胞がより分化度の低い状態[※13]に向かって変化していった結果とみることができる．

がんが進行するのは，がん細胞のゲノムそのものに起こる変化とがん細胞の遺伝子発現の変化の両方の寄与があるだけでなく，宿主である個体の応答の変化も関係する．がんの進行と遺伝子の変化の関係でよく知られている例として，血液のがんの一種である慢性リンパ性白血病における急性転化と呼ばれる現象がある．がん細胞に染色体の異常が加わり細胞増殖シグナルが増強することで急速にがん細胞が増殖し，正常な細胞に置き換わってしまうのである．

❖ がん転移

がんの進行の結果としてみられる現象の1つとして，がん細胞がその由来する臓器でない臓器で増殖して腫瘍を形成する，「転移」がよく知られている．がんと呼ばれる疾患のほとんどが，上皮由来の固形腫瘍であり，ほとんどの場合，外科的な治療によって取り除くことが現在最も効果的な治療法である．したがって，「転移が起こらないようにできればがんを治すことができる」のは事実である．より重大なのは，転移が起こる臓器は，肺，肝臓，脳，骨など，人間が生きていくうえで必要な臓器が多いということである．つまり，がんによる死因の多くが原発巣[※14]ではなく，転移によるこれらの生存上必須の臓器の機能障害によるものなのである．

がん転移はがん細胞の組織内の移動，動脈・静脈などの血管やリンパ管など脈管内への浸潤，脈管内における移動，異なる臓器における着床，増殖と腫瘍組

Column ─────────────── がん体質・がん家系

がんは遺伝するのであろうか？通常みられるようながんについていえば，がんは遺伝性疾患ではない．なぜなら，本文でも説明しているように，がん発生の原因となる遺伝子異常はその個体が新たに獲得したものであり，親から引き継いだものではないからである．その一方で，がん体質・がん家系などという表現に代表される「がんになりやすい」傾向が家族内で集積することは疫学的にも認められる．

こうしたがんになりやすい体質の本態は不明な部分も多いが，現在考えられている説明の1つは代謝に関係する酵素の性質の遺伝である．発がん物質には体内に取り込まれてから代謝を受けて初めて発がん性を示すものも多い．これらの代謝にかかわる酵素の活性の強弱は遺伝するので，結果的に同じ量の発がん性物質が体内に入ってきても，よりがんになりやすい人となりにくい人が出てくるということが起こるのである．

例外的に遺伝するがんも知られている．本文で説明したRbタンパク質の遺伝子に異常がある場合，網膜芽細胞腫というがんを発症しやすくなる．遺伝性網膜芽細胞腫の患者のRb遺伝子は，生まれたときから父親もしくは母親由来のいずれかの遺伝子が機能を失っている．このため，残りのもう1つの正常なRb遺伝子に異常が生じるだけでがんを引き起こしてしまうと考えられている．がん抑制遺伝子の1つp53の異常も遺伝するがんとして知られている（Li-Fraumeni症候群）．こちらは白血病，大腸がん，骨肉腫などさまざまながんを発症する疾患であるが，やはり網膜芽細胞腫のように父親もしくは母親由来のいずれかの遺伝子に異常がある．

[※13] 細胞は分化が進むとそれぞれが決まった場所で固有の機能を発揮するようになり，移動や増殖は行わなくなる．一方，未分化な細胞は発生過程やその他の細胞が分化する過程において，目的の器官，組織に到達するため移動を行い，必要な嵩を得るために盛んに増殖する．この，移動や増殖は分化度の低い正常細胞では必要な能力であるが，がん細胞としてはやっかいな性質である．

[※14] がんの転移巣に対する言葉．そのがんがその個体において最初に発生した部分．

織形成などの複数の過程を経て起こる（図7-5）．これらの過程で重要な細胞の振る舞いには，同種の細胞間の接着を低下させて特定の他の細胞との接着性が生じる，運動性が高まる，細胞外の構造に基底膜などの組織の一体性を保つ構造を破壊する酵素を細胞表面に発現する，などの特徴がある．これらの細胞の振る舞いは，体内を移動している白血球などの免疫系の細胞や発生と分化の途上にある胚を形成している細胞がもつ性質であり，固形がんの起源である上皮細胞が本来もっている性質ではない．

転移先の臓器に到達したがん細胞（少数のがん細胞の塊であって，血小板や白血球などを伴うと考えられる）が，そこにとどまって細胞数が増えないまま生存している状態を微小転移または潜伏状態と呼び，臨

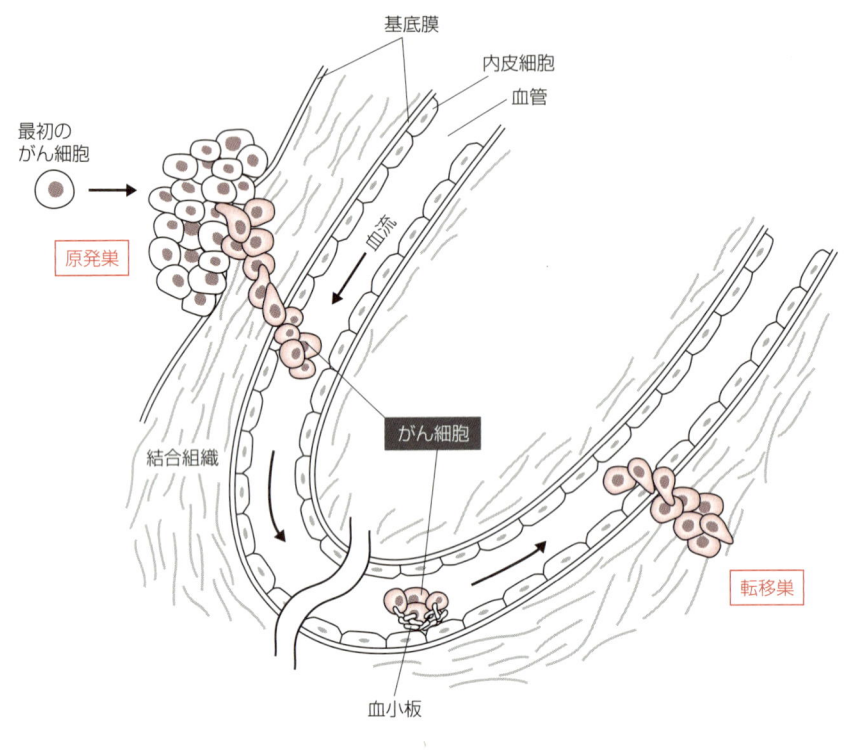

図7-5　がんの転移のモデル

Column　　　　　　　　　　　　　　　　　　　　　　　　　　がんと癌とガンの違い

この3つの言葉は，実は明らかに異なった使われ方をしている※15．「癌」は腫瘍のこと，特に悪性のそれのことであり，異常な増殖性をもつ細胞を含む組織の塊という意味で使われる．文字の由来は本来柔らかな乳腺に生じた固いできものである乳癌のことであったといわれる．「がん」はしばしば病気を指す．つまり「癌またはそれと同等なもの」をもってしまった状態のことを示し，白血病のような腫瘍を形成しない異常増殖細胞によって引き起こされる病気も含んで使われる．「ガン」は，忌み嫌うべき不治の病というニュアンスないしは偏見を含んで使われることが多い言葉である．本来科学用語に使われるべきカタカナにこのような意味が込められた背景には，従来がんという病気に対する科学的な理解が遅れていた，また正確な知識の普及が充分でなかったという事実がある．あえて単純化して述べれば，「癌を完全に除けば，がんが治癒し，ガンを克服できる」となる．

※15　本書では基本的に「がん」とひらがな表記としている．

床的に検出するのは難しい．この状態がどのくらいの期間続きうるのかは定かでないが，乳がんでは10年にわたることもあるといわれる．微小転移が検出可能で，臓器機能に影響を与え，よって臨床的に問題となる転移巣へと成長するまでの間にがん細胞および宿主の組織にどのような変化が起こっているのかは完全には明らかでない．がん細胞と結合組織を形成する細胞や炎症細胞との相互作用，血管新生，リンパ管形成と免疫系細胞との相互作用を通して，炎症と組織修復，免疫応答と免疫抑制とが入り乱れて起こっている．がんが発見され，原発巣を手術で除去できたとしても，微小転移がすでに隠れて存在していることが多く，これらが成長し転移巣として臨床的に問題になるかどうかをコントロールする方法を開発できれば，多くのがんの治療成績が飛躍的に改善するはずである．

6 がんに対する免疫応答

免疫学者でノーベル賞受賞者でもあるバーネットは，1950年代，「ヒトなど多細胞の高等生物は常に多くの遺伝子が変化する危険にさらされており，変異した遺伝子を発現した細胞は免疫系によって認識され除去される」とする「免疫監視説」を提唱した．その後一時期は，がん細胞は自己由来なので免疫応答は起こらない，とする仮説がむしろ信じられるようになり，1970年代には免疫応答にかかわる細胞を活性化する物質が補助的ながん治療法として用いられた．'90年以降になると，実験的にも，またがん患者においてもがん細胞に対する免疫応答が検出され，個々のケースに関して抗原分子（**9章**参照）が何であるかが明らかになり始めた．これらの抗原を用いたがんワクチンがデザインされ，特異的な免疫応答を強化する治療の試みが盛んになっている．

今日では，免疫系ががん細胞を非自己として認識しうること，また一方，がん細胞は多様な機構で免疫系を抑制することによって生存し増殖することに疑う余地はなくなった．しかし，ワクチンを有効に用いたがんの治療ストラテジー，例えば再発の予防や微小転移の撲滅などが一般的な治療法として確立するにはまだ時間がかかりそうである．

Column ───────────────── たねと土の仮説

1889年にフランスの外科医ページェット（Paget）は，多くの乳がん患者の剖検結果から，がんが転移するかしないか，またどこに転移するかは，組織形態学などによって示されるがん細胞自体の性質（たねの因子）と転移形成部位となる臓器の性質（土の因子）の両者によって決まる，という仮説を発表した．乳がんに限らず，ほとんどすべてのがんにおいて，しばしば転移が高発する臓器はその解剖学的な位置関係や血管，リンパ管などによる接続のしかただけでは決まらない．

例えば一般的には皮膚に生じるがんであるメラノーマ（黒色腫）の転移は肺や脳に高発するが，網膜に生じる黒色腫は肝臓に転移する．胃がん，膵臓がん，大腸がんなどの消化器がんは肝臓が転移高発部位である．前立腺がんは肺と骨に転移する．また，同じ臓器由来のがんであっても転移しやすいものとしにくいものとがある（がんには個性がある）ことも確かである．したがって，「たねと土の仮説」は現在では仮説ではなく事実として受け入れられている．しかし転移の臓器特異性の背景となるメカニズムは充分に明らかにされているとはいえない．細胞走化性因子，細胞接着分子，細胞増殖因子のいずれもが原因の一端を担うと考えられている．臓器の発生学的な起源が転移の高発部位となる原因ではないかという検討がたびたび行われたが，そのような事実は見つかっていない．

本章のまとめ

- □ がんは日本人の死因第一位の疾患である．
- □ がんは1個の細胞のがん化から始まる．
- □ 細胞はシグナル伝達というメカニズムを利用して情報のやりとりをしている．
- □ 細胞周期の進行に合わせて細胞が増殖するが，がん細胞ではこの制御に異常が生じている．
- □ がん化は，化学発がん，放射線発がん，ウイルス発がんといったメカニズムで生じる．
- □ がんの発生にはがん遺伝子，がん抑制遺伝子の異常が段階的に積み重なって蓄積されることが必要である．
- □ がん細胞は結合組織，血管，リンパ管，免疫系の細胞などとともに腫瘍を形成する．
- □ がんが治療されず放置されるとがん細胞は悪性度を増し，他の臓器に転移を形成する．
- □ 免疫学的な事実に基づくがんに対する免疫療法は実験的治療の段階にある．

第Ⅱ部　ヒトの生理

8章　食と健康

光合成によりエネルギーを獲得できる植物と異なり，従属栄養生物である動物は，食物のみからエネルギーを取り入れなければならない．これが食の第一の意味である．さらに，食物分子の化学エネルギーを取り出して，細胞活動のエネルギーを得るとともに，その成長と維持のために体の素材を合成している．こうした細胞における物質およびエネルギー変換の過程を「代謝」と呼ぶ．しかし多細胞生物では，個体レベルでの食物の取り込み・利用と，細胞レベルでの分子の取り込み・利用は異なり，全体が効率的で調和のとれた働きをする必要がある．さらに社会生活を営むヒトは，食事，労働，運動，休息などの活動と，体の機能や反応との間に相互作用が生じる．本章では，以上のような食と健康にまつわる個体と細胞レベルの生物学を学ぶ．

1 食べるとは

ヒトの食物は，動植物，微生物，あるいはその一部に由来するが，多細胞生物である私たちの体の細胞は，こうした有機物の塊をそのままでは利用できない．まずこれらを消化管の中でほぐし，利用価値のある低分子物質にまで分解，つまり消化したうえで体内に吸収し，循環器系を使って全身に輸送する．末端のそれぞれの組織，細胞はそれを取り込み，細胞の中でさらに低分子物質まで分解するとともに生体エネルギーを取り出したり，素材として利用しタンパク質などを生合成したり，その他のさまざまな代謝に利用したりすることができる．

またヒトは食品としてさまざまな生物の細胞成分を食べているので，自らの組織，細胞，細胞成分と，食品のそれらとは正確に区別しなければならない．そうしないと自分の体を自分で消化してしまうことになる．消化管はそうした外界とのデリケートな接触点としても重要であり，特に腸管では生体防御系およびその調節系が発達している．外来の生物に対して防御システムを働かせる一方で，自分の細胞に対しては寛容でなければならない．

消化器には，食道，胃，十二指腸，小腸，大腸といった消化管のほか，咀嚼という前処理をする口や，消化液をつくったり分泌したりする膵臓，胆嚢，取り込んだ物質を加工する肝臓，さらに便を排泄する直腸

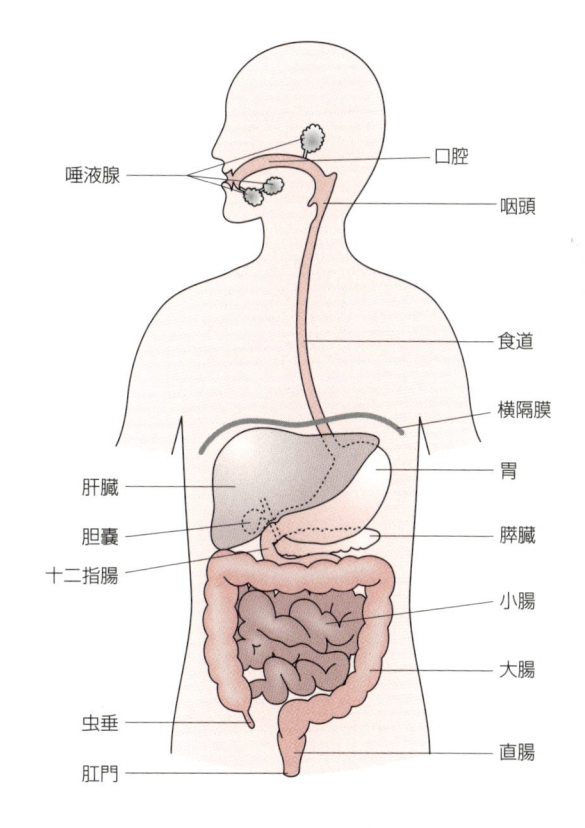

図8-1　ヒトの消化器

と肛門まで含まれる．消化管の内腔は，個体としてみればまさに体内にあるが，細胞からみると細胞外であり，体外の一部とみなすこともできる（図8-1）．い

わゆる消化酵素（酵素は一般にタンパク質でできた高分子物質）は，細胞外へ分泌されて働く加水分解酵素群であり，細胞内の分解酵素系とは性質が異なる．

2 消化と吸収

糖，タンパク質，脂質は，昔から三大栄養素と呼ばれるが，これは生体エネルギー源，および生体素材としての重要性に注目したものである．糖は炭水化物とも呼ばれ，単糖，オリゴ糖，多糖あるいは複合糖質を含む．デンプンは，グルコース（ブドウ糖）が数千単位つながったもので，唾液腺および膵臓でつくられ分泌されるアミラーゼは，デンプンを最終的にはマルトースなどのオリゴ糖にまで加水分解する．これらのオリゴ糖類は小腸の酵素でさらにグルコースにまで分解されて，小腸の微絨毛から吸収され上皮細胞を通って血管に入る（図8-2）．デンプンを加水分解する酵素には，グルコースの鎖の途中をずたずたに切断する酵素，枝分かれの部分を切り落とす酵素，鎖の断片の末端から切りかじっていく酵素など種類が多く，これ

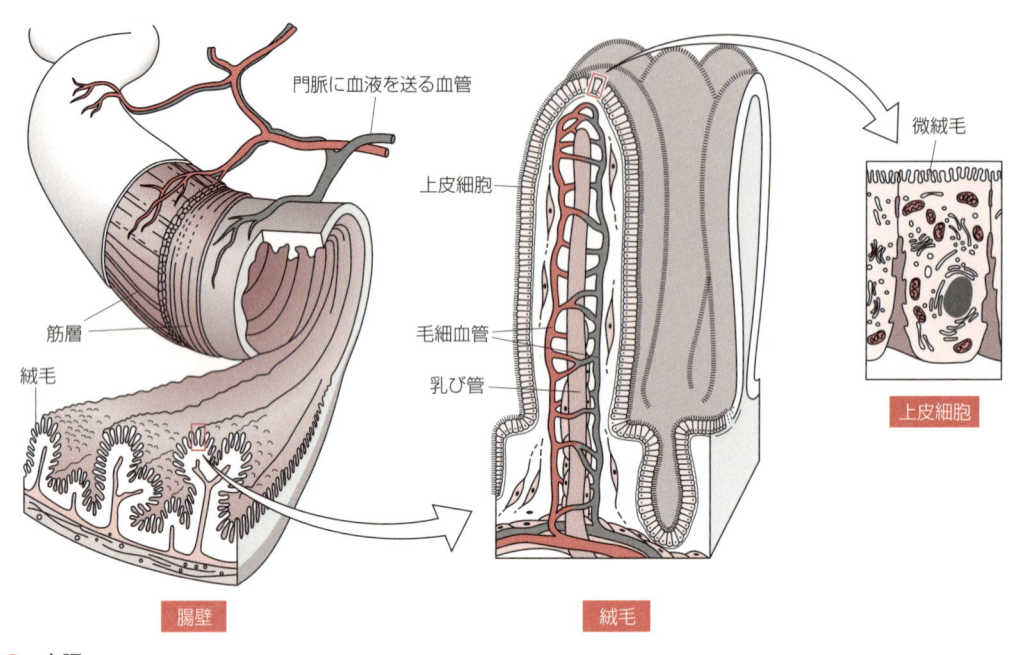

図8-2 小腸
小腸の内側はひだ状になっており，内腔に向かって無数の絨毛が密生している．絨毛の表面は単層の上皮細胞で覆われ，内側には毛細血管と乳び管という末梢のリンパ管が走っている．上皮細胞の表面は微絨毛と呼ばれる刷毛状構造のため表面積が非常に大きい．ここから吸収された栄養分は上皮細胞を通って毛細血管から門脈へ，あるいは乳び管からリンパ管へ輸送される

Column ── なぜ消化器は消化されないか？

胃でつくられるペプシン，あるいは膵臓でつくられるトリプシンやキモトリプシンなど，強力なプロテアーゼがたくさんつくられるのに，どうして胃や膵臓の細胞は消化されないのだろうか？これらのプロテアーゼはそれぞれ，ペプシノーゲン，トリプシノーゲン，キモトリプシノーゲンという，プロテアーゼとしては余計な部分の付いた不活性な前駆体タンパク質として細胞内で生合成され，消化管内腔へ分泌される．そこですでに働いているプロテアーゼによって余計な部分が切り落とされて，成熟体部分が初めて活性な立体構造をとる．したがってそれまでは，細胞は消化されることなく大量のプロテアーゼを合成し分泌することができる．また胃壁表面には大量の粘液が分泌され，これが胃酸やペプシンから胃壁を守るバリアともなっている．

らが相乗的に作用して消化を進める．

　タンパク質を加水分解する酵素をプロテアーゼと総称するが，それぞれの酵素によって切断しやすい基質の構造や最適条件が異なる．ペプシンは胃液に含まれるプロテアーゼで，胃酸による酸性環境でよく働く．膵臓でつくられて十二指腸から分泌される膵液は弱アルカリ性で，胃酸を中和するので小腸内は中性となる．この膵液には，アミラーゼのほか，トリプシンやキモトリプシンなどのプロテアーゼ，脂質を加水分解するリパーゼ，あるいは核酸分解酵素など，中性環境下で働く多種の消化酵素が含まれる．なお，十二指腸には胆汁も分泌される．胆汁は肝臓でつくられ，胆嚢にいったん貯まったのちに放出される．胆汁には界面活性剤が含まれており，食物中の脂質を乳化，分散させて消化を助ける．

　さて，タンパク質はプロテアーゼによってアミノ酸，あるいはアミノ酸数個がつながったペプチドにまで分解された後，微絨毛をもつ小腸の上皮細胞を通って血管に入る．細胞膜あるいは上皮細胞の中でもアミノ酸への分解は進行する．一方，中性脂肪（**コラム図8-1参照**）は，リパーゼによって脂肪酸が部分的に加水分解された形で脂肪酸とともに上皮細胞へ取り込まれる．そこで中性脂肪が再合成され，これが，タンパク質との複合体（キロミクロンあるいはカイロミクロンと呼ばれる）を形成してリンパ管に入り，全身に輸送されるが，そのうち肝臓に行く．

　胃腸から吸収された栄養分を含む血液は門脈に合流して，肝臓へ運ばれる．肝臓の肝細胞には，血液中の有害物質を分解して無毒化する働きがある．例えばエタノールは，肝細胞でアセトアルデヒドへ，さらに酢酸へと酸化されて無毒化され，それが体中に回って組織で分解され，最終的に二酸化炭素と水になる．肝臓には，門脈のほか大動脈から枝分かれした肝動脈も流入している．肝臓でこしとられた血液は肝静脈として出ていき，心臓から全身へ送り出される（図8-3）．

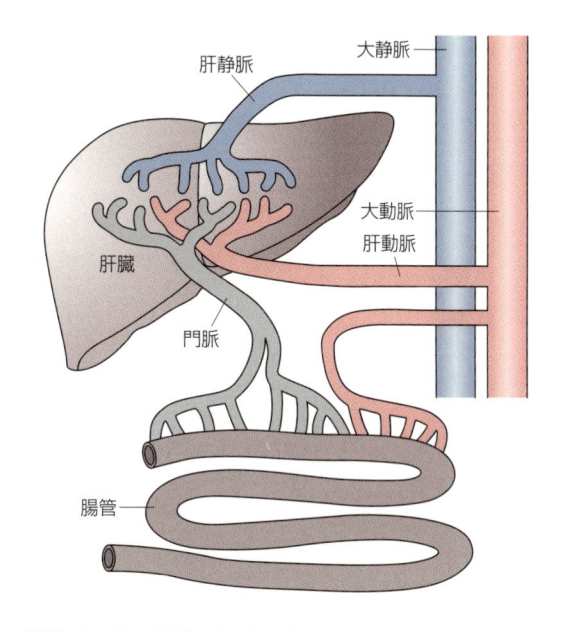

図8-3　腸と肝臓の血液の流れ
各臓器・消化管には大動脈から分岐した動脈で血液が供給される．門脈は2つの毛細血管系に挟まれた領域の血管で，腸や胃で吸収された栄養素や毒素を肝臓まで運ぶ．肝臓で処理を受けた血液は肝静脈から心臓へ戻り，全身に送り出される

Column　食品中のDNAの行方

　私たちは日々，食品という形で，いろんな動物，植物，微生物の遺伝子を大量に食べているが，私たちの体は他の生物の遺伝子を取り込まないのであろうか？　膵臓からは多種多量のリボヌクレアーゼ（RNAを加水分解する酵素）やデオキシリボヌクレアーゼ（DNAを加水分解する酵素）が分泌され，小腸からも別の核酸分解酵素が分泌されるので，核酸は小腸でほとんど塩基および糖リン酸にまで分解され，上皮細胞から血管へ吸収される．塩基部分は一部再利用されるが，ヒトの場合，一部の塩基は尿酸として排出される．しかし尿酸は溶解度が低いために，関節などで結晶化して痛風を引き起こすことがある．いずれにしても，食品由来のDNAは，このように消化され，私たちの細胞に組込まれることはない．また，遺伝子として機能するためには，遺伝情報を保持した高分子DNAがそのまま細胞に取り込まれ，染色体に組込まれなければならない．しかも子孫に伝わるにはそういう現象が生殖細胞で起こらなければならないことを考えると，食品由来のDNAがヒトで遺伝することは考えられない．現にヒトのゲノムにそういう痕跡は見つかっていない．

3 消化管の共生微生物

ヒトの体には多種多様な微生物が棲んでいる．口内微生物は虫歯，歯槽膿漏，口臭の原因となり，皮膚に棲んでいる微生物は体臭をつくる原因となる．また感染防御能力の低下したときに発症する日和見感染もみられるが，一方で共生微生物は生体防御の重要な一翼を担っている．ヒトは常在微生物と共生関係にあると広く考えることができる．

胎児は無菌状態にあるが，誕生後短時間でその腸内に細菌が広まり，それ以降，生涯にわたって腸内細菌との付き合いが始まる．糞便の体積のほぼ1/3は腸内細菌が占めるが，菌数にすれば，1 gあたり千億個以上，それが1 kg近くあったとすれば100兆個と，ヒトの細胞数より多い細菌が，毎日のように入れ替わりながらお腹の中で増殖している．

腸管は体の中で最大の外界との接触部分であり，免疫系（**9章**参照）が発達している．通常の有益な食品や微生物には過剰な応答を起こさず（経口免疫寛容），病原菌には抗体が働いて排除している．免疫寛容機構の異常は食物アレルギーを引き起こす．細菌叢（フローラ）は年齢や食事，体調によって変化するが，一人一人で安定な細菌叢は異なっている．

腸内は無酸素状態で，そういうところを好む嫌気性細菌が多数派である．大腸菌は，無酸素でも生えるが酸素があると増殖が早いので，糞便から分離すると

Column　　　　　　　　　　　　　　　　　　　　いろいろな発酵と食品

発酵と腐敗はいずれも微生物による有機物の分解・変性で，人の害となるものを腐敗，益となるものを発酵と呼ぶ，と説明される．分解といっても，空気を送り込むと好気性菌による分解が進んで菌体が増殖する．産業廃水を活性汚泥にして捨てる方法があるが，活性汚泥の正体はこうやって増えた菌体のことである．一方，酸素が供給されないと，嫌気性菌によるいろいろな段階の分解や反応によって，有機酸などのさまざまな低分子物質を生じる．不快な臭いもあるが，人間にとって有益な香りや味，機能性物質を生じる場合もある．好気的な代謝に対して，このような嫌気的代謝過程のことを「発酵」と呼ぶこともある．

グルコースなどの糖は分解されてピルビン酸になる．ピルビン酸は乳酸になる場合（乳酸菌）とエタノールになる場合（酵母）がある．これらを細胞外に放出する現象が乳酸発酵であり，アルコール発酵である．これを人が食品や酒づくりに利用してきた．ビールの泡もアルコール発酵で出る二酸化炭素を閉じ込めたものである．酢（醸造酢）はアルコールを酢酸菌が酸化してつくるが，これを酢酸発酵という．このように微生物の代謝を利用して有用な物質をつくることを，その物質名を冠して何々発酵と呼ぶ．約100年前，池田菊苗は昆布から旨味物質グルタミン酸を発見した．グルタミン酸はその後大豆や小麦のタンパク質の加水分解物から得ていたが，約50年前，細菌を使ったグルタミン酸発酵が開発され，日本で本格的な発酵工業が始まった．現在では，食品分野だけでなく抗生物質などの医薬品の生産も多くを発酵技術に負っている．

お酒は，人が微生物を知るよりはるか昔から，世界中で多様な発展を遂げた．アルコールをつくる主役はいずれも酵母であるが，原料はさまざまである．ワインはブドウのグルコースやショ糖を酵母が直接利用できるが，穀類を使う場合には，デンプンを酵母が利用できるように何で分解するかにより方式が違う．ビールでは，大麦が発芽するときに大麦デンプンを分解する活性の高い麦芽（モルト）を利用するが，東アジアの酒ではデンプン分解活性の高いカビ，特に日本酒ではコウジ（麹）菌が広く使われている．味噌や醤油でもコウジ菌が使われるが，一緒に使う酵母の方は耐塩性の種類が使われる．実際にはコウジ菌と酵母だけではなく，乳酸菌などの働きも加わって味に広がりができる．一方，パン酵母もビール酵母と近縁であるが，パン生地の中でアルコール発酵が少し進み，パンを焼くことによって二酸化炭素の気泡が膨らんでふんわりとなる．性能のよい酵母の株を純粋培養して製パンに使うが，こういう天然酵母と銘打っていないものが人造というわけではなく，天然由来には違いない．

乳酸菌食品の代表は，ヨーグルト，チーズ，漬け物である．ただしチーズが固形化しているのは発酵のためではない．仔牛の第四胃から分泌される，ペプシンと類縁のプロテアーゼ，キモシンを発酵させたミルクに加え，カゼインの1カ所が切断されて沈殿したものである．今は仔牛を殺さずに，遺伝子組換えキモシンを精製したものか，キモシンと同等の活性をもつカビ由来の酵素が主に使われる．青カビや白カビを含んだチーズは熟成時にカビを植え付けたものである．漬け物では耐塩性の酵母と乳酸菌が働いており，食塩による高浸透圧と乳酸で雑菌の増殖を防いでいる．

大きなコロニーをつくるが，腸内では少数派である．実験室で用いる大腸菌 K-12 株は無害であるが，大腸菌のなかには O157 株のように有害な種類もある．主な有用腸内細菌としてはビフィズス菌やラクトバチルスのような乳酸菌がある．乳酸菌は系統的分類名称ではなく，糖を代謝して最終産物として乳酸を放出する嫌気性菌の総称で，周りを酸性にすることにより有害菌の増殖を抑える．腸を安定化する乳酸菌を含んだ食品をプロバイオティックス，それらの生育を助けるオリゴ糖などを含む食品をプレバイオティックと呼ぶことがある．

ピロリ菌は，胃酸にさらされる胃壁に棲みついている．ピロリ菌はウレアーゼを分泌しており，尿素を加水分解して生じたアンモニアで菌の周辺の酸を中和している．ピロリ菌は，胃潰瘍の遠因となることが示されており，除菌により胃潰瘍になる可能性は減ずる．

4 ヒトの代謝と健康

❖ 代謝酵素とATP

前述のように，生体を構成する細胞のエネルギー供給源は糖，脂質，タンパク質のいわゆる三大栄養素である．糖を例にすると，グルコースの炭素骨格をすべて燃焼させ二酸化炭素と水にし，蓄えられた化学結合エネルギーを取り出す．しかし試験管の中と同じように燃焼させると放出されるエネルギーは有効に利用されない．それを避けるために細胞は制御された一連の反応で段階的に反応させ，エネルギーを少しずつ取り出していく．細胞の中での物質変化は本質的には化学反応で，これを行うのが酵素であり，放出されるエネルギーの大半が有効に細胞内での仕事に利用される．細胞内の代謝反応のそれぞれが，異なる酵素によって行われている（特異性という）．それぞれの反応を進めるには，酵素分子自体の活性を高めるか，その量を増やすことが必要である．この調節により代謝の流れを変え，いまエネルギーを取り出すか，エネルギーを蓄えるかなど，全体として個体の目的に合った代謝の流れにする．

取り出されたエネルギーは細胞内では，ATP 分子（アデノシン三リン酸）の形で高エネルギー結合として蓄えられる（図 8-4）．細胞において，高分子の合

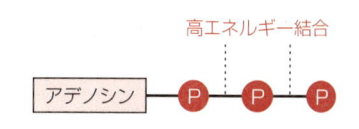

図 8-4 エネルギー通貨としての ATP
取り出されたエネルギーは，ATP 分子の形で高エネルギー結合として蓄えられ，末端のリン酸基（図中の P）の加水分解によって，他の化合物の加水分解で得られるよりも多くのエネルギーが得られる

成など化学的な仕事ばかりでなく，電気的な仕事や運動など力学的な仕事も ATP を媒介として行われていることが特徴で，この意味で，ATP は生体エネルギーの「通貨」ということができる．

❖ 代謝の基本経路

細胞内の代謝は，多数の酵素反応で構成されているが，主要な経路は多くの生物に共通で，エネルギー生産の方式は普遍的である．細胞内の基本的な代謝の流れは糖，脂質，タンパク質それぞれ主に 3 段階からなる（図 8-5）．

① タンパク質，多糖類，複合脂質など生体内の複合的な物質は，それぞれ構成単位となるアミノ酸，単糖，脂肪酸からつくられ，またこれらの構成単位に分解される（この過程では，それぞれの代謝系は独立している）．

② これらの構成単位は，中間代謝物質を介してさらに単純な基本代謝物質との間での変換が行われる．この段階は主に細胞質で起こる．

③ 基本代謝物質は，相互に変換される．

複合的な物質から構成単位へは単に加水分解により進行するが，逆に複合的な物質を合成するにはエネルギーを加える必要がある．糖と脂肪酸の代謝では基本代謝物質への分解でエネルギーを取り出す．糖分解を例に考えると，①は腸管で起こり一般的には消化と呼ばれる．②はピルビン酸までで解糖と呼ばれ，③の環状のクエン酸回路に入り，水と二酸化炭素に完全に酸化され，この段階はミトコンドリアで起こる．この間にグルコース 1 分子あたり正味でほぼ 30 分子の

ATPが生成し，細胞活動に活用される．ヒトなどの従属栄養生物が生きていくためには，食物として図8-5の上位にあるエネルギー含量の高い物質の流入がなければならない．

図8-5でみて明らかなように，栄養は糖でも脂質でも基本代謝物質レベルで相互に変換するので，脂肪以外のものを摂取しても体に脂肪が蓄積する．重要なことは脂肪と糖などの代謝はリンクしていることである．代謝の経路は複雑であるが，系全体は非常に微妙な均衡を保ち，食物摂取による影響にもかかわらず実際には驚くほど安定している．平衡が乱れると細胞はもとの状態に戻すように対応し，細胞の巧妙な連携網が酵素に働き細胞内の代謝を調節している（ホメオスタシスという）．

❖ エネルギーのバランス

生体にはエネルギーの出し入れを調節する働きがあり，そのバランスは次のように考えられる．

> 摂取エネルギー＝
> 　　　燃焼エネルギー ＋ 蓄積（剰余）エネルギー

経口的に摂取された栄養素は腸管から吸収されて，血液に入る．グルコースの変化を例に考えると，食事

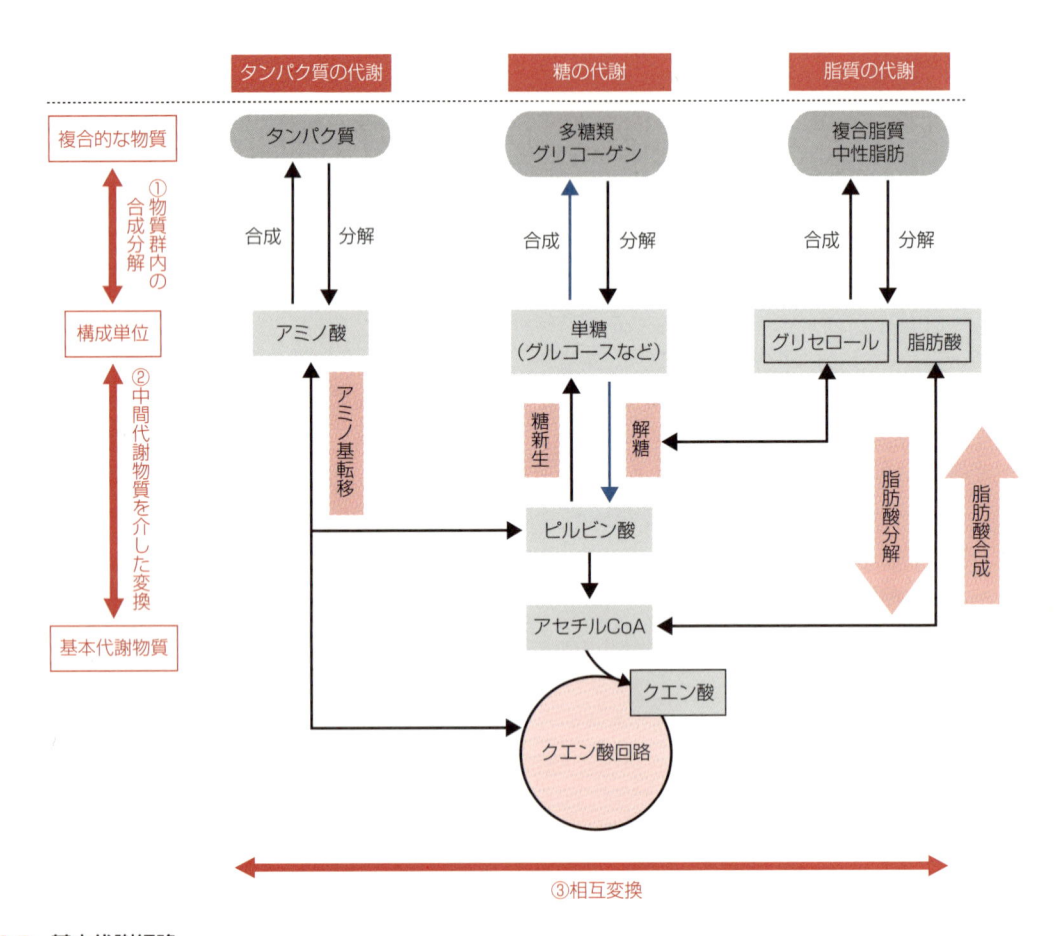

図8-5 基本代謝経路

代謝経路は何段階かの酵素反応により行われるが，図では簡略化して，1本の矢印で示す．「解糖」「糖新生」「グリコーゲンの分解」については本文で説明．血中グルコースに直接関係するのは単糖のグルコースである．インスリンは解糖，グリコーゲン合成を促進し，グルコースを低下させる（→）．それぞれの栄養素が基本代謝物質のレベルで相互に変換することに注目．例えばグルコースが過剰に摂取されると解糖でアセチルCoAになり，脂肪酸合成経路を経て中性脂肪として蓄えられる

による変動にもかかわらず血中グルコース濃度は1日を通してあるレベルに保たれている．これはいくつかの臓器の協調により，主にホルモン作用を介する代謝の流れの調節による．血糖を上昇させるホルモンはいくつかあるが，血糖を下げるホルモンは膵臓で産生されるインスリン1つしかない．インスリンは，腸管からの吸収など血液中で上がったグルコースの細胞内取り込みを促進し（図8-6），また「単糖（グルコースなど）」からの解糖系代謝を促進する（図8-5）．

各栄養素には貯蔵型があり，過剰なものは貯蔵型である分子に換えて蓄えておく※1．食間または絶食時，血中グルコースが低下すると，インスリンは低下し，反対に作用するホルモン（グルカゴンなど）により肝臓では解糖と反対のグルコース新生を行う〔図8-5では「単糖（グルコースなど）」へ向かう上向きの流れ〕．また貯蔵されていたグリコーゲン，中性脂肪が分解されてグルコース，脂肪酸として放出され，その出納が目的に応じてスムーズに行われていれば血中グルコースはある幅に収まり大きな変動を示さない（図8-7）．

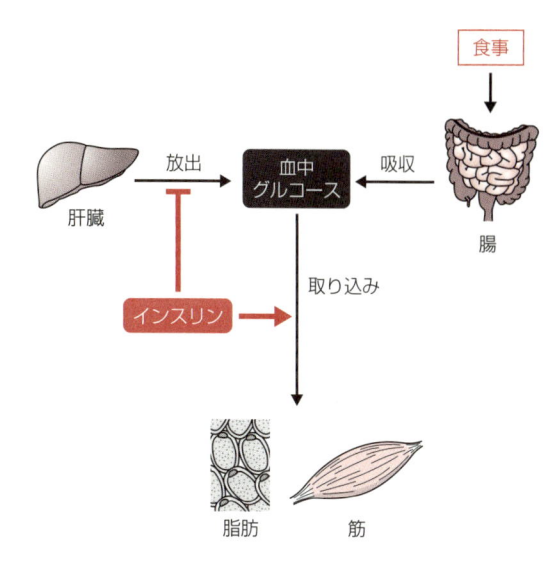

❖ エネルギーバランスの乱れ

エネルギーバランスは生理的に調節されていて，剰余エネルギーは脂質として脂肪細胞に蓄積され，摂取過剰になると肥満が生じる．皮膚に沿って存在する皮下脂肪は美容上の対象にもなり，あまりよいイメー

図8-6 血中グルコースの調節
血中グルコースは食事からの腸を通しての吸収，グリコーゲンの分解と糖新生による肝臓からの放出により上昇し，反対に脂肪，筋肉への取り込みなどで低下し，多臓器の相関により調節されている．ここに主要な作用を及ぼすのがインスリンで筋，脂肪への取り込みを促進し，肝臓からの放出を抑制する．赤線：インスリンの作用．→ は促進，⊣ は抑制

ジで受け取られていない．また内臓に蓄積する脂肪は内臓脂肪と呼ばれ最近注目されている（p.99コラム参照）．長年の議論はこのエネルギーバランスの調節がどこで行われているかということであったが，最近の知見から脳内の視床下部という部位が感知し，食物摂

Column ── 蓄積するのはなぜ脂肪か？

中性脂肪はグリセロールに3個脂肪酸が結合した分子である（コラム図8-1）．糖も基本代謝物質を介して脂質に変わるのでグルコースを摂取する場合も中性脂肪としても蓄えられる．中性脂肪はグリコーゲンよりも効率のよい蓄積物質である．脂肪1gの酸化で得られるエネルギーはグリコーゲン1gを酸化した場合の約2倍になるが，グリコーゲンには大量の水が結合しているため脂肪と同じ量のエネルギーを蓄えようとすると6倍の重量が必要になる．成人はグリコーゲンを日常活動の約1日分しか蓄えていないが，脂肪は数週間分蓄えられる．これをグリコーゲンで代行すると相当体重が増えてしまう．これらの理由で脂肪は重要な備蓄物質であり，中性脂肪を分解するときわめて高いエネルギーを放出することになる．

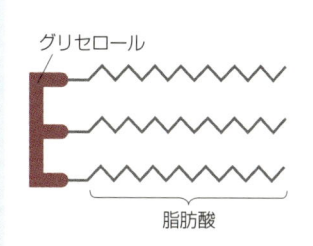

コラム図8-1 中性脂肪の構造

※1 グルコースはグリコーゲン（2章p.23参照）として肝臓，筋に貯蔵する．中性脂肪（コラム図8-1参照）は脂肪酸の貯蔵型である．

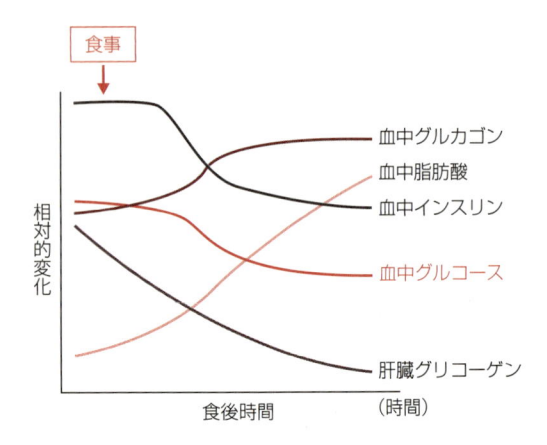

図8-7　食後の糖をめぐる代謝の変化
栄養素として血中グルコース，血中脂肪酸，調節ホルモンとして血糖を低下させるインスリン，血糖を上昇させるグルカゴン，糖の貯蔵型として肝臓グリコーゲン，それぞれの食後の時間推移を示した．食直後はインスリンの作用でグルコースがあるレベル以上にならないように調節されているが，食後時間が経ちグルコースが低下してくると，逆にグルカゴンなどが作用して肝臓のグリコーゲンを分解して血中に放出し，グルコースがあるレベル以下にならないように制御されている．これらの作用で食事や長時間の絶食にもかかわらず，正常ではグルコースは比較的狭いレベルに調節されているが，過食や不規則な食事などの生活習慣の変化がこの調節を大きく乱している

このためエネルギー源が枯渇したとき絶食に対処するため食物由来の分子を蓄える手段を進化させてきた．食物に巡り合えるまれな機会を有効に利用するため遺伝子は進化したと想像される．このおかげでヒトは生存を続けて来られたとも考えられる（p.100 **コラム**参照）．しかし，生物的スケールから考えれば大変短い時間（〜数百万年？）で，ヒトは進化し文明を発展させ，耕作や家畜飼育を開始し食物を安定に確保する方策を考え出し，産業国では事実上飢餓を克服してしまった．さらに発展した段階においては自動車，エレベーターなどの機械も発明し，運動の機会を著しく減らしてしまった（**図8-8**）．すると起こることは何か？近年の食事，運動を含む生活様式の変化がエネルギーバランスを大きく乱し，細胞の代謝に偏りを生じさせている．ヒトの体は体外の食物環境変化にお構いなしに，倹約遺伝子（p.100 **コラム**参照）のおかげで入ってきた栄養を有効利用しようと体に蓄積し続ける．肝臓などの内臓に，脂肪が蓄積するのが普通になってしまった．これ以上摂る必要がないのにさらに栄養を摂り，それを運動で消費する機会がなくなってしまった（飽食の時代）．

食後-食間のサイクルも乱れ，上昇した血中グルコースを細胞内に取り込もうとしても，すでにその前に過食，肥満などで各臓器に充分に蓄積があると，インスリンを作用させていくら細胞内で代謝しても取り込めないという事態が起こる．この現象はインスリンがあってもその作用が出ないので「インスリン抵抗性」と呼ばれる．インスリンは目的に応じて代謝の流れを変えるように働かず，血中のグルコースのプールは臓器に比べ大きくなり，極端な場合が糖尿病である．

取とエネルギー消費を適合させ，そのバランスを行っているといわれている．視床下部へのシグナルは何であろうか？　血中の糖，体温，また神経で調節されているという考えもある．しかしどの考えも充分でなく，シグナルの生化学的実体がつかめないのが問題を複雑にしていたが，肥満マウスの原因遺伝子の研究から糸口が開けてきた（後述）．

太古，動物はまれにしか食物にありつけなかった．

Column　　　　　　　　　　　　　　　　　　　　　　　　　　倹約遺伝子仮説

栄養の備蓄の出納は周りの食物環境に左右される．太古，食物に巡り合えるまれな機会を有効に利用するため遺伝子は進化したと想像される．このような遺伝子があれば入った食物をできるだけ有効に体に蓄積してエネルギー源を確保し，食物がないときでも体の代謝を正常に保つことに有利である．飢餓が第一のリスクであった太古では血糖を上げるホルモンばかりが必要で，血糖値を下げるホルモンはインスリン1つしか必要でなかった．

そのような個体はカロリー過多の食事になりがちな現代では，エネルギーを脂肪として蓄積しやすく肥満をきたすので生活習慣病を発症しやすくなる．こうしたエネルギー源を確保させる働きのある遺伝子を「倹約遺伝子」と呼び，いくつかの遺伝子がその候補といわれている．

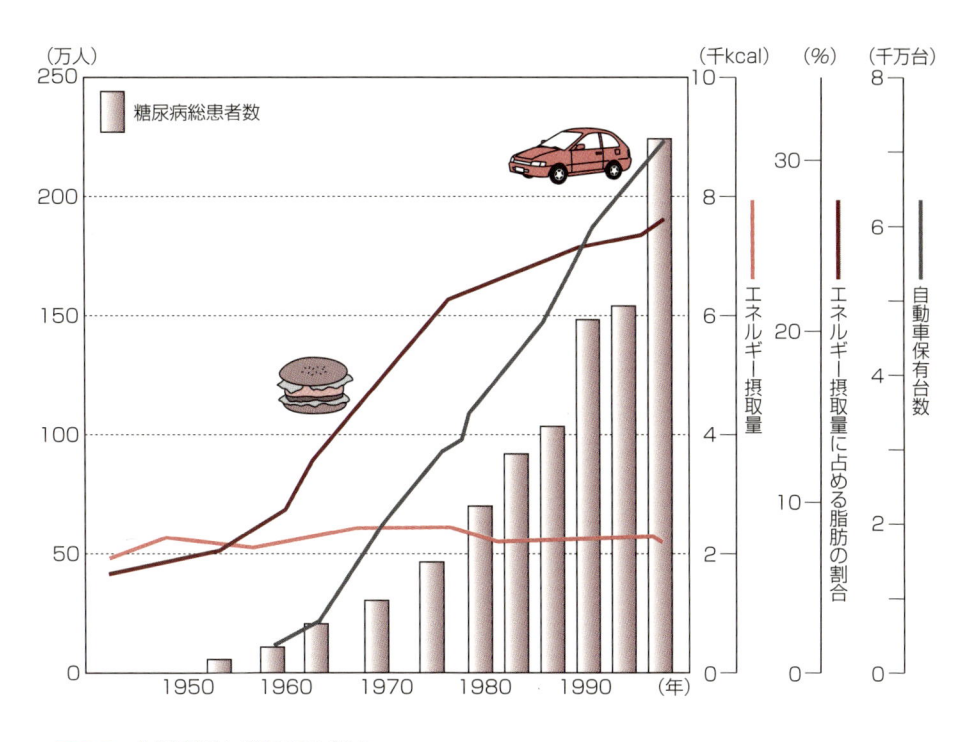

図8-8 生活習慣と糖尿病の増加
糖尿病患者数の増加は自動車の台数，脂肪摂取量の増加などに相関するとの結果が出ている．柏木厚典：
『日本医師会雑誌生涯教育シリーズ』第136巻特別号（1），S6，2007をもとに作成

❖ メタボリックシンドローム

　生活習慣の欧米化，特に過食，高脂肪と運動不足は代謝を司る酵素活性の一時的な調節だけでなく，酵素の量を調節する遺伝子の発現を変化させ，エネルギー貯蔵の方向に代謝酵素の恒常的なシフトを生じさせる．最近，よく聞かれる「メタボリックシンドローム」とは，内臓脂肪型肥満に加え，高血糖・高血圧・高脂血症のうち2つ以上を合併した状態をいうが，上記のような代謝の乱れがその根底にある（p.101 **コラム**参照）．ここでなぜ体全体の脂肪でなく内臓脂肪かというと，静脈を通って心臓に向かう通常の流れと異なり，内臓脂肪からの血流は直接肝臓に運ばれるという

Column　　　　　　　　　　　　　　　　　　　　　　　　　　　　肥満に関する参考指標

1）メタボリックシンドローム

　参考までに現在の日本の診断基準を示す．WHO，アメリカは異なる基準を使用しており，日本の基準は議論が多く，見直される可能性もあるので注意．

<u>腹部肥満</u>：ウエスト周囲径
　　男性≧85cm，女性≧90cm
　これに加え，高血糖，高血圧，高脂血症のうち2項目以上に該当．ただし，

<u>高血糖</u>：空腹時血糖110mg/dL以上
<u>高血圧</u>：収縮時血圧130mmHg以上か拡張期血圧85mmHg以上の1つ以上
<u>高脂血症</u>：血清中性脂肪150mg/dL以上か，血清HDLコレステロール値40mg/dL未満の1つ以上

2）肥満の指標「BMI」

　適正な体重を推定するのによく使用される指標がある．
　体重（kg）÷身長（m）÷身長（m）を計算すると「ボディマスインデックス（BMI）」といわれている数字が出る．普通は22近辺であり，これが高いと体重オーバーということになり，25以上は肥満と考えられている．

位置的な特性があるためである．すなわち内臓脂肪蓄積者では，蓄えられた中性脂肪が脂肪酸とグリセロールに分解し，エネルギー源として大量に代謝の要の臓器である肝臓に流入するからである．糖尿病，高脂血症などの生活習慣病はそれぞれ単独でもリスクを高める要因であるが，これらが共存したり，何年も続くと体に大きな影響を及ぼしてくる．特に血液に接する血管に影響して動脈硬化と呼ばれる変化を起こす．心臓の血管に起これば心筋梗塞になり，脳の血管に起これば脳梗塞などを起こす．

このようなリスク集積状態に，内臓脂肪の蓄積が共通の基盤として注目されている．内臓脂肪が，代謝調節上重要なインスリンの働きを悪くして「インスリン抵抗性」を引き起こすというモデルが考えられているが，この機構の全容はまだ解明されていない．しかし，マウスにおいて脂肪細胞から産生され，視床下部に作用してエネルギーバランスを調節するレプチンの発見がよい例になり，脂肪細胞から出される因子がこの病態の根底にあるのではないかと考えられている．現在では，肥大した脂肪細胞は蓄積するだけでなくインスリンの作用に対抗する多彩な因子を分泌していることがわかっており，これらの分子が体全体の代謝の悪循環をさらに助長させる（p.102 **コラム** 参照）．インスリン作用が出ないとそれを補償するためインスリンがさらに産生されるが，インスリンの高いレベル自体が高血圧，動脈硬化に促進的に作用するという見方も

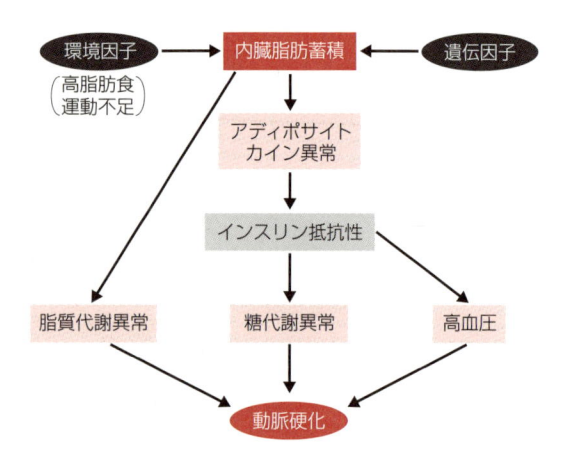

図8-9　メタボリックシンドロームのモデル
高脂肪食などの環境因子とともに，遺伝因子も作用して内臓脂肪蓄積が生じると，脂肪細胞はアディポ（脂）サイトカインという分子を放出し，インスリンの作用を減弱させ，代謝異常などから動脈硬化を引き起こすというモデルが提唱されている

ある．これらをまとめて現在考えられているモデルを図8-9に示した．

メタボリックシンドロームの場合，動脈硬化の発生進展防止が重要で，その病態生理から内臓脂肪蓄積の進行防止・解消を目的に食事療法による摂取カロリーの適正化と，脂肪燃焼を促すことがなによりも重要である．

Column　太った脂肪細胞，やせた脂肪細胞

脂肪細胞はこれまで過剰なエネルギーを中性脂肪の形で貯蔵する静的な臓器と考えられていた．1990年代に過食と肥満を示すマウスの研究から肥満に働くレプチンという分子が同定され，脂肪細胞で産生され視床下部に働き，食欲に作用することが判明した．これをきっかけに次々と脂肪細胞由来の分泌因子が発見されてきた．脂肪細胞はレプチン以外にTNF-α，IL-6，アディポネクチンなどというアディポサイトカイン（脂肪細胞シグナル分子）を分泌する．そのため脂肪細胞は糖，脂質，エネルギー代謝を制御する内分泌器官として注目されてきている．肥満者はインスリン抵抗性を示すが，特に中性脂肪をため込んだ「太った脂肪細胞」はTNF-αなどのインスリン作用に対抗する因子（悪玉サイトカイン）を分泌するようになり，その産生異常が代謝異常を引き起こし，動脈硬化などにつながると考えられている．

Column ━━━━━━━━━━━━━━━━━━━━━━━━━━━━━━━━━━━ BSE問題

　BSE（牛海綿状脳症）は1986年にイギリスで発見され，大流行となった．これは，羊でスクレイピー，ヒトでクロイツフェルト・ヤコブ病（CJD）として注目を集めていた伝達性海綿状脳症の一種で，BSE感染牛の脳組織を他種の動物の脳に接種することで実験的に伝達でき，牛では経口でも感染することがある．スクレイピーの感染性の正体を追求していたアメリカのプルシナーは，'82年に感染性のタンパク質粒子としてプリオンという概念を提唱した．'85年にはこれが外来の異物ではなく，遺伝子が哺乳類細胞にあって発現していることがわかった．異常なプリオンタンパク質が正常なプリオンタンパク質に接して立体構造と性質を変え，中枢神経細胞に異常をきたすというプリオン仮説が注目され，プルシナーは'97年にノーベル賞を受賞した．

　イギリスでのBSEの感染源は，感染牛の脳や脊髄を含むくず肉を粉砕乾燥して飼料としていた肉骨粉だと推定され，'88年に牛間での感染を防ぐため肉骨粉の使用が禁止された．潜伏期が約5年と長いため発病は'92年がピークとなったが，その後急激に減少した．またヒトへの感染を防ぐため病原体が蓄積する危険部位（脳，脊髄，背根神経節，結腸など）を除去焼却する対策がとられた．当初ヒトへの感染はないとされたが，高齢者に多いCJDとは異なる変異型CJDが'96年に若者に認められた．ヒトの発病は2000年がピークとなり，その後減少している．

　日本では1996年までEUから肉骨粉を輸入していたが，BSEは国内に入っていないという油断があった．しかし，BSE検査を開始した2001年に最初のBSE牛が発見され，急遽肉骨粉の使用は禁止されたが，それ以前に生まれた牛で'07年でもまだ感染が発見されている．EUでは30カ月（2.5歳）以上の牛を検査している．発病が平均5歳であり3歳以下の牛は感染していても今の検査法では見逃されることが多いからである．しかし日本では，国民の「安心」対策のため政治的判断で，'01年以来全頭検査を行っている．BSE対策としてまず必要なのは危険部位の確実な除去であり，検査は流行の傾向を把握するのに意味がある．しかし，全頭検査だから安心という考えは国民に定着し，'03年暮にアメリカでBSEが発見されて以来，全頭検査を行っている国産牛の信用が高まった．'05年から政府は検査対象を21カ月以上の牛に変更したが，その後も国の補助金で地方自治体が全頭検査を続行し，2008年の補助金廃止後もこれを継続するのか，各自治体で議論されている．適切なリスクコミュニケーションが望まれる．

本章のまとめ

- [ ] 食物は口から始まる消化器で分解され，口，胃，膵臓，小腸から分泌される消化酵素を含んだ消化液で加水分解される．

- [ ] 糖類はグルコースにまで，タンパク質はアミノ酸あるいは短いペプチドにまで分解されて，小腸上皮細胞から吸収され門脈を経て，肝臓を通って静脈へ行く．中性脂肪はリンパ管に入る．

- [ ] 腸管には多数の嫌気性の腸内細菌が共生している．安定な細菌叢が健康のために必要である．

- [ ] 消化管は外界との接点であり，自己組織や有用成分には反応せず，有害な細菌などを排除する生体防御系とその調節系が発達している．

- [ ] 糖，脂質などの食物は酵素による化学反応で分解され，生体内仕事に利用できるATPという形になり，ヒトの活動に必要なエネルギーを提供する．

- [ ] ヒトは栄養素の分解だけでなく，栄養素から自分に必要な分子も合成する．この全体は代謝と呼ばれ，網の目のように複雑だが，ホルモンなどにより定常状態から大きく逸脱しないように調節されている．

- [ ] しかし，最近の食習慣や生活習慣の変化が生体内代謝の乱れを引き起こし，「メタボリックシンドローム」などの病態を引き起こしている．代謝の基本から考えて食習慣，生活習慣を見直すことが重要である．

第Ⅱ部　ヒトの生理

9章　感染と免疫

「感染症」は，いつの時代にも人々にとって大きな脅威である．私たちの生存を脅かす多くの疾病が，ミクロの，多くは単細胞の生き物によって引き起こされることがわかったのは，19世紀のことであった．これらの微生物に対し私たちの体が備えている防御システム，すなわち免疫というしくみの発見は，それより200年前のジェンナーによる種痘の開発に端を発する．これをきっかけに免疫のしくみや働きが徐々に明らかにされ，免疫学の体系が確立された．20世紀の医学生物学の領域における重要な発見の多くがこの領域から生まれている．免疫学の知識に基づいて1970年代に生み出された「モノクローナル抗体」が，21世紀に入って医薬品として使用され，その結果それまで治療が困難とされた病気を治すことができるようになった．日々多くの人々の命がワクチンや抗生物質によって救われている事実の重要性は，誰しもが認めざるを得ないであろう．本章では，このような「感染」と「免疫」を生物学の目で捉え，それらのエッセンスを学ぶ．

1 人類と感染症の戦い

ヒトが地球上に出現したときにはすでに微生物とのかかわり合いは始まっていた．細菌などの微生物のなかには，後述する常在菌のようにヒトにとって有益なものも多く，人類の進化・繁栄にも大きな影響を与えたと考えられる．一方，病原微生物がヒトの生命を脅かすような事態，すなわち感染症も人類にとっては常に重大な脅威として存在してきた．結核，天然痘などは紀元前1000年以前のミイラにもすでにその痕跡をみることができる．文明が発展し人口が増え，都市などでの集中が起こるにつれ，感染症の流行が大きな問題となった．ヨーロッパで発生した1348年からのペストの大流行では，数十年のうちに全人口の3分の1が失われたとされる．コッホによる細菌と病気の関連の発見はそれから500年以上，北里柴三郎によるペスト菌の発見は1894年まで待たなければならなかった．なお，感染症の原因として細菌と同じく重要なウイルスもこの少し後に発見されている．

14世紀当時，病原微生物による感染症という理解がない状況で，ペスト流行の原因は天体の位置や火山活動などに求められた．感染症が，たとえその実体が不明であるにせよ，伝染する病気として認識され，環境衛生が意識されるようになったのは19世紀に入ってからで，これにより，感染症の流行や発生がある程度抑制されるようになった．しかし，感染症に直接的に対抗できるようになったのは抗生物質が登場してからである．最初に発見された抗生物質はペニシリンで1929年，イギリスのフレミングがカビの一種から見出した．その後広くペニシリンは臨床応用されたが，'60年代には抗生物質の効かない菌（薬剤耐性菌）が出現し，今日まで抗生物質の開発と耐性菌の出現のいたちごっこが続いている（p.106 **コラム**参照）．

2 微生物と感染

❖感染とは

「感染」とはヒトを中心に考えれば，ヒトに病原微生物が侵入し定着する現象と考えられる．そのことで病気を発症すれば感染症となる．しかし，細菌などの微生物は定着するだけで病気を起こさないことも多い．この違いはその微生物とヒトとの関係に大きく依存しているが，その背景には微生物の性質とヒトの生体防御反応がある．微生物といってもさまざまな種類があり，それぞれが異なる方法で感染を起こし，定着し，そして時には病原性を示す．

ヒトの体表面や体内には細菌やカビなど無数の微生物が棲みついている．感染しているだけで感染症を

起こす病原体もあるが，宿主の免疫機能の低下など特殊な場合を除いて"お行儀よく"している微生物は多い．常在菌は消化管内の常在菌のように，単に定着しているだけではなく消化吸収などで積極的にヒトに有用な役割を果たしているものから，皮膚や粘膜の表面など，免疫系のバリアの外にいてヒトの免疫系から大目にみてもらっている程度のものまでさまざまである．外傷などが原因で大量に体内に侵入する場合や，もともと少量ながら頻繁に血流などに紛れ込んでしまう口腔内や腸管内の細菌を排除できないほど免疫機能が衰えているような場合などは常在菌による感染症も発生しうる．

ヒトの病原微生物は細菌，真菌，ウイルスに大別できる[※1]．ヒトの病気に関係のある細菌の大半は真正細菌で，古細菌は通常ヒトに感染症を起こさない．一般にはあまり意識されていないが，真菌が原因の感染症も数多い．ウイルスは通常は生物とは考えられていないが，ウイルスも感染症の原因となる重要な病原体である．ここでは一般的な微生物学的な観点からだけではなく，感染症との関連から微生物を分類しその特徴を解説する．

❖ 細菌の感染

まず細菌である．細菌が起こす感染症は，扁桃炎，肺炎，下痢症，髄膜炎，膀胱炎，結核症など枚挙に暇がない．赤痢のように特定の細菌種と関連づけられている疾患もあるが，細菌感染症ではさまざまな細菌が原因菌となることが多い．言い換えれば細菌感染がどこに起こるかで臨床症状は異なる．細菌の基本構造は図9-1Aのようになっている．細菌は原核生物であり核はもたない．病原微生物としての細菌は患者の疾患，病態と顕微鏡的観察を結びつけて分類されてきた．グラム染色と呼ばれる方法で染色した結果，細胞壁が染め出される（紫色）ものをグラム陽性菌（黄色ブドウ球菌など），染め出されない（赤色）ものをグラム陰性菌（大腸菌など），抗酸染色で染まるものを抗酸菌（結核菌など）という．いずれも細胞壁の性質の違いによるものだが，細胞壁の性質が病態や治療に密接に関連している．

感染を起こした細菌は酵素や毒素を産生する（図9-2A）．タンパク質分解酵素が産生されると，細菌が定着した周囲の組織が破壊される．コレラ菌が出すコレラ毒素は小腸の細胞に作用して水分の分泌を過剰にし，激しい下痢を起こさせる．破傷風の原因となる破

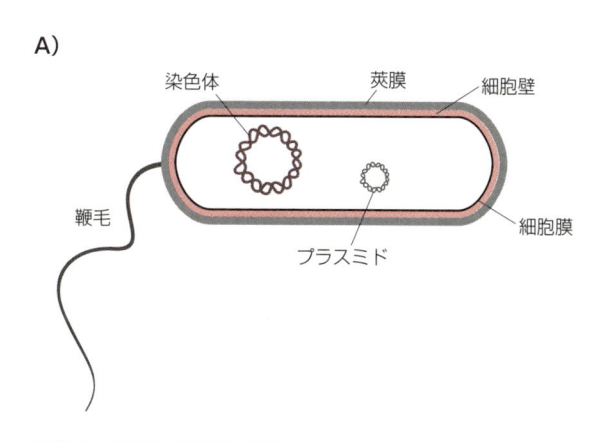

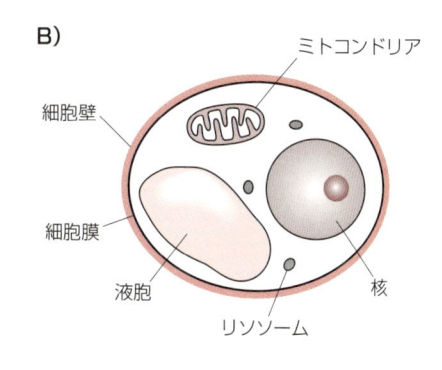

図9-1　細菌・真菌の構造

A) 細菌は原核生物で核膜に覆われた核はもたない．細胞膜，細胞壁の外側に，莢膜と呼ばれる細菌が分泌した高分子でできた膜をもつ．莢膜は宿主の免疫機構から菌体を守る働きをもつ．細胞壁は菌種により構造が大きく異なる．鞭毛をもたない細菌もいる．B) 真菌は真核生物であり，細胞質内には膜で囲まれた細胞内小器官をもつ．真菌の形態は図のような酵母形のほかに，菌糸形という細長い糸状の形態をとるものもある．また，両形態の間を行き来する二形性と呼ばれる性質をもつものもある

※1　感染症を起こす病原微生物としての真菌はほとんどが菌類に分類される．またウイルスは厳密には生物とはいえないが，本章では便宜的にウイルスも含めて微生物とする．

破傷風菌が産生する毒素は神経-筋間のシグナル伝達に異常を起こし，筋肉が緊張したままとなってしまう．呼吸筋が障害されれば死に至る．

　細菌が外に分泌する毒素を外毒素と呼ぶのに対して，内毒素と呼ばれるものがある．これはグラム陰性菌の細胞壁に含まれる成分で，菌が治療や免疫反応で破壊されるとより顕著に影響が出てくる．内毒素はさまざまな細胞の免疫反応を強力に活性化するため，グラム陰性菌の血流感染などではしばしば過剰な免疫反応の結果として患者がショック[※2]に陥ることがある．細胞への侵入も細菌感染の病原性の重要な要因である（図9-2B）．例えば赤痢菌は自らが分泌するタンパク質により大腸粘膜の細胞の食作用を誘導し，細胞内に入り込む．細胞内に入ると増殖し，隣接する細胞にも広がっていく．この過程で粘膜の細胞は破壊され出血を起こしてしまう．

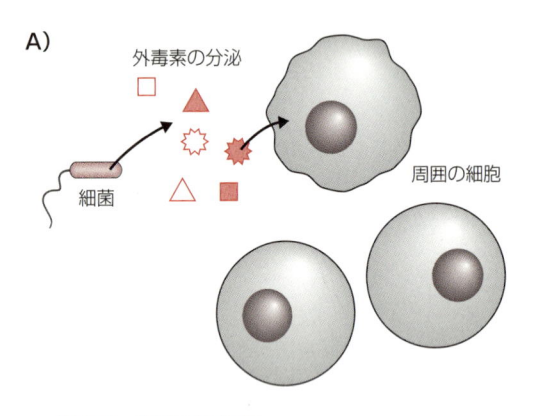

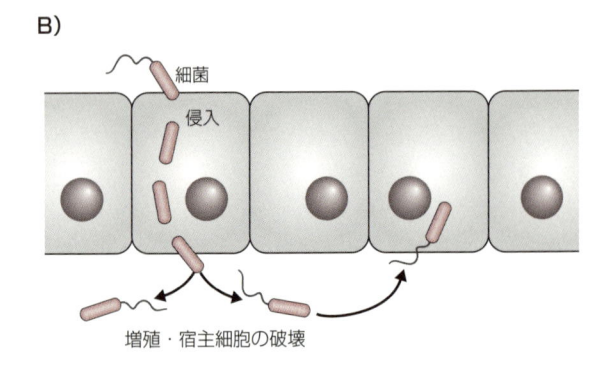

図9-2　細菌の病原性
A) 細菌が分泌する外毒素が周囲の組織に障害を与えたり，宿主の恒常性に影響を与える．B) 宿主の細胞に対して侵入性を示す細菌は，細胞に取り込まれることで，増殖したり細胞を破壊したりする

Column　抗生物質

　抗生物質とは微生物が産生する物質で，抗菌成分のみならず抗腫瘍活性のある物質も含まれるため，感染症の治療に用いられるいわゆる「抗生物質」は本来，抗菌薬と呼ばれるものである．その抗菌薬のうち最初に発見されたものはペニシリンであることは本文冒頭でも述べた．

　抗菌薬はヒトの細胞に影響することなく細菌の増殖を抑制したり殺菌的に作用する．これは細菌特有の構造や酵素に作用することで，ヒトへの副作用を最小限に抑え細菌特異的にその効果を発揮できるからである．その作用方法としては，細菌の細胞壁合成の抑制，細菌によるタンパク質合成阻害，細菌の増殖に必要な核酸の合成阻害や葉酸代謝阻害などがある．

　例えば，ペニシリンは細胞壁合成阻害剤で，細菌が細胞壁を合成する際，細胞壁の一部にペニシリンが結合してそこから先へは細胞壁が伸長しなくなってしまう．細菌内は非常に圧力が高く，増殖に必要な細胞壁ができないと菌は破裂して死んでしまう．ところが，同じ種の細菌のなかに細胞壁の構造がわずかに異なるものが出現することがある．これにはペニシリンが結合できない．よってペニシリンが存在しても細菌の増殖は正常に行われる．これがペニシリン耐性菌である．このほか，ペニシリンを分解する酵素をつくる菌も知られている．

　細胞壁合成阻害剤以外の抗菌薬についても，例えば，それらの抗菌薬を分解したり，細菌体内から抗菌薬を強力にくみ出す機構をもった菌など，さまざまなメカニズムをもつ抗菌薬が効かない（薬剤耐性のある）菌が出現し，医療現場で問題になっている．名称をあげるにとどめるが，MRSA（メチシリン耐性黄色ブドウ球菌），VRE（バンコマイシン耐性腸球菌），MDRP（多剤耐性緑膿菌），MDR-TB（多剤耐性結核）など，次々と出現し脅威となっている．

※2　末梢の微少な循環の異常で重要臓器が障害を受ける．血圧の低下など全身の血液循環の異常を伴う．生命の危険がある重篤な状態である．

❖ 真菌の感染

真菌は真核生物で進化のプロセスからみれば細菌より高等な生物で，単細胞のみならず多細胞生物も存在する（図9-1B）．真菌は環境に多く存在し，醸造，パン，チーズなどの発酵は真菌の一種である酵母によるものである．こうした有用な真菌も多いが，特に免疫機能が低下した患者で重症の真菌感染症がみられ，医療の現場では重要な問題となっている．それ以外では皮膚などの体の表面の感染症が多い．いわゆる"水虫"も真菌感染症であるが，おそらく感染症のなかでは最も罹患者が多いものの1つではないだろうか．真菌の病原性は酵素による組織破壊や菌体そのものの増殖による中小血管の塞栓とそれによる組織壊死などが中心である．細菌に比べると真菌の外毒素[※3]は一般的ではない．

❖ ウイルスの感染

ウイルスは核酸とそれを包むタンパク質をもっているが，自身で増殖することはできず，感染を起こしたあとに宿主の細胞の装置を使って増殖する．ウイルスは通常の生物ではなくとも感染者から感染者に伝染し，病気を起こすこともあることから，細菌，真菌と同じように取り扱われることが多い．多くのかぜ，インフルエンザ，水ぼうそう，はしか，エイズなどはウイルス感染症である．ウイルスはさまざまな遺伝子の担体として種の進化に大きくかかわってきているとも考えられているが，このことについては他書に譲る．

ウイルスは宿主細胞の中に入らないと増殖できないと同時に，その病原性を発揮することもできない．ヒトへの侵入経路は通常は粘膜や血液を介してである．それぞれのウイルスには親和性の高い臓器があり，その臓器の細胞に取り込まれ増殖する．肝炎ウイルスが肝炎を起こしたり，日本脳炎ウイルスが脳炎を

Column ─────────────────────── 結核

結核で亡くなった歴史上の人物は多く，沖田総司，正岡子規，樋口一葉，宮沢賢治，滝廉太郎などあげればきりがない．明治・大正期には多くの若き芸術家たちが結核に倒れ，天才が罹る病として漠然としたあこがれのようなニュアンスをもって語られることさえあるが，その一方で，「亡国病」「肺病」などとして忌み嫌われる病でもあった．「肺病」患者を出した家は家族全員が周囲の差別的な扱いを受け，就職や結婚に差し障るような事態が戦後まで続いた．現在でも，結核を口にするのもはばかられる，という人は多く，問診で結核の既往や家族歴を尋ねると，むきになって否定したり事実を隠したりする場面にしばしば遭遇する．

この結核についての差別的観念の根本は，伝染する不治の病，というところにあるのかもしれない．抗結核薬のない頃の結核の治療は，何年にも及ぶ転地療養，安静，栄養療法ぐらいのもので，その効果は限定的であった．患者を隔離するように人里離れたところに結核療養所がつくられた．肺結核の患者は時に吐血し，脊椎カリエス（脊椎の結核症）の患者は激しい痛みに身をよじった．

今日では複数の抗結核薬が登場し，基本的治療方法も確立している．結核菌の抗結核薬に対する感受性（効き具合）も検査することができ，多くの患者が治療開始後比較的短期間で発病以前の生活を送ることができるようになり，半年から1年ほどで治療終了となっている．結核は空気感染という感染様式をとり集団感染を起こしやすいことから，現在でも結核菌が痰などから検出されるような患者に関しては厳重な感染対策が行われるものの，感染予防の知識の向上などもあり闇雲におそるおそるの患者隔離を行っていた頃とはかなり様子が異なる．

抗結核薬の登場や衛生状態の改善で，一度は結核は克服された，と思われた．ところが最近になって，結核患者数が再び増加傾向にある．これは医療関係者や社会の結核への認識の低下による発見の遅れ，それに伴う集団感染，高齢者の増加による比較的免疫機能の低下した人たちでの患者の増加などが原因ではないかと考えられている．新たな問題として，抗結核薬が効きにくい結核菌も増えてきており今後の課題となっている．このように過去の病と思われていた感染症が社会状況や病原微生物の変化などにより再び社会に影響を及ぼし始めると，再興感染症と呼ばれる．今度は結核への正しい知識と適切な対応で，病気も差別も撲滅したいものである．

[※3] 感染症の視点とはやや異なるが，穀物に生えるカビの一種 *Aspergillus flavus* が産生するアフラトキシンという毒素は肝細胞がんを起こす発がん物質とされる．

表9-1 細胞に対するウイルス感染の影響

細胞傷害性	細胞を破壊する	細胞を破壊しない			
ウイルスの増殖	+	+		−	
感染の持続	−	+	−	+	−

この様式は必ずしもウイルスごとに固定されたものではなく、ウイルスや細胞の状態によって変化することがある

起こすのはこのためである．ウイルスは細胞に感染したあと，表9-1に示すようなさまざまなケースがあり，これが疾患の特徴をなす因子ともなっている．HIV（エイズの原因ウイルス）では免疫機能を担うある種の細胞に選択的に感染が起こり，ウイルスの増殖が終わるとその細胞は死んでしまう．その結果，最終的には免疫機能を担う一群の細胞が枯渇し，宿主（患者）

Column ヒトと鳥インフルエンザ

1997年に香港で肺炎で死亡した患者から鳥インフルエンザウイルスが検出された．それまで鳥インフルエンザウイルスはヒトには感染しないと考えられていたため大変な騒ぎとなった．単にヒトで見つかったからではなく，非常に病原性が強いこと，大流行が起こるのではないかと懸念されたことがその理由である．それ以来今日に至るまで鳥インフルエンザのヒトでの感染例の報告が続いており，2007年のWHO統計では85人の診断確定例が報告されている．そして，そのうち58人が死亡している．鳥インフルエンザウイルスには複数のタイプがあるが，ここでは，こうした病原性の高いタイプについて述べる．

どのような部位に感染が起こるか，ウイルスの増殖の程度はどうか，というのはウイルスの病原性をみるうえで重要な指標になる．鳥インフルエンザウイルスは通常ヒトには感染しない．これは，ウイルスの入り口となるヒトの気道粘膜の細胞の表面には鳥インフルエンザウイルスが結合しにくいからである．鳥類の腸管粘膜の細胞表面には鳥インフルエンザウイルスが結合しやすい分子が発現しており，ここに鳥インフルエンザウイルスは感染し増殖する．ところが，ヒトの気道末梢の細気管支※4の肺胞近くから肺胞内には，鳥インフルエンザウイルスが結合しやすい分子が発現していることがわかった．何らかの経路でウイルスがここまでたどり着くと，肺の奥深くでは鳥インフルエンザウイルスが定着できるのである．肺の末梢を侵しやすいということは肺炎などの経過をとり重症化しやすいことと関連しているかもしれない．

インフルエンザウイルスも他のウイルス同様，宿主の細胞を利用して増殖する．通常のヒトのインフルエンザウイルスの場合，気道や腸管の上皮細胞に限局して存在することから，ウイルスの増殖もこれらの部位に限られる．ところが鳥インフルエンザウイルスの増殖に必要な酵素はほぼすべての細胞で発現しており，鳥インフルエンザウイルスが体中で増殖できること，その結果，重症化しやすいことを示唆している．

今のところ鳥インフルエンザウイルスはヒトに感染しやすいとはいえない．ところが，インフルエンザウイルスは，違う型のインフルエンザウイルスと遺伝子の組換えを起こして全く違う性質を獲得したり，自らの遺伝子に突然変異を生じてその性質を変えていく特徴がある．このことが，ヒトに高頻度に感染するように姿を変えた鳥インフルエンザウイルス，すなわち「新型インフルエンザウイルス」の出現を恐れる蓋然性となっている．新型インフルエンザウイルス出現のシナリオの1つとして，豚の役割が注目されている．豚にはヒトのインフルエンザウイルスが感染できることがわかっているが，その一方で，鳥インフルエンザウイルスも，豚の気道粘膜に結合しやすいことがわかってきた．養豚は世界のかなりの地域で行われて，豚とヒトが接触する機会は多い．ということは，豚を介して鳥インフルエンザウイルスとヒトのインフルエンザウイルスが遺伝子を交換するチャンスがあるかもしれないのである．いや，すでにそうしたことが起こっているかもしれない．遺伝子組換えが起こった鳥インフルエンザウイルスは，高い病原性を維持したままヒトに容易に感染できるようになり，新型インフルエンザウイルスの出現に結びつくかもしれない．

現在，鳥インフルエンザウイルスに対するヒトのワクチンの開発が進められているが，実際に有効かどうかは不明である．歴史的にはインフルエンザの大流行とインフルエンザウイルスの型の変化が関係あると考えられている．集団に新しい型のウイルスへの免疫がないことが要因であろうが，新型インフルエンザウイルスについてもほとんどの人は免疫がないと考えられる．もし新型インフルエンザウイルスが出現すれば，大流行が起きるかもしれない．

※4　呼吸の際の空気の通り道．気道は気管が左右に分岐して気管支，以後分岐を繰り返して細気管支，終末細気管支，呼吸細気管支，肺胞管，肺胞嚢，肺胞（ヒトでは23分岐する）となる．粘膜の繊毛運動や免疫作用で通常は末梢の気道まで病原微生物がたどり着くことはない．

は免疫不全状態となってしまう．B型肝炎ではウイルスは感染した肝細胞を破壊しないが，宿主の免疫担当細胞がウイルスが感染している肝細胞を破壊してしまうため肝炎が引き起こされる．ウイルスでは細菌のような毒素産生による宿主への病原性はない．しかし，ウイルス感染により引き起こされるさまざまな免疫反応がウイルス感染症の症状をもたらす．

❖ 感染から症状発生へ至るしくみ

感染により全身症状が出現するまでの経過を発熱を例にとって説明する（図9-3）．感染が起こると，これを察知した免疫を司る白血球などの細胞がさまざまなシグナル分子を放出する．このうちのいくつかは体温調節系に作用して，より高い体温を維持するように作用する．これが発熱であり，感染したウイルスの排除など，生体防御上有用な反応と考えられるが，過度の発熱は体力の消耗や臓器障害の原因となり，かえって有害な結果をもたらす．また発熱に伴って経験する腰痛や関節痛などの症状の出現にもインターフェロンなどの分子が関与している．

感染について病原微生物を中心に説明してきたが，宿主の側の反応とは切り離せない現象であることはたびたび述べてきたとおりである．次節では，宿主の生体防御反応である免疫のしくみについて解説する．

Column　自己免疫疾患と感染症の間にあるもの

自己免疫疾患とはおおざっぱにいえば，免疫機能の異常が生じて自らの体を攻撃するようになったことがその発症に深く関与している疾患である．一方，感染症は外来病原微生物により引き起こされる疾患で，これに対抗するべく体の免疫系が活性化され病原微生物を排除しようとする．自己免疫疾患と感染症は一見全く異なる疾患ではあるが，個体の免疫系を挟んで密接な関係がある．

関節リウマチは最も多い自己免疫疾患の1つである．おおざっぱにいえば，関節などの結合組織が白血球などによって傷害され炎症を起こし破壊されていく疾患である．痛み止めや抗炎症作用のある薬剤のほか，免疫抑制剤も治療薬の選択肢に入る．近年，炎症過程に関与するサイトカインなどに直接働きかける分子標的薬（7章p.88 コラム参照）が登場している．インフリキシマブ（infliximab）もその1つで，TNF-αというサイトカインに結合して本来の作用を阻害する（コラム図9-1）．TNF-αは組織などでの炎症の発生に関与しており，リウマチの病態でも重要な役割を果たしている．従来の治療薬では効果が得られなかった関節リウマチ患者には福音となっている．

ところが，このインフリキシマブは免疫系に介入することから，当然，関節リウマチの症状改善以外にも影響が出てくる．アメリカで使用が始まってしばらくしてから結核患者の報告が相次ぎ，インフリキシマブを使用することで結核発症のリスクが4倍程度高まることが報告された．通常，結核菌が体に入っても実際に発症する人はそのうちのせいぜい1割程度と考えられていて，はっきり結核に罹ったことがあるかどうかわからない人でも体内に結核菌をもっている可能性はある．こうした体内の結核菌は体の免疫反応により活動できないように閉じこめられているが，このときに重要な役割を果たすのがTNF-αなのである．まだ未解明の部分が多いが，TNF-αの働きが抑えられることで体の中で眠っていた結核菌が勢いづいてしまったと考えられる．現在ではインフリキシマブの使用に際しては，患者の結核の発症リスクの評価や発症予防のための投薬を合わせて行うなどの対策がとられている．

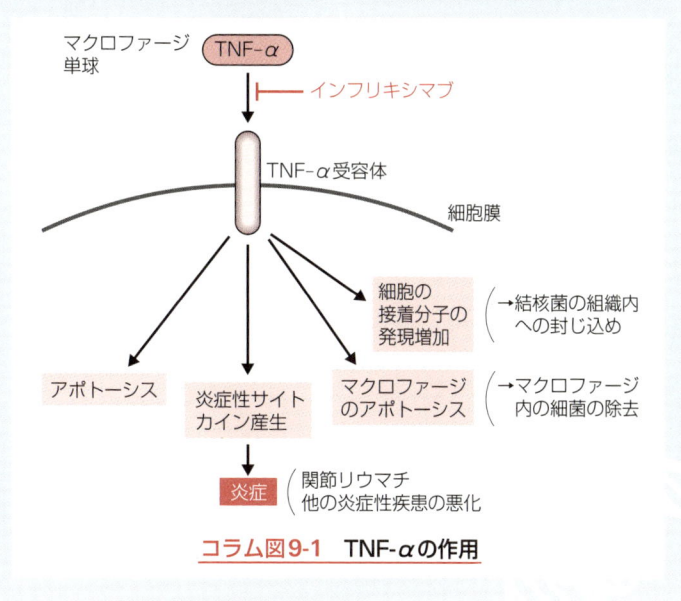

コラム図9-1　TNF-αの作用

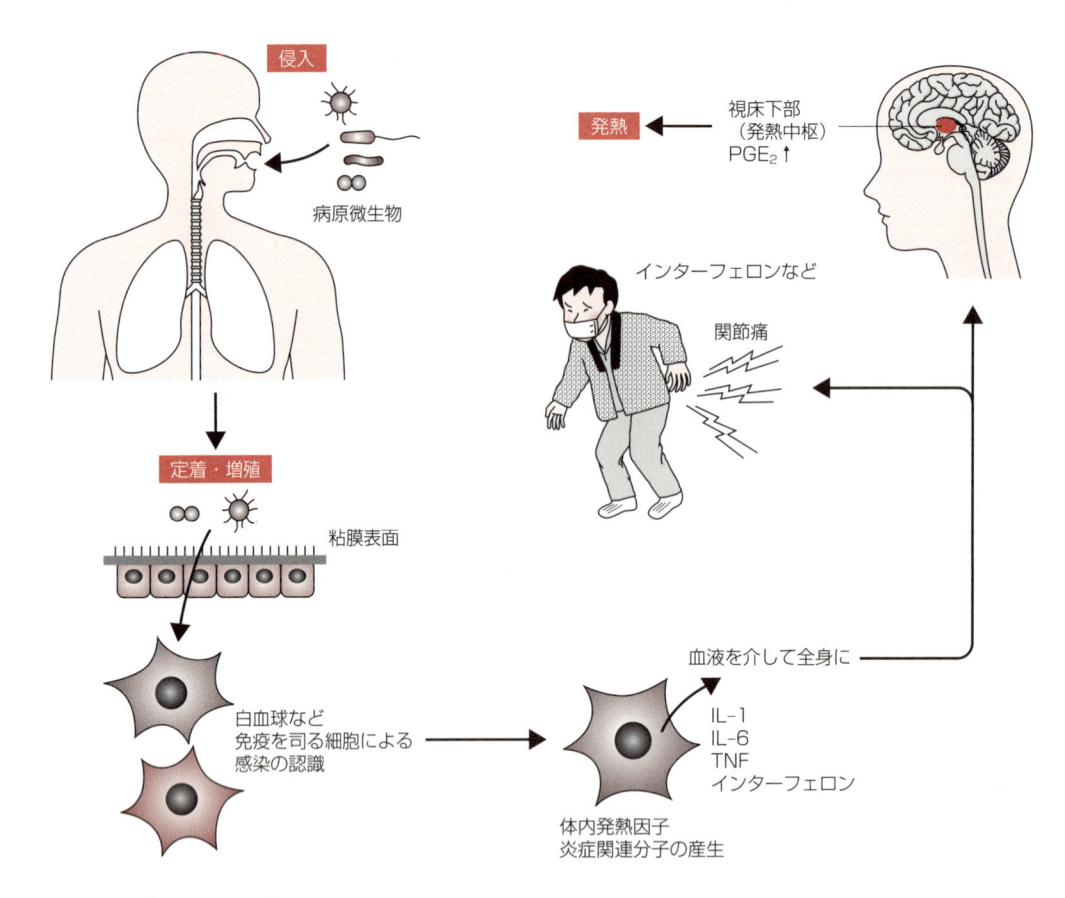

図9-3　発熱のメカニズム

呼吸器感染症では，細菌やウイルスなどの病原微生物が呼吸の際の空気の通り道である気道粘膜から侵入してくる．病原微生物が定着・増殖し感染が成立すると，免疫担当細胞からサイトカインと呼ばれるタンパク質である，インターロイキン（IL-1，IL-6）やTNF（tumor necrosis factor：腫瘍壊死因子），インターフェロンなどが産生される．これが発熱中枢である視床下部でプロスタグランジンE_2（PGE_2）という物質の合成を促し，その結果の全身反応として発熱が起こる．また発熱時に経験する関節痛などにもこうしたサイトカインが関与している

Column ― HIVの生き残り戦略

　アポトーシス（**7章p.82コラム**参照）は生物の発生や恒常性の維持ばかりでなく，感染や生体防御にも重要である．しかし，場合によっては，本来生体のために有用であるべきアポトーシスのしくみが生体の外敵に巧妙に利用されてしまうこともある．

　エイズの原因であるHIV（ヒト免疫不全ウイルス）もその一例である．エイズは病状の進行とともに血液中の免疫担当のT細胞の一種が減少して，さまざまな感染症にかかりやすくなる病気で，ウイルスが直接的にT細胞を傷害することが原因と考えられていた．しかし，研究が進むにつれて，アポトーシスを利用したエイズウイルスによる巧妙な生き残り戦略が明らかとなってきた．

　エイズウイルスはT細胞に感染した後，その中で増殖しさまざまなウイルス由来タンパク質を合成し，その一部はT細胞の外に分泌され，他の正常T細胞のアポトーシスを引き起こす．本来エイズウイルスの排除に作用するべき正常なT細胞は減少して感染防御に働かなくなってしまう．ところが，これでは感染したT細胞もアポトーシスを起こし，エイズウイルス自身が増殖できなくなってしまう．そこで，エイズウイルスはそうしたタンパク質のほかに，感染しているT細胞にはアポトーシスシグナルが入らないようなタンパク質もつくらせ，自分自身が増殖するのに必要な時間を稼ぐようにしている．

3 免疫とは何か

❖ 免疫系の成り立ち

ここまで述べたように，細菌，真菌，ウイルスなどはヒトをはじめとする高等生物に，共生あるいは感染症を起こしうる．感染症は多様であり，病気としての重篤さもいろいろで，なかには非常に致死率の高いものもある．多細胞生物は，これらの寄生体の侵入を防ぐメカニズムを備えている（図9-4）．これが生体防御機構であるが，ヒトを含む脊椎動物のもつ生体防御機構は，一度かかって治った感染症には二度目はかからないまたは症状が軽くなる，という特徴をもつ．この効率的かつ特異的に感染源を排除する防御システムが免疫系である．

免疫系の理解と利用によって，人類は多くの危険な感染症から逃れ，安心して暮らせるようになった．一方，原因がわからず治療法の見つからない多くの難病が，実はこのシステムの不具合による自己免疫疾患であることもわかってきた．過剰な免疫応答による花粉症などのアレルギーに苦しむ人が最近特に増加している（p.115 コラム参照）．これらの事実は，免疫系が多くの謎と問題を抱えており，その理解と制御法の開発が今後も続けられる必要があることを物語っている．感染症，自己免疫疾患，移植された臓器に対する拒絶反応ばかりでなく，がん，代謝疾患，神経疾患などにおいても免疫系の寄与は大きい．特に免疫系を使ってがんを治療する可能性への期待は大きい．

免疫系は病原体やアレルゲン[※5]を認識して応答する．これを免疫応答というが，感染初期に重要な役割を果たすのが自然免疫（後述）で，続いて獲得免疫系

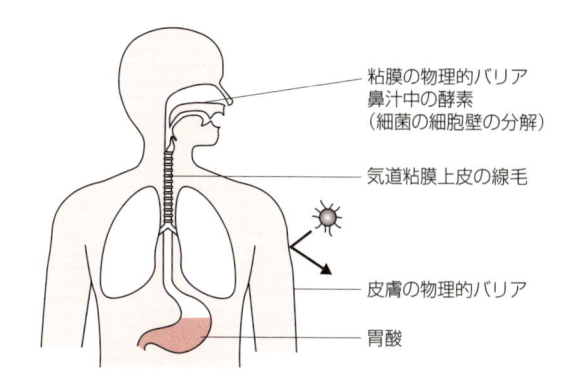

図9-4 ヒトの生体防御の最前線の例
- 粘膜の物理的バリア
- 鼻汁中の酵素（細菌の細胞壁の分解）
- 気道粘膜上皮の線毛
- 皮膚の物理的バリア
- 胃酸

が活性化される．免疫系の重要な特徴としては，自己と非自己を見分けること，特異的で迅速な応答をすることがあげられるが，獲得免疫では応答すべき相手が記憶されることも重要である．記憶が生じる結果，免疫系は同じ外来抗原に対して二度目にはより効率的に応答するようになる．この機構は，抗原に出会ったことによって後天的に獲得されるものであることから，「獲得免疫」と呼ばれている．昆虫などの無脊椎動物は獲得免疫をもたず，自然免疫のみに頼っているため，二度とかからないという現象はみられないが，感染性微生物に対抗して生物として繁栄している．自然免疫の機構は脊椎動物にも備わっており，獲得免疫のシステムと共同して働く．

❖ 免疫を担う細胞と組織

脊椎動物において免疫を担う細胞の多くは，骨髄において幹細胞から一生の間つくられ続け，分化しながら体内に分布する（図9-5）．血液中の白血球がそ

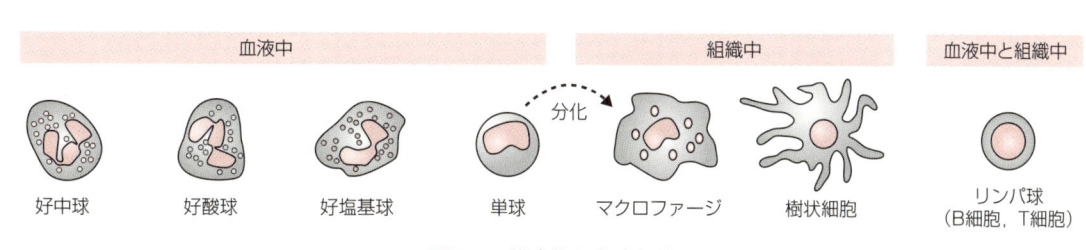

血液中				組織中		血液中と組織中
好中球	好酸球	好塩基球	単球 →分化→ マクロファージ	樹状細胞		リンパ球（B細胞，T細胞）

図9-5 代表的な免疫細胞

※5 原因物質に二度目以降に遭遇した際に起こる異常な免疫反応をアレルギーと呼ぶが，アレルギー反応を起こす原因物質をアレルゲンという．

の代表例である．白血球には細菌の捕食を主な機能としている好中球，寄生虫の排除やアレルギーに関与する好酸球や好塩基球がある．単球が組織に入ってさらに分化したマクロファージや，樹状細胞と呼ばれる細胞は感染性の寄生体が侵入してくると危険信号を発し，好中球やリンパ球に対応を促す．

リンパ球には，B細胞とT細胞がある．リンパ球は，獲得免疫応答を直接担う細胞であり，細胞膜上にある受容体で非自己を認識している．この受容体に認識される非自己の特徴をもつ分子や分子の断片は抗原と呼ばれる．リンパ球のなかには細胞膜上の非自己を認識する分子と同じ性質をもつタンパク質を分泌しているものもある．このタンパク質は抗体と呼ばれ，分泌されてからも免疫系において非常に重要な役割を果たしている（p.112 コラム参照）．リンパ球が認識する抗原は，発現する受容体によって決まっているが，その受容体は事前に予定された抗原にあわせてつくられているわけではなく，無数にある種類のなかで偶然抗原を認識できるものが，それ以降のその抗原に対する免疫系を担うことになると考えられている[※6]．当然自己を認識する受容体も存在しうるが，これは分化の早い段階で排除され，通常は正常の免疫系に参加することはない．

マクロファージや樹状細胞による危険信号を受けたリンパ球は病原体に抵抗するために増殖を開始する．このとき，侵入した病原体に特異的に反応する分子をもつリンパ球ばかりが増殖する．こうした反応が起こるのは二次免疫器官と呼ばれるリンパ節や粘膜に局所的に存在する組織で，リンパ球同士やリンパ球と抗原が相互作用をする場となっている．扁桃腺に細菌やウイルスが感染すると頸のリンパ節が腫れるのは，リンパ球がそこに集まり増殖するからである．

Column 抗体

抗体は免疫グロブリンという糖タンパク質である（コラム図9-2）．重鎖2本，軽鎖2本の合計4つのポリペプチド（アミノ酸が多数つながったもの）からなる．アミノ末端側が抗原結合部位で，結合相手の抗原の違いによってアミノ酸配列が異なり，可変領域と呼ばれる．重鎖と軽鎖それぞれの可変領域が3本のループ上の構造をもっていて抗原結合部位を形成する．この部分が抗原に相補的であり，それぞれの抗体で配列が異なるので「超可変領域」と呼ばれる．このうち3番目の超可変領域は遺伝子組換えによって多様性を生じる部分である（p.112脚注[※6]参照）．

免疫グロブリンはリンパ球の細胞膜上に発現して抗原を認識する受容体としても働く．また，可溶性の免疫グロブリンはクラスと呼ばれる5種類が存在し，それぞれ異なるカルボキシ末端側の構造をもち，多量体化，上皮の管腔側への輸送，他の免疫系関連タンパク質の活性化などの固有の機能を通して，外来抗原の除去にかかわっている．

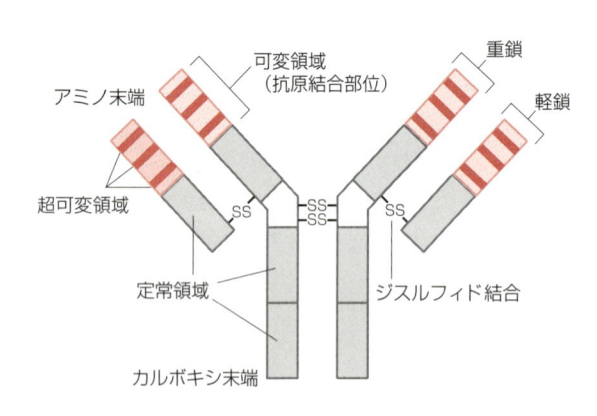

コラム図9-2　分泌型免疫グロブリン（抗体）の構造
抗体は体液性の獲得免疫現象を担う可溶性の糖タンパク質分子である．ヒトでは14番染色体に遺伝子が存在する重鎖と，2番と22番染色体に遺伝子が存在する軽鎖の遺伝子の産物である

[※6] リンパ球が発現する受容体分子や抗体が遺伝子の情報に基づいてつくられているとすると，認識できる抗原の種類に合わせて無数の遺伝子が必要，ということになる．限られた遺伝情報のなかで無数の抗原に対応する多様性を生み出すしくみは，①ある程度多数の遺伝子がある，②体細胞で突然変異が起こりその分種類が増える，③体細胞で遺伝子組換えが起こる，などであることがわかってきている．

4 免疫応答のしくみ

❖免疫系が感染源の攻撃を感知して応答するしくみ

実際に免疫応答がどのように開始されるのかをみてみよう．転んですりむいたときは皮膚から，咳をした人の近くを通ったときは気道の粘膜から，食べたものが腐敗していたときは消化管から微生物が侵入してくる．それらが上皮を破壊する能力をもっているか，他の理由で上皮の表面が壊れていると，上皮細胞の間や直下の結合組織に常在しているマクロファージと樹状細胞はこれらの侵入を感知して危険信号を発する（図9-6）．これらの細胞はToll様受容体（TLR：Toll-like receptor）と呼ばれる一群の認識分子，およびレクチンと呼ばれる糖鎖を認識する分子をもち，侵入者のもつ分子の特徴に応じて危険信号を発する．危険信号とは，具体的にはサイトカインとケモカインと呼ばれる微量で生理活性をもつタンパク質を分泌することである．マクロファージは，炎症性サイトカイン，ケモカインを分泌することによって，微生物を直接殺傷して処理する力の強い細胞である好中球を血液から組織へと動員させ，温熱中枢を刺激して体温を上昇させ，感染が起こっている局所の腫れを引き起こす．

大まかにいえばここまでが自然免疫の反応であり，引き続いて起こる獲得免疫が本格的に活性化するまでの生体防御や獲得免疫の活性化そのものにおいて重要である．樹状細胞は微生物を構成するタンパク質をリンパ球に提示して（抗原提示，p.114 コラム参照），そのリンパ球の増殖と活性化を誘導する．このときリンパ球の表面には樹状細胞などに提示された抗原を認識できる分子（抗体など）が発現している．ここまでは微生物の侵入を受けて1日以内に起こるが，実際に抗原特異的に増殖したリンパ球が充分な数に達するには少なくとも2～3日を要する．活性化したリンパ球の一部は微生物由来の抗原に結合する抗体を産生するようになるが，これには数日を要する．これらの一連の免疫応答の結果，感染源は効率的に排除されるのである．

❖体液性免疫と細胞性免疫

免疫応答の結果として，病原体（細菌，ウイルス，寄生虫など）を排除するために働く最終的なメカニズムには大別して2つのカテゴリーが知られており，体液性免疫（B細胞がつくる抗体が重要な役割をもつ）と細胞性免疫（T細胞が重要な役割をもつ）がそれである（図9-6）．抗体はリンパ球表面の抗原を認識す

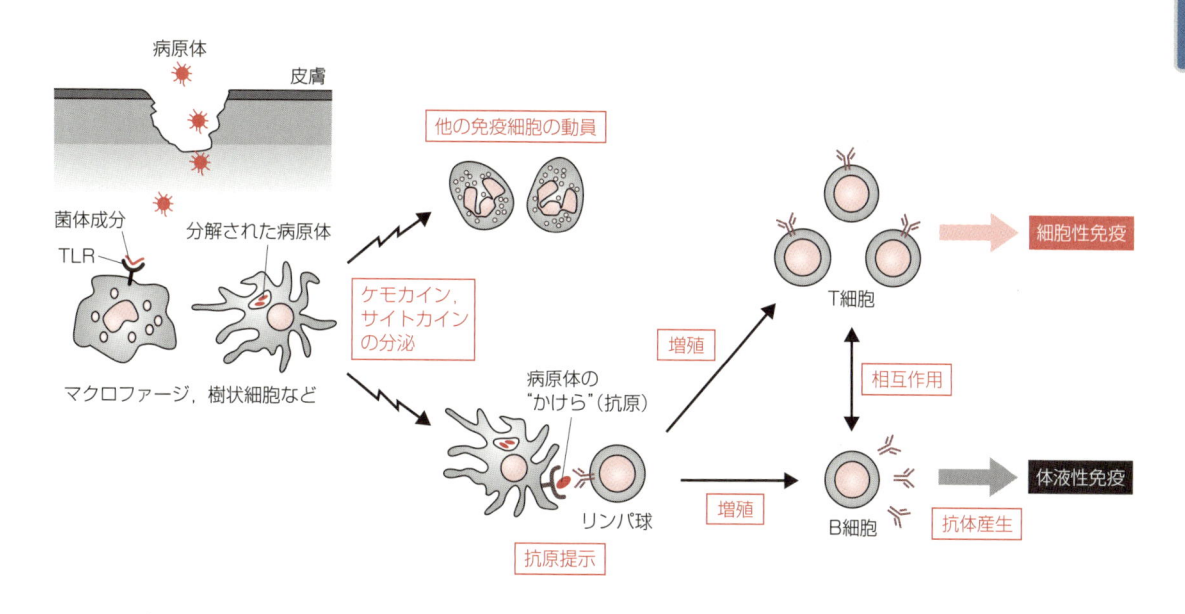

図9-6　病原体に対する免疫応答の過程

る受容体と同じ遺伝子からつくられるが，血液中に分泌される可溶性のタンパク質である．体液性免疫と細胞性免疫は共同して働くことが多いが，寄生虫などの細胞外寄生体に対しては前者が，ウイルスや結核菌などの細胞内寄生体に対しては後者がより重要である．抗体は細菌の表面に結合して他の免疫系の攻撃を容易にしたり，ウイルスに結合してウイルスを不活性化する．細胞性免疫ではウイルスが感染した細胞を攻撃して細胞死を起こさせるなど，専門の役割を担う細胞が存在する．

免疫応答に参加したリンパ球の一部は，免疫反応が終息したあとも生き続ける．これらの細胞は同じ抗原に再び出会うと，直ちに活性化して，初回よりも速やかに強力に免疫応答を示すことができる．これが，獲得免疫の「記憶」のしくみであり，一度かかった感染症には二度とかからない，あるいはかかっても軽くすむ理由である．予防接種は病原微生物由来の物質や類似の弱毒病原体で，感染症を発症しないまま初回の免疫応答を引き起こしておき，本当の初感染のときに，強力な免疫応答を引き起こさせ，感染症の発症や重症化を予防しようとするものである．

本来必要でない免疫応答が病気を起こす例であるアレルギーにも，体液性免疫によるもの（花粉症など）と細胞性免疫によるもの（接触性皮膚炎など）がある．前者では抗体がアレルギー反応を引き起こす化学物質（ヒスタミンなど）を大量に含む細胞に結合することがきっかけとなってその化学物質が細胞外に放出され，アレルギー症状が出現する（p.115 **コラム**参照）．

❖ 免疫応答の制御と自己免疫

免疫系には活性化させるメカニズムとともに，免疫応答を起こさせないメカニズムや免疫応答を終息させるメカニズムが備わっている．応答の終息は単純には，抗原が除去されてなくなったことによってリンパ球が活性化されなくなり，アポトーシスを起こす，ということで説明できる．しかし，前述のように一部の

Column　　　　　　　　　　　　　　　　ヒト白血球抗原（HLA）と拒絶反応

ヒト白血球抗原（HLA）は移植された同種臓器（ヒト-ヒト間移植）に対する拒絶反応を起こす抗原で，各個体にいくつかの種類のHLAが固有の組合わせで発現している．移植された臓器のHLAの組合わせが一致しない場合，その臓器は非自己として移植を受けた個体の免疫系から攻撃を受け排除されてしまう※7．ただし，骨髄移植においては，免疫系が一式外部から移植されることになるため，HLAが不一致の状況では，移植を受けた個体の組織が移植された免疫系から攻撃を受けることになる．

HLAは種類が非常に多く，理論上起こりうる組合わせの数は，地球上の人類の人数よりもはるかに多い．このため，同一のHLAをもつ個体はまれであり，移植臓器の提供者を見つけるのが困難である原因となっている．HLAの遺伝子はすべて同じ染色体上にある．個体が複数もっているHLAのそれぞれは生物学的両親のいずれかから引き継いでいる．実際の臓器移植においてはすべてのHLAが一致している必要はなく，移植臓器によっても異なるが，骨髄移植では6つの重要なHLAの一致を1つの目安としている．この6つの遺伝子を両親から受け継いでいるとすると，兄弟姉妹間では6つが完全に一致する確率は4分の1※8である．一卵性双生児では完全一致となる．

ところで，HLAはもともと臓器移植を邪魔するために備わっているわけではなく，免疫系においては，「抗原提示」と呼ばれる重要な役割を果たしている．体内に侵入した非自己成分が何らかの形で細胞に取り込まれると，細胞内で断片化され，HLAと結合し細胞表面に現れる．このHLAと結合した抗原が，どのような細胞に認識されるか，そもそもどのような細胞がどのようなHLAを使って抗原提示を行っているかで，それ以降の反応は異なるが，基本的には非自己の排除という免疫系本来の機能が活性化されることになる．攻撃対象は提示された抗原であり，これをその一部としてもつ微生物や細胞，移植片も攻撃される．なお，これらのメカニズムはマウスを使って解明されてきたこともあり，HLAはより一般的にはMHC（主要組織適合遺伝子複合体）と呼ばれ，ヒトMHCがHLAである．

※7　実際の臓器移植ではHLA以外にABO式血液型の一致が必要な場合もあるなど，HLAだけで決まるものではない．

※8　厳密には，相同染色体間の交叉や，もともと両親が部分的に一致したHLAをもっている可能性を考慮しなくてはならない．

リンパ球は特定の抗原に対して応答性をもつ「記憶細胞」として生存し続けることが知られている．免疫記憶はほとんど一生保たれることから，記憶細胞の寿命も非常に長いと考えられている．

免疫応答を制御し，終息させるシステムの不具合が，自己免疫疾患やアレルギーの原因になっていると考えられている．免疫系において，このような制御ポイントは免疫応答のあらゆるステップに無数といって

Column — 花粉症

アレルギーは過敏症ともいわれ，免疫応答が個体にとって不都合な結果をもたらすことを指す．花粉症もアレルギー反応の1つで，医学的には，（季節性）アレルギー性鼻炎（鼻水，鼻づまり）とアレルギー性結膜炎（目のかゆみ）をまとめた概念である．原因抗原は花粉で，春のスギ花粉が代表的である．近年になって増えてきた理由は，戦後植林されたスギが花粉を多く放出するような樹齢に達したことで花粉の飛散量が増えたためではないかと考えられている．一方で，大気汚染の影響を示唆する実験データも示されている．

花粉症の症状出現のメカニズムをコラム図9-3に示す．花粉が飛散する季節になると大気中の花粉が鼻粘膜や眼結膜に接触する．これにより免疫系が反応して花粉を抗原とする抗体をつくるようになる．花粉症患者では，感染症などに対しての生体防御で作用する抗体とは異なる種類の抗体が多くつくられる．この抗体は粘膜や組織中の肥満細胞と呼ばれる，種々の化学物質を顆粒中に蓄えている細胞の表面に結合する．この化学物質のうちヒスタミンはアレルギー症状を起こす代表的な物質で鼻症状のほか，皮膚のかゆみなどにも関与している．ここまでで花粉症の症状発現の準備は完了である．再び花粉が粘膜などに接触すると，今度は，肥満細胞上の抗体に結合して肥満細胞の顆粒中の化学物質を一気に放出させる．この化学物質が鼻の神経を刺激すれば反射的にくしゃみが出たり，鼻水が流れたり，また血管を刺激すると粘膜が腫脹して鼻の通りが悪く（鼻づまり）なってしまう．

花粉症に限らず，アレルギーの治療の原則は原因抗原の回避である．しかし，現状では環境から花粉をなくしてしまうことは難しい．花粉の多い関東から沖縄や北海道など花粉の飛散が少ない地域に移住するのも容易ではない．マスクやゴーグルを使うというのは1つの方法だろう．薬物療法も選択肢である．これは肥満細胞から化学物質が放出されるのを抑制したり，放出された化学物質が他の標的にたどり着くのを阻害する薬剤が中心である．ほかにも，神経や血管，免疫系全体に作用する薬剤もあるが一長一短である．

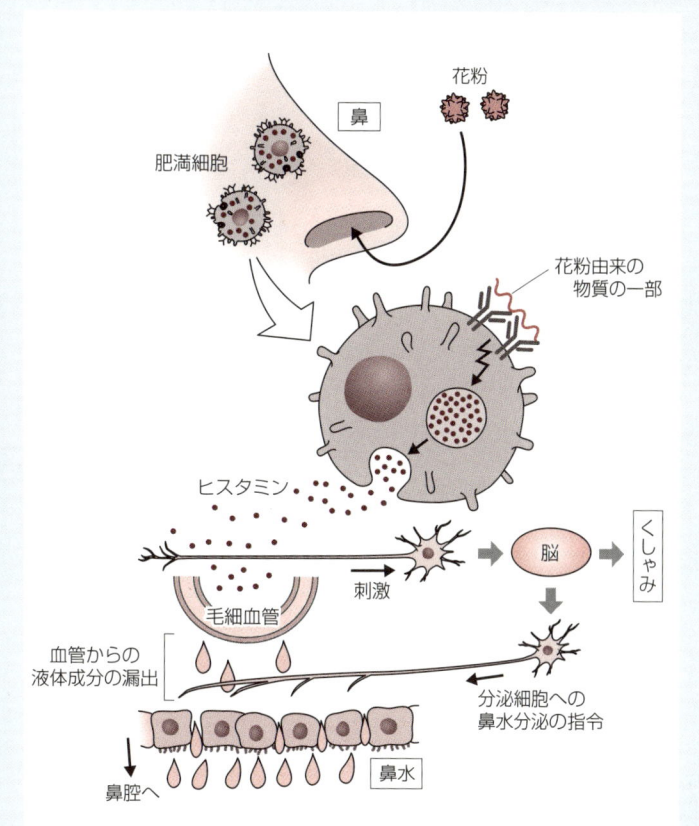

コラム図9-3　アレルギー症状出現のメカニズム
鼻から花粉を吸入すると，鼻粘膜の組織中にある肥満細胞は，花粉を構成する物質に刺激を受けて，分泌顆粒中の化学物質を放出する．この化学物質の代表的なものはヒスタミンと呼ばれるもので，アレルギーの諸症状の原因となっている．肥満細胞の表面には抗体分子が結合していて，花粉に反応する抗体がつくられすぎると花粉症を発症しやすい

よいほど存在し，それらのいずれもが疾患の原因または治療の対象となりうる．例えば，免疫応答の最初に抗原を認識した細胞が危険信号として発信する分子がサイトカインであることを述べたが，最も初期にマクロファージから放出されるTNF-αはこのような意味で最も強力なサイトカインの1つである．このTNF-αに結合して中和する抗体は自己免疫疾患である関節リウマチの治療薬として威力を発揮している（p.109 **コラム**参照）．

一方，本章 3 でも述べたように，リンパ球の表面の抗原を認識する受容体や抗体は，自己の抗原を認識するものも出現しうる．こうした自己抗原を認識するリンパ球を除去または不活性化するしくみは，リンパ球が遺伝子の組換えを伴い分化していく器官である骨髄と胸腺に備わっている（骨髄と胸腺は一次免疫器官とも呼ばれる）．おおざっぱにいうと，自己抗原を認識する細胞を1つ1つ選び出してアポトーシスを起こさせることで，自己抗原を認識する細胞が全身に流れ出ないようにしているのであるが，そうすると，これらの臓器においては自己の産生するあらゆるタンパク質を準備しておかなくてはならないということになる．少なくとも胸腺では，リンパ球に抗原を提示している胸腺上皮細胞には，体内の特定の組織にしか本来は発現しないはずのタンパク質，例えば，膵臓でしかつくられないはずのインスリンや，皮膚にしかないはずのケラチンを発現させる特別の機構が備わっているらしい．このような転写制御を行うタンパク質の遺伝子に異常があると，多臓器に対する自己免疫反応がみられるようになることが知られている．

このような比較的まれな遺伝的な背景のある自己免疫疾患と異なり，多くの自己免疫疾患では，遺伝的な背景は疾患への罹りやすさに影響はするものの，直接の発症の引き金は多様である．末梢の運動神経に対する自己免疫応答によって四肢の麻痺などが起こるギランバレー症候群はこうした点で興味深い．ギランバレー症候群の患者の一部は，発症前にカンピロバクターという激しい下痢を引き起こす細菌感染を起こしていることが知られている．この細菌の表面は運動神経細胞の表面にある物質ときわめてよく似た化学構造をもつ物質に富んでおり，カンピロバクターに対する防御応答のために産生された抗体が，運動神経細胞を傷害すると考えられている．これにより筋肉の麻痺が生じるのである．免疫系に課されている，自己と非自己の微妙な違いを見分けて感染性の寄生体を排除する，という使命が容易ではないことを示す一例である．

本章のまとめ

- □ ヒトと微生物のかかわりは，常在菌という無害で定着しているだけの形とそれら微生物が病原性を発揮する感染症がある．
- □ 細菌は原核生物で細胞壁をもち，真菌は真核生物である．ウイルスは病原体として重要ではあるが，厳密な意味では生物ではない．
- □ 細菌の病原因子として，定着因子，侵入因子，外毒素，内毒素などの毒素があげられる．
- □ ウイルスは感染した宿主細胞のタンパク質を利用して増殖する．増殖したウイルスが細胞を破壊することや宿主の免疫作用によって病原性が現れる．
- □ 脊椎動物の免疫系は，自己と非自己を見分け，非自己である感染性寄生体，移植された組織，アレルギーを起こす物質などに応答してそれらを排除しようとする．
- □ この機構は，進化的に離れた生物由来の形を見分けるしくみと，自己のなかに存在しないあらゆる形を認識するしくみによって営まれている．
- □ マクロファージ，樹状細胞，リンパ球など，骨髄にその起源をもつ免疫細胞は，体内に広く分布し，免疫系の営みを担うことのみを機能とする独自のタンパク質分子を使って免疫系を精緻に運営している．

第Ⅲ部　ヒトと社会

10章　生命倫理 …………………………… 118
11章　生命技術と現代社会 ……………… 126
12章　多様な生物との共生 ……………… 139

第Ⅲ部　ヒトと社会

10章　生命倫理

物理科学が主軸にあった時代は，自然科学は倫理や価値とは無関係と信じられていた．だが，今日のように，生命科学が自然科学の中心になってくると，その関係は必然的に変わってくる．生命科学が，人間を含む生物を研究の対象とするものである以上，これらをどういうものと解釈し，どう扱うのかという問題ががぜん重みを増してくる．それはまた，生命科学や医療のあり方を社会全体の視点から検討せざるを得ない時代に入ったことを意味している．1970年前後のアメリカで，生命科学と価値，倫理，法律，宗教などが重なる領域を扱う学問として生命倫理学が登場した．21世紀に入ってこれらの諸課題は新しい展開をみせている．

1 生命倫理とは何か

生命倫理（bioethics）という言葉が最初に用いられたのは，V. R. ポッターの『バイオエシックス』（1971年）という本である．ただし，ここでポッターが主張したのは，人口増加や天然資源の浪費などによって人類は危機に直面しており，これを回避するためにも，生物学の知識に立脚しながら，人文社会科学の成果も統合して共通行動の指針を築かなければならない，というものであった．人類生存のため，英知の結集を呼びかけたのである．

一方，ほぼ同時期のアメリカで，これとは別の文脈の，今日的な意味の「生命倫理学」が産声をあげた．'69年，ニューヨーク郊外に，一精神科医の私財によって「ヘイスチングス・センター」が，また'71年にはジョージタウン大学に「ケネディー研究所」が設置され，この2つの組織がその後の生命倫理研究の出発点となった．'78年にケネディー研究所が編集した『バイオエシックス事典』では，生命倫理とは，生命科学の研究者や医療従事者の態度や行為に関して，価値観や倫理原則に照らして学際的に研究する立場と定義されている．その後のこの国での展開から総括すると，生命倫理とは，拡大された医療倫理と，生命科学の研究に付随する価値にかかわる問題群を扱う学問的な立場と考えてよい．

2 生命倫理成立の背景

第二次世界大戦直後の世界は，科学技術が発達すれば，それだけ豊かで平等な社会が実現できるものという，科学技術に対する素朴な信仰が一般的であった．だが'60年代に入ると，公害問題が表面化し，さらにベトナム戦争反対，公民権運動，消費者運動，大学紛争などが起こり，これらとともに科学技術に対する批判的な眼差しが広まった．

'62年にR.カーソンは『沈黙の春』を著し，このなかで化学物質の無制限な使用に警告を与え，生態学的思考の重要性を指摘した．また生命科学の急速な発達も，一部に反省的な見方を促した．'60年代までに分子生物学が確立し，分子レベルで生命現象が語られるようになったが，早くも'73年には遺伝子組換え技術が実現した．この遺伝子組換え技術の出現は，生命操作の可能性が現実のものとなったことを意味し，議論の渦を引き起こした．

医学分野でも倫理的関心を引く新しい技術の出現が相次いだ．'60年代の初め，人工透析が実用化されたが，希少な装置であったため，ワシントン州シアトル市では対象者を選ぶ「神の委員会」が置かれた．これが，生命倫理的課題に取り組んだ最初の組織だといわれる．'67年に南アフリカで世界最初の心臓移植が行われると，北米で心臓移植のブームが起こった．当時，心臓移植は実験的な段階であったため，患者の同意を得ることの重要性が力説された．また心臓移植の

ためには，心臓は動いているが死と考えられる状態から心臓が摘出されることが不可欠である．こうして脳死という考え方が提案された．このことは，人間の死とは何かについて社会的な議論を巻き起こした．

　これらの事態は，本来ヒトを対象とする実験研究のための手続きであったインフォームド・コンセント（p.119 コラム参照）を，臨床の現場に広く導入することを促した．この根底にあったのは，感染症が中心であった時代の医者患者関係から，生活習慣病が医療の主題となった成熟した社会における医者患者関係を確立させようとする構造的な変化であった．言い換えればそれは，治療方針の決定を専門家である医師の配慮に委ねていた伝統的な医者患者関係から，あらゆる情報を与えられたうえで患者自らが決定する，現代的な医者患者関係への転換であった．

　さらには'60年代末以降，フェミニズムが力をもち，それまでキリスト教国で犯罪とされた人工妊娠中絶（中絶）を合法化する運動を進めた．このためキリスト教会との間で，中絶の賛否に関して激論が戦わされた．これに伴い，「胎児はどこから人間か」が重要課題となった．またちょうどこの時期，胎児診断が実用に移されたため，胎児診断の結果を根拠に中絶をする「選択的中絶」の是非へ議論が拡大した．また'78年には，イギリスで世界最初の体外受精児が生まれたため，その後，特にキリスト教圏の国々では，生殖技術の規制について広範な議論が巻き起こった．これら多くの課題が相互に影響しあって，生命倫理学が形成されていった．

3 生命倫理の原則

　生命倫理に関する原則は，基本的に人体実験に対する深い反省が出発点となっている．特に第二次世界大戦中にナチスドイツが強制収容所で行った病原菌感染実験・超低圧実験・冷凍実験などの非人間的な人体実験は，その後の臨床研究の議論に大きな影響を与えた．'48年に国連総会で採択された世界人権宣言は，人間の尊厳をあらゆる社会の負の歴史に立脚する基本に置くことを宣言したものであるが，これらの原理を臨床研究における大原則として具体的な表現を与えたのが，'64年の世界医師会で採択されたヘルシンキ宣言（p.120 コラム参照）である．

　このようななか，'60年代までのアメリカでは，臨床研究は道徳的に行われていると信じられていた．ところが，社会的な弱者である黒人，知的障害者，子供などに対して同意をとらないで，がん細胞が注入されたり，患者への治療が行われないで観察対象にされるなど，不当な人体実験が行われた例がいくつか発覚した．そこで連邦政府は'73年に「生物医学と行動科学の研究における被験者の保護のための国家委員会」を

Column　　　　　　　　　　　　　　　　　　　　　　　インフォームド・コンセント

　臨床研究における倫理原則の最も重要な手続きが，インフォームド・コンセントであり，充分な情報を与えられたうえでの同意と訳されている．その起源には2つある．1つは，もともと医師は患者に対して説明義務があったとするアメリカの裁判例に由来する考え方である．しかしこれは，医師が治療の目的で患者に指示を出す際に伴うものという性格が強く，両者の対等な関係を前提としたものではなかった．もう1つは，ニュールンベルク・コード（p.120 コラム参照）から由来するもので，被験者は威圧的な雰囲気ない下で，研究の目的とその利点と考えられる危険についてすべての情報を与えられ，そのうえで自発的に同意がなされ，それはいつでも撤回できる，とするものである．これは今日，ヒトを対象とした実験研究すべてに適用される基本的な手続きとされ，わかりやすい言葉で説明を受け，本人の文書による同意を必要とするのが原則である．

　1970年代以降のアメリカでは，医療の場にもインフォームド・コンセントの考え方が浸透した．社会全体をカバーする医療保険がないアメリカでは，医療は個人が購入する消費財という性格があり，消費者主権の立場からすべての選択肢が提示され，患者が主体的に選ぶという論理が前提とされているからでもある．これに対して福祉国家を確立させた欧州では，危機的状況にある患者は合理的判断を誤る場合があるという視点があり，治療方針の決定は医師による主導も重みをもっている．日本の医療現場でもインフォームド・コンセントはほぼ徹底しているが，医療制度そのものは欧州型に近い．

置き，臨床研究における被験者の保護について調査を行った．'79年，これを踏まえた「ベルモント報告」と呼ばれる報告がまとめられ，このなかで生命倫理に関する原則が提示された．

その原則とは，被験者の自主性の尊重，全体の利益を最大にするよう努力する善行の原則，他者の自主性や次世代などの利害を考慮する公正さ，害をなさない無危害の原則，の4つである．臨床研究の現場では，これらの原則に立ち，相互のバランスをとりながら倫理的決定が行われることになる．ただしそれ以前に，ヒトを対象とする研究が，科学的に充分な意味をもっていなければならず，これが大前提である．

4 臨床研究と倫理委員会

連邦政府の調査と並行して，米連邦議会は'74年に，医学研究における被験者の保護を目的とした国家研究法を成立させた．この法律により，ヒトを対象とする実験研究や，これに準じるヒト組織を用いる研究を行おうとする研究者は，研究助成を申請する前に，機関内審査委員会〔IRB（institutional review board）と略称〕に研究計画を提出し，その認可を得ることが義務づけられた（図10-1）．IRBは，連邦レベルの委員会が定めるガイドラインに照らして研究計画書を審査するが，特に被験者によるインフォームド・コンセン

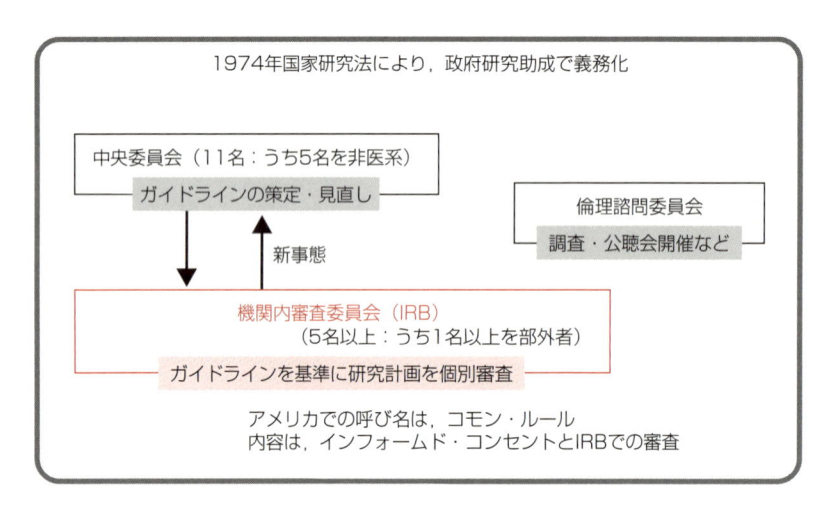

図10-1　ガイドライン＋委員会体制

Column　　　　　　　　　　　　　　　　　　　　　　　　　　　　　　　　　　　　ヘルシンキ宣言

　ヒトを対象とした実験は，科学の進歩にとってある段階では不可欠である．これを人道的に行うための原理は，ニュールンベルク・コードと呼ばれ，第二次世界大戦中にナチスドイツが強制収容所内で行った人体実験を裁いたアメリカの判事団が，その判決文のなかで示したものである．この原理を臨床現場における具体的なルールとして体系化したものが，1964年の世界医師会総会で採択されたヘルシンキ宣言である．その後，数次の改訂が行われ，現在では臨床研究における最も基本的でかつ包括的な基本原則として，世界中に認知されている．

　具体的には，被験者や患者の尊厳とプライバシーを守り，威圧的な空気がないなかでのインフォームド・コンセントでなければならず，同意の撤回はいつでも自由である．特に弱い立場にある人への配慮を重視し，科学的・社会的利益が被験者への配慮を上回ってはならないとしている．特に近年では，臨床研究一般だけではなく，医薬品開発や疫学研究における被験者の保護に関する具体的配慮を明示する方向へ改訂されてきている．

トが成立しているかが審査の中心となる．研究助成を行う17省庁が共通の実施要綱を採用したため，アメリカでこれらの手続きはコモン・ルールと呼ばれる．例えば，IRBは必ず外部の人間を入れ，自然科学の専門家だけではなく，法律・倫理に詳しい人間をメンバーに加え，性・人種・文化のバランスがとれているかなど，細かく規定されている．

IRB制度は，アメリカ生まれの生命倫理が確立させた，ほぼ唯一の規制方法である．当初は研究者の側から，研究の自由を侵すものとの反発もあったが，'75年のヘルシンキ宣言の改正によってIRBの設置を前提に，雑誌編集者はIRBの審査を経ない論文は受理しないように，とする条文が取り入れられたため，IRB制度は世界中の研究者の間に浸透していった．

日本では'80年代に入って体外受精が問題になったのをきっかけに，大学医学部に倫理委員会が置かれるようになった．その後，脳死・臓器移植問題（p.121 コラム参照）など生命倫理的な課題が続出したため，倫理委員会の重要性は増していった．ただし，日本の倫理委員会にはアメリカの国家研究法のような法的支えはなく，倫理委員会の権限，審査対象の範囲，人員構成，審議の公開性などに関して明確な基準はない．

5 生命倫理と宗教

生命倫理学は当然，先端的な生命科学の研究が盛んに行われる欧米諸国において発達してきた．欧米諸国は，広い意味でキリスト教圏の出自であるため，これまでの生命倫理に対するキリスト教の影響は少なくない．欧米では，倫理や価値の議論は，まず事実（fact）と価値（value）の2つの概念から出発する．自然そのものは価値とは無関係で，これがどのような価値に該当するかは，別の価値体系に照らして判断される．自然に対するこのような態度は，短縮していえば，聖書や経典などから演繹的に自然を解釈しようとするキリスト教と同型である．実際，人間の生や死について議論する場では，発生や死に至る過程の詳細な観察事実に注目し，これに対して，人間の特性とされる理性的反応や痛みを感じる能力などが定義され，これが個々の場合に当てはめられて具体的判断がなされていく．

なかでも現代のキリスト教は，人間の発生について精緻な教義的解釈を築いてきた．'78年に体外受精児が誕生して以降，欧州社会では，生殖技術に関してさまざまな政治的な議論がなされ，これを踏まえて'90年代には，いくつかの欧州諸国，例えばオーストリアやスイス（p.124 コラム参照）などは，キリスト教的な価値観を反映させた生殖技術法を成立させた．

一方，コーランでは，人間は3カ月までは水のようなものとされており，近い将来，イスラム社会で，生殖技術が教義上どのような扱いを受けるかは不明である．ただしイスラム教の場合，婚姻に関して厳しい戒律があり，この面から生殖技術や遺伝病検査などに関して，他の文化圏とは異なる扱いを受ける可能性はある．

Column ― 脳死と臓器移植

日本では1997年に臓器移植法が成立し，脳死を前提とした臓器移植が始まったが，実施件数は諸外国と比べると著しく少ない．その理由として，日本では脳死の社会的認知が進んでいないからとする説があるが，世論調査の数字は多くの国で，6割前後が脳死を人の死と考える一方，1〜2割がこれを死と認めない傾向があり，これは世界中でほぼ同じである．つまり日本以外の国では，医師集団が脳死状態と判定された最末期の患者を限りなく死に近いものとして扱うことに，社会の側が異議をはさまない状態にあり，脳死・臓器移植は，医の権威と信頼によって辛くもルーチンに行われる限界的医療と考えるべきである．日本の医師集団には強制参加の身分組織が存在しないため，これらの限界的医療を職能集団としての統治下に置くことができず，脳死は人の死かという問いを過剰に社会に流出させてしまったことになる．

現在の臓器移植法では，14歳以下の脳死判定は行い得ないため，幼児を含め，臓器移植が必要な患者が多数，高額な負担を覚悟のうえで海外に移植を受けに行っている．また現在の臓器移植法は，移植の主流となっている生体腎移植・生体肝移植についての言及はなく，健康な人から臓器を取り出す，生体移植の合法性について疑義を指摘する声もある．

仏教や儒教などは，歴史的に，科学技術と正面から向き合ったことは少なく，生命倫理の問題に関して，キリスト教のような社会的機能を担う位置にはない．結局，非キリスト教圏の社会での生命倫理の問題には，それぞれの社会文化や伝統的価値が反映することになる．例えば台湾社会では家族繁栄と世代間秩序を重視するため，精子・卵子の譲渡や代理母問題で，独自の議論がなされている．日本は，これら近隣社会との対比を行って自らの価値観を照らし出すのも1つの選択肢である．

6 生命倫理政策と統治形態

生命科学の研究対象である人体的自然をどう扱うかに関しては，宗教とは別に，国の統治形態から影響を受ける結果になっている．生命倫理の対応のあり方を概観すると，自己決定・自己責任の原則に立つアメリカ型と，共通秩序を樹立しようとする欧州型との2つに区分できる．

元来「自由の国アメリカ」とは，信教の自由を意味した．アメリカは，さまざまな宗教移民によって成り立った，価値観が並立する社会である．そして今日でも，例えば大統領選挙では繰り返し，中絶問題に直結するヒト胚の研究利用や，同性結婚の是非など，宗教的価値に関する課題で国論が分かれ，価値観の対立が露呈してきた．このような社会では，人体的自然の扱いで共通価値を維持することは困難であり，そうであるがゆえに自由主義に立脚した自己決定・自己責任が基本原理となる．アメリカ生まれの生命倫理学が，インフォームド・コンセントをとりわけ重視す

Column 動物実験の意義と倫理原則

動物実験は生命科学の進歩にとって不可欠である．その一方で欧米では，動物虐待禁止の長い歴史があり，その反映として実験動物の扱いについて明確なルールが整えられてきている．特に1980年代前半には過激な動物実験反対運動が起こったため，'80年代後半には，欧米では動物実験の科学的・倫理的妥当性を保証する法制度が整えられた．アメリカにおける'85年の公衆衛生事業法の改正，欧州での'86年EC（現在のEU）指令によって，実験動物の扱いが細かく指定された．その基本には，3つのRの原則がある．すなわち，動物を使わない実験系への置換（replacement），使用動物の縮小・削減（reduction），研究計画の精密・洗練（refinement）による不必要な動物実験の回避，の原則である．日本では，2005年の動物愛護法改正によって，実験動物の使用の削減努力と苦痛のない処理法が明示されるようになった．これを受けて文部科学省局長通知が定められ，日本の研究者はこれに従って動物実験を行っており，多くの大学や研究機関では実験動物委員会を置き，これに対処している．

Column 倫理的・法的・社会的問題（ELSI）

1980年代後半のアメリカで，約30億の塩基対からなるヒトゲノムを全解読しようとする「ヒトゲノム計画」が提案されると，連邦議会の場などで，これを行えば大規模な遺伝的差別が引き起こされるのではないかとする懸念が繰り返し表明された．そのため計画の責任者であった，DNA二重らせんモデルの発見者，ワトソンは，研究費の3〜5%を倫理的・法的・社会的問題（ELSI：ethical, legal, social issues）に振り向けるとする証言を議会で行い，その結果，ヒトゲノム計画全体が承認された．

研究が着手される以前に問題点が予測され，その対処法をも並行して研究するというELSIプログラムは，これまでにない画期的なものであった．ただし2003年にヒトゲノム解読が完了してみると，当初危惧されたような深刻な問題は生来しなかった．ELSIプログラムによって生命倫理に集中的に研究費が投入された結果，遺伝情報の扱いとプライバシーの保護，ゲノム研究と臨床研究の統合，遺伝子診断の倫理と優生学などで，多くの研究成果が生まれた．ただし，ヒトゲノム計画以外ではELSIプログラムは組まれてきておらず，ヒトゲノムが多くの人たちにとって特別の自然的存在であったことを暗示する結果にもなっている．

るのは，このような体制上の必然からくるところも大きい．他方，この手続きに従って本人の同意を得て摘出された人体組織は，その後は限りなく商品に近いものとなる．このような人体部分の商品化という事態に対して，欧州社会はきわめて批判的である（次節参照）．

一方で，欧州社会が生命倫理に関する共通価値を確立しようとすることの基盤には，今日もなお，カトリックか新教かは別にして，国ごとに主要なキリスト教宗派が存在し，価値の供給源として大きな社会的機能を担っている事実がある．その反映として，欧州社会は，生命倫理に関して個別の法制化へと動いている．これまでに，生殖技術，臓器移植，医療情報と遺伝情報の保護・利用，ヒト胚の研究利用，臨床研究における被験者の保護，犯罪捜査のための遺伝情報の利用などに関する法律が制定されており，いわば，生命倫理関連法の立法ラッシュにある．

日本の社会は，このような欧州での動向に無関心なまま，アメリカ流の自己決定の原理によってすべての問題に対処しようとしてきている．だが，日本はアメリカほどには価値観が多様化した社会ではないのであり，この点で，欧州における前述のような生命倫理関係法を体系的に研究すれば，重要な示唆を得ることになるであろう．

7 人体的自然の商品化

アメリカ社会には，第三者に害をもたらさない限り，個人の行動は最大限に認める自由主義の思想が貫いているが，その負の結果として，本人の同意を得て

Column ──────────────────────────────────── **優生学の歴史と現在**

ヒトゲノム計画が開始される前，特に懸念されたのは，ヒトゲノムが解読されてしまうと，20世紀前半のような優生社会が招来するのではないか，という点であった．

ダーウィンが『種の起原』（1859年）のなかで自然淘汰説を提唱し，さらに1900年にメンデルの法則が再発見されると，これら生物学法則を人間にも当てはめ社会改良を行うべきだとする主張が現れた．断種や隔離によって悪い遺伝的質をもつとみえる人間の子づくりを抑えたり，優秀な人間の結婚を奨励する考え方で，優生学と呼ばれた．優生学は，ダーウィンのいとこであるフランシス・ゴールトンが19世紀につくり出した言葉であるが，20世紀初頭のイギリスで研究が始まり，その後アメリカ社会に受け入れられ，いくつかの州で断種法が成立した．'33年にヒトラーがドイツで政権を奪取すると，早々と翌年にナチス断種法を制定し，最初の1年だけで5万6千件以上の断種命令が下された．

ただし，断種政策の採用は，人種主義的なナチス時代特有の現象ではなかった．戦後の日本では優生保護法が成立し，戦時中よりも多くの断種が行われた．また戦前のデンマークやスウェーデンなどの社会民主党政権下でも優生学的な断種が行われたことが明らかになっている．2003年にヒトゲノム解読は終了したが，この種の遺伝的差別が起こる兆候は，今のところないといってよい．

Column ──────────────────────────────────── **生命科学研究と知的所有権**

生命科学への研究投資が集中的に行われるようになると，生物や人間の組織はどこまで特許の対象にできるのか，という問題が生じてくる．最初の生物特許は，1980年にアメリカの裁判所が，流出原油の処理のために開発した微生物に特許を認めた例（チャクラバーティ事件）だとされる．その後アメリカは，特許を広く認める（プロ・パテント）政策をとったため，'90年代に入ると遺伝子配列やその断片までをも特許として申請したり，ベンチャー企業がばらばらに特許を申請するため，全体として技術の利用が阻害されるなどの不都合が出てきた．さらに多国籍企業が開発した医薬品が一部の国では高額な特許料のために使用できない事態が出現し，南北間で対立が起こった．

現在は，新規性，発明性，有用性という特許の原則を厳しく限る一方，その対象が何であるかは問わない方向で世界的な合意に向かっている．ただしEUの「生物工学の発明に関する指令」は，人間のクローンや胚の利用についての特許は，公序良俗に反するものとして認めないとしている．

体を離れた人体の部分は，限りなく商品に近いものになってしまっている．本人が直接売るものは血液，精液，卵子などであるが，代理母の場合も金銭目的であることが疑われる例がある．また，人が死亡すると，NGO（非政府組織）が病院に現れ，遺族の了解を得て，治療用に遺体の一部を無償で譲り受けるが，その後，NGOはこれを検査・加工・殺菌・配送を行う会社に売り渡す例がある．こうしてアメリカでは，治療用の皮膚・骨・腱などの供給がサービス産業化している．欧州はこのような状況にきわめて批判的で，EU（欧州連合）は人体の商品化を極少に抑える政策をとっている．

経済力に乏しい国の場合，貧困に由来する臓器売買が少なくない．フィリピン，インド，パキスタンなどの貧困地域では，片方の腎臓を売ることが日常的に行われている．欧米諸国の規範感覚からすれば非難されるべき行為だが，金銭を得るための最終手段として黙認されているのが現状である．世界保健機構（WHO）や国際移植学会は臓器売買を禁止するよう呼びかけているが，経済格差が現にある以上，裕福層や外国人に向けて臓器が売られている現状をどう抑え込んでいくか，決定的な対策があるわけではない．

8 生命倫理と国際条約

このように，これまで自己決定の原理のうえで議論されてきた生命倫理的な課題の多くが政治問題となり，世界的な共通ルールを打ち立てる必要が出てきている．そんななか，欧州は，生命倫理に関して普遍的価値を確立させようと努力してきている．例えば，欧州人権規約を所管する欧州評議会（Council of Europe：本部はフランスのストラスブール）は，'97年に，「人権と生物医学条約」を成立させ，先端医療と人権にかかわる諸原則を条約という形に結実させた．さらにこの条約の下で，クローン人間作製禁止，臓器移植，臨床実験に関する議定書を成立させてきている．また，パリに本部があるユネスコは，'97年に「ヒトゲノムと人権宣言」を採択し，続いて，ゲノム研究における遺伝情報の取り扱いに関する宣言と，生命倫理の基本原則についての宣言を採択している．一方，ニューヨークの国連総会の場では，クローン人間禁止条約について討議がなされたが，人間の受精卵の扱いについて意見が割れ，結論は先送りとなった．全世界レベルで，生命倫理に関する共通ルールが確立されるまでには，まだ長い話し合いの過程が必要なようである．

Column ······ スイス憲法と生命倫理

世界を見渡すと，生命倫理に関する条項を憲法条文としてもっている国としては，スイスがある．スイスは，直接民主主義という形態をとる特殊な国であり，選挙で議員を送り込むのに加え，イニシアチブという政策提案の手続きが認められている．この結果，スイス憲法は，国民からの多様な政治的要請を束ねたものになってしまい，これを編集し直して国民投票にかけられたのが，2000年に発効した現憲法である．そのなかで，第119条は，人間に対する生殖技術と遺伝子技術について（コラム図10-1），第119条aは臓器移植について，第120条は人間以外についての遺伝子組換え技術について規定した条文である．スイスではこれらの条文に従って，生殖技術法や臓器移植法など先端医療に関する個別法が成立している．

第119条（人間に対する生殖医学および遺伝子技術）
 1. 人間は，生殖医学および遺伝子技術の濫用から保護される
 2. 連邦は，人間の生殖細胞物質および遺伝物質の取り扱いに関する規則を公布する．その場合，人間の尊厳，人格および家族の保護は尊重され，特に以下の基本原則を遵守する．

① クローン人間，人間の生殖細胞・胚の遺伝物質への侵害の禁止．
② 医学的補助生殖技術は，不妊もしくは重篤な疾患を伝達する恐れが他の方法では回避できないときにのみ，子に特定の特徴をもたらしたり，研究目的でない限り，実施することができる．女性の体外での人間の卵細胞を受精させることは，法律が定める条件の下でのみ認められる．人間の卵子は，直ちに移植できる数だけを，女性の体外で胚にまで発生させることができる．
③ 胚提供，代理母は許されない．
④ 人間の遺伝物質は，本人が同意するか法律の規定がある場合にのみ，検査し，記録し，あるいは公表することができる．
⑤ 何人も自身の血統に関するデータへのアクセス権をもつ．

コラム図10-1　スイス憲法（例）

本章のまとめ

- 生命倫理は，1970年代のアメリカで生まれた新しい学問で，拡大された医療倫理と，生命科学研究に付随する価値にかかわる諸問題を，学際的に扱う立場である．

- その中心には，臨床研究における被験者の人権擁護がモデルとしてある．これは第二次世界大戦中に行われた非人間的な人体実験に対する深い反省に立つものであり，人間の尊厳を大原則とする．具体的な規制手続きとしては，被験者におけるインフォームド・コンセントと，機関内審査委員会における研究計画の審査が，その核心である．

- これに加え，これまでの生命倫理の議論は，キリスト教的な価値観と重なる部分が少なくない．妊娠中絶の自由化論争が出発点となり，どこから人間が始まるのかが重要課題となっており，欧州ではこれらの議論を前提に生殖技術法を制定した国が多い．

- アメリカは，人体の一部が商品化しており，これに欧州社会は批判的である．欧州社会は人体的自然の取り扱いに関して，個別法を制定する方向にあり，欧州共通の生命倫理の原則を志向している．

第Ⅲ部　ヒトと社会

11章　生命技術と現代社会

　生命科学の発展は，生命の本質やしくみの解明に役立ってきただけではない．日々の生活に深く食い込み，社会を大きく変化させてきた．その影響は，医療分野にとどまらず，食生活や犯罪捜査にまで及ぶ．

　21世紀における生命科学の技術的発展は，現代社会をさらに大きく変えていく可能性を秘めている．そうした変化に対応していくためには，生命技術のもつ「ベネフィット」と「リスク」の両方を把握し，バランスを考えることが欠かせない．

　本章では，先端生命技術のなかでも，「遺伝子技術」「クローン技術と幹細胞技術」に焦点を当て，技術の現状と可能性，社会的影響，リスクとベネフィットのバランスについて考える．

1 遺伝子技術

❖ 遺伝子組換えの歴史と発展

　遺伝子の本体であるDNAの二重らせん構造は，1953年に米国人のジェームズ・ワトソンと英国人のフランシス・クリックによって発見された．DNAの2本の鎖は互いに写真の「ポジ」と「ネガ」のように対をなし，遺伝情報の複製に重要な役割を果たしている．この構造が明らかになったことにより，生命現象をDNAの情報をもとに解明しようとする分子生物学が発展した．

　'73年には，遺伝子組換え技術（組換えDNA技術）が登場し，分子生物学の重要なツールとなった．DNAを特定の位置で切断し，切り出したDNA断片を別の細胞に組込んで働かせる技術で，コーエンとボイヤーが確立した．この技術を可能にしたものに，遺伝子を決まった場所で切断する「はさみ」の役割をする「制限酵素」などがある．制限酵素の発見者は，後にノーベル賞を受賞している．コーエンとボイヤーはノーベル賞こそ受賞していないが，遺伝子組換え技術の基本特許により，コーエンが所属していたスタンフォード大学に巨額の特許収入をもたらした．

　遺伝子組換え技術には，それまでの生命技術と根本的に異なる点がある．

　第一に，特定の生物の「設計図」「レシピ」にたとえられるゲノム（3章p.34参照）を遺伝子のレベルで変化させることにより，その生物の性質を設計図のレベルで変化させることができる点である．遺伝子組換えを配偶子や受精卵に施した場合は，遺伝子レベルの変化は子孫にまで伝わる．つまり，種の性質そのものを変化させる可能性がある．

　第二に，異なる種の間で遺伝子を組換えることを可能にした点である．1章で述べた通り，地球上の生物は種の違いにかかわらず，遺伝情報の担い手としてDNAを使っている．したがって，人間の遺伝子を植物や微生物に導入して働かせることもできるし，その逆も技術的には可能である．これは，通常の生殖では起こり得ない．

❖ アシロマ会議

　遺伝子組換え技術が開発された当初，科学者自身の間でも，技術を生物に応用することによって生じる危険性を懸念する声が生じた．一部の科学者が中心となって，遺伝子組換えを応用する前に専門家集団としてガイドラインを作成することを決め，それまで技術の利用を保留する「モラトリアム」を科学論文誌『サイエンス』で呼びかけた．

　この呼びかけに応え，世界の生物学者らが集まって遺伝子組換え技術の評価をする会議が'75年，アメリカのアシロマで開催された．この「アシロマ会議」は，科学技術の応用と規制を考えるうえで，エポックメイキングな出来事と捉えられている．なぜなら，そ

れまでの科学技術では，開発はすなわち応用を意味し，開発の当事者である科学者が，技術の応用を自主規制しようとすることはなかったからである．

アシロマ会議では，生物学的，および物理的封じ込めが適切に行われるなら，組換えDNA実験のほとんどは推進すべきだが，リスクの高いものは延期すべきであるという点で合意した．生物学的封じ込めとは，DNAを組込む細胞とDNAを運ぶベクター※1の組合わせで安全性を確保する手法，物理的封じ込めとは，組換え生物を外部に出さない実験室の構造をいう．

以後，この合意に基づき，各国で組換えDNA実験のガイドラインが制定され，指針に従って実験が行われてきた．

その後，生物の多様性に関する「カルタヘナ議定書」が2003年に発効，これに対応する国内法として「遺伝子組換え生物等の使用等の規制による生物の多様性の確保に関する法律」が制定され，組換えDNA実験指針に代わって組換え生物の取り扱いなどを規制している．

❖ 有用物質の生産

遺伝子技術はいくつかの方向へと発展した．代表的なものに，遺伝子組換えによる医薬品など有用物質の生産，遺伝子組換え作物や遺伝子組換え動物の作出，ヒトの遺伝子の解析とその医学的応用がある．

組換え技術による有用物質の生産には，大腸菌や酵母などが使われてきた．大腸菌や酵母には主たる遺伝情報を担うDNA以外に，「プラスミド」と呼ばれる小さな環状のDNAが存在する．プラスミドに他の生物の遺伝子を組込み，再び大腸菌などに取り込ませ，組込んだ遺伝子を働かせることができる．例えば，人間のインスリン遺伝子を組込んだ大腸菌を大量に増やすことによって，インスリンを大量につくり出すことができる．インスリンは糖尿病の治療に使われるが，従来は豚や牛の膵臓から取り出したものが使われていた．

遺伝子組換えによる有用物質の生産は，1980年にヒトインスリンで成功して以来，成長ホルモンやインターフェロンなどにも応用されてきた．

ただ，人間の遺伝子を組込んだからといって，人間の体でつくられるのと全く同じタンパク質ができるとは限らない．立体構造が異なったり，体内では付加される別の分子が付加されなかったりする場合がある．大腸菌に由来する不純物の除去にも注意が必要で，手間暇がかかる．効率よく安全性の高い物質生産をめざし，昆虫細胞や動物細胞を利用した遺伝子組換えも実施されている．

❖ 遺伝子組換え作物

遺伝子組換え作物は，主としてアグロバクテリウムという細菌を利用して作出される．この細菌もプラスミドをもち，植物に共生するとこれを植物の遺伝子内に挿入する性質がある．プラスミドに外来の遺伝子を組込むことにより，植物でその遺伝子を働かせることができる．

ダイズ，ワタ，ナタネ，トウモロコシなどの作物に殺虫活性をもったBt毒素と呼ばれるタンパク質の遺伝子を導入した「害虫抵抗性」の作物（図11-1）や，ある種の除草剤に対して耐性を与える遺伝子を導入し

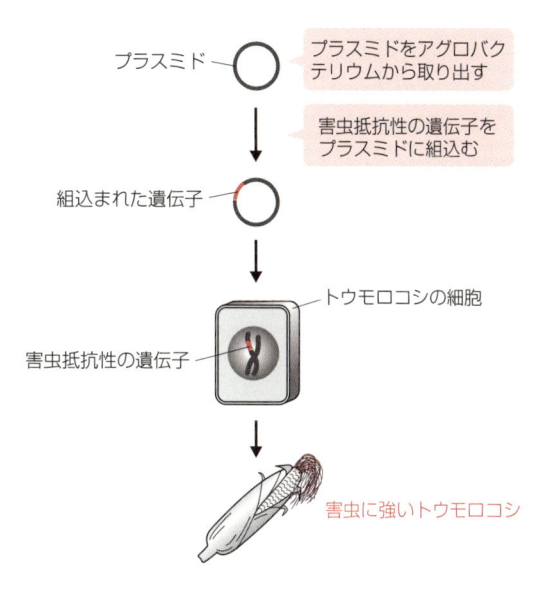

図11-1 遺伝子組換え作物のつくり方の概念図（害虫抵抗性トウモロコシ）

※1　組換えDNA実験でDNAを細胞に導入するための「運び屋」．ウイルスのDNAなどが用いられる．

た「除草剤耐性」の作物や加工品が市場に出ている．

こうした組換え作物の安全性をどのように考えたらいいだろうか．日本では，食品，飼料，添加物として市場に出す前に，政府の食品安全委員会が開発者に科学的なデータの提出を求め，安全性を評価している．組換え作物を単独で評価することはできないので，遺伝子を導入する前の普通の作物と比較して議論をする．導入した遺伝子の産物をつくること以外，もとの作物と性質などが限りなく同じと判断されれば，現時点で科学的に安全であると判断される．

また，組換え作物が合成するタンパク質が生物学的影響をもつ可能性も議論される．例えば「害虫抵抗性」作物の場合，Bt毒素遺伝子がつくるタンパク質は昆虫にだけ毒性をもち，哺乳類には作用しないことが科学的に示されている．Bt毒素タンパク質を人間がうまく消化できるか，アレルギーを起こす可能性がないかに関しては，現在ではほとんど問題ないと考えられている．

こうした安全審査の手続きを経ても，遺伝子操作自体にマイナスイメージをもつ人や，長期的には健康や環境に影響があるのではないかと不安を感じる人は多い．確かに組換え作物は歴史が浅く，不安が全くないとはいえない．

一方で，除草剤や農薬の散布を減らせる可能性がある．砂漠でも育つ「耐乾燥性」作物や，寒さに強い「耐寒性」作物などを開発すれば，食糧難に対応できるとの指摘もある．こうした潜在的なベネフィットとリスクをバランスにかけ，組換え作物の妥当性を判断する必要がある．

❖ 遺伝子組換え動物

動物への遺伝子導入も組換え技術によって可能になった．原理的には品種改良に応用することもできるが，これまでのところ，遺伝子組換えの肉類や魚類は市場に出ていない．むしろ，実験動物として遺伝子組換えマウスが幅広く利用されている（図11-2）．

Column 　　　　　　　　　　　　　　　　　日本における遺伝子組換え食品

除草剤耐性あるいは害虫抵抗性をもった遺伝子組換え（GM）のダイズ，トウモロコシ，ワタ，ナタネは，全作付けの半分がアメリカで栽培されている．このほか，アルゼンチン，ブラジル，インド，中国で栽培が増加している．アメリカ産ダイズの90％はGMダイズである．現時点で途上国の食糧対策には直接寄与しているとはいえないが，作物の生産を安定させ栽培の労力とコストを削減し，種子開発企業と生産者に利益をもたらしている．

日本の食料自給率は40％で，コメを除く主要穀物のほとんどを輸入に頼っており，結果的にGM作物に依存している．日本で食品としての安全性が認められているGM作物は多いが，国内での商業栽培は行われていない．消費者から利点がみえにくいこと，GM食品に抵抗を感じる人がいるためと考えられる．

2001年にJAS法が改正され，日本国内で販売するGM食品には一定の表示が義務づけられた．ただし，GM品種の混入が5％以下の場合には表示の義務はない．これは，商品表示における純度の問題であって，安全性の問題ではない．また食用油のように，原材料がGM品種であるかどうか検証できない商品にも表示義務がない．このため，消費者が気づかないままにGM食品は広く流通しており，多くの日本人が日常的に口にしている．

長い間，GM食品をめぐる議論の中心は安全性であった．これまで，予期しない毒素が発現したり混入したりしたことはなく，アレルギーの原因となるアレルゲン性を調べる方法も確立しているが，100％の安全性を保証することはできない．ただし，組換えではない在来食品にも100％の安全保証があるわけではない．GM食品の安全性については，科学的にどう検証されているかなどの理解を深め，広める努力とともに，予測が不確実な条件の下で最適の判断を下すためのリスク論に基づいた分析や議論が必要である．適切なリスクコミュニケーションも求められている．

'04年に生物多様性条約の国内関連法が施行されるころから，議論の中心は，GM食品の在来品種への混入や，野生種・近縁種への遺伝子の浸透へと移ってきた．品質の管理・保証の観点からも，消費者の選択権を尊重するという観点からも，生産・流通におけるGM作物とそれ以外の作物の棲み分けの方策が求められている．

従来のGM食品と異なり，消費者が直接利益を感じられる技術も求められるようになってきた．海外ではビタミンA前駆体をたくさん含むコメが開発された．日本でも花粉アレルギー緩和米が開発されたが，食品としてではなく，医薬品としての安全性や有効性の確認が必要となる．

組換えマウスにもいくつか種類がある．受精卵に外来の遺伝子を組込んで育てたマウスは「トランスジェニックマウス（transgenic mouse）」と呼ばれる．導入したいDNAを用意し，顕微鏡で見ながら細いガラス管で受精卵に注入するのが一般的な方法である．ただ，この方法では，ねらった染色体の位置に遺伝子を導入することはできない．また，遺伝子は通常の生物に比べ，過剰に働いていることが多い．

ねらった遺伝子を改変する方法は「遺伝子ターゲティング」と呼ばれる．この手法で遺伝子を破壊すると「ノックアウトマウス」ができる．ノックアウトマウスをつくるには，受精卵からつくる「胚性幹細胞（ES細胞）」を利用する（ES細胞については後述．**5章**も参照）．ねらった遺伝子を他の遺伝子に置き換える技術も開発されている．

いずれの組換えマウスも，特定の遺伝子が個体としての生物の体内でどのように働いているかを知るための手段となる．病気に関係のある遺伝子を組込んだり破壊したりすることで，「疾患モデル」のマウスをつくることもできる．

ただし，自然界に存在しない動物を作出する点では微生物や植物と同じで，環境に放出しないための封じ込めが重要になる．組換え動物を利用する場合には，組換え作物と同様に，リスクとベネフィットを天秤にかける必要が生じる．

❖ 遺伝子診断の光と陰

'80年代に入ると，人間の遺伝子の探求が盛んに実施されるようになった．特に注目されたのは，病気の原因となる遺伝子である．人間の遺伝病は遺伝子の突然変異や染色体の異常が親から子へ伝わることで引き起こされる．遺伝病の原因となる遺伝子の突然変異な

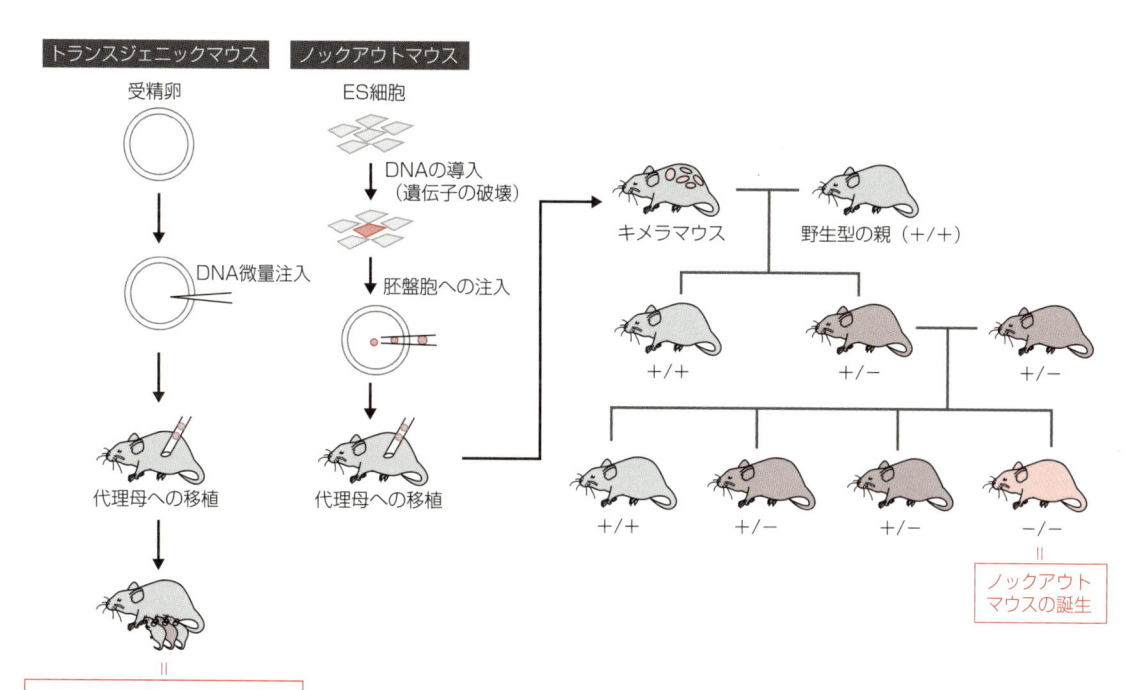

図11-2 遺伝子組換えマウスのつくり方

遺伝子組換えマウスには「トランスジェニックマウス」や「ノックアウトマウス」がある．ノックアウトマウスをつくるには，まず標的となる遺伝子を破壊したES細胞を，別に用意したマウスの胚盤胞（受精卵が数日育った段階）に注入する．これを代理母マウスの子宮で育てると，受精卵由来の細胞とES細胞由来の細胞が混じったキメラマウスができる．キメラマウスの体の中では，相同染色体の一方の標的遺伝子が破壊された細胞と，正常な細胞が入り混じっている．生殖細胞がES細胞に由来するキメラマウスと普通のマウス（野生型）を掛け合わせると，体中の細胞で対立遺伝子の一方の標的遺伝子が破壊されたマウス（+/−）が生まれる．このマウスを掛け合わせると，一定の割合で対立遺伝子の両方の標的遺伝子が破壊されたノックアウトマウス（−/−）が生まれる

どを突き止めるため，家系分析などが実施されてきた．最近では，いわゆる遺伝病ではなく，がん，糖尿病，高血圧といった生活習慣病の背景にある遺伝子の解析も精力的に進められている．

病気の遺伝子解析が可能にした技術に「遺伝子診断」がある．これまで可能になった遺伝子診断は，主として遺伝性疾患が対象である．診断にも複数の種類がある．特に社会的影響が論議されてきたものに，発症前診断，出生前診断，着床前診断などがある（p.130 コラム参照）．

発症前診断の例としてよく取り上げられるものにハンチントン病がある．主に中年期以降に発病する常染色体優性（3章p.36参照）の遺伝性疾患で，重篤な神経症状を引き起こす．今のところ治療法がない．'93年に原因となる遺伝子異常が発見され，遺伝子診断が可能になった．しかし，陽性の診断結果は治療不能の難病を将来，ほぼ確実に発病することを宣告されることを意味しており，診断には慎重さが必要となる．

出生前診断は生まれる前の胎児を診断する技術で，着床前診断は体外受精でつくった受精卵を遺伝子診断する技術である．いずれも，主として「重い遺伝性疾患の子供の出生を回避する」との目的で実施されるが，「胎児診断は人工妊娠中絶に結びつく」「どちらの診断も障害者差別に結びつく」といった批判もある（5章も参照）．

前述のような遺伝子診断は，主として単一の遺伝子が疾患を左右する「単一遺伝子病」について実施されてきた．一方，複数の遺伝子と環境が発病を左右する生活習慣病の遺伝子診断をめざす研究もある．特に，遺伝子の個人差であるSNP（3章p.39参照）を使った生活習慣病のリスク診断の可能性が注目されている．

❖ 遺伝子治療

遺伝子組換え技術は，人間の遺伝子治療も可能にした．遺伝子治療（3章図3-9参照）のもともとの発想は「病気の原因となっている故障した遺伝子を，正常な遺伝子と置き換える」というものだった．今のところ，置き換えることは技術的に難しく，正常な遺伝子や，病気と闘う遺伝子を付け加える戦略がとられている．

遺伝子治療の実施にあたって，安全性とともに焦点となったのは，人間の遺伝子を組換えること自体の是非である．組換えによって，人間の性質を変化させることには批判的な意見が強く，受精卵や配偶子の遺伝子を操作する遺伝子治療は世界的に禁止されている．人為的に加えた遺伝子の変化を子孫に伝えないためである．

一方，体細胞を対象とする遺伝子治療の場合，遺伝子の変化は一代限りであり，日本では重篤な病気や著しく生活の質にかかわる病気に限り，認められている．ただ現状では，成功例はごく限られている．

❖ ヒトゲノム計画

ヒトゲノムという聞き慣れない言葉が一般のメディアに登場し始めたのは'80年代後半である．3章で述べたように，ゲノムとはある生物の遺伝情報の1セット分を示す（図11-3）．人間の全遺伝情報の解読をめざす「ヒトゲノム計画」の可能性が論じられるようになったのが，'80年代である．

ヒトゲノム計画の第一段階として設定されたのは，ヒトゲノムを構成するDNAの全塩基配列を決定することである．それまで，科学者が興味をもった部分を手作業で細々と解読してきたのと異なり，ヒトゲノム全体をくまなく解読し，人間の全設計図を手に入れよ

Column ━━━━━━━━━━━━━━━━━━━━━━━━━ **出生前診断と着床前診断**

出生前診断は，羊水や絨毛を採取し，中に含まれる胎児由来の細胞について，染色体や遺伝子の異常を調べる手法である．主として重い病気の子供の出生を回避する目的で実施されるが，流産のリスクもある．

着床前診断では，体外受精でつくった胚の細胞の一部を採取し，染色体や遺伝子を調べる．重い病気の子供の出生回避に使われる以外に，染色体異常を原因とする習慣性流産の夫婦に適用されることもある．さらに，骨髄移植を必要としている病気の子供のために，HLA型（白血球の型）が等しい受精卵を選んで妊娠・出産するといったケースにも用いられることがある．

いずれも国レベルの規制はなく，学会レベルで指針が決められている．

うとする試みだった．科学者が興味のある対象だけに集中するそれまでの生物学とは根本的に異なるビッグプロジェクトで，開始前から，方法論やデータへのアクセス権などをめぐる論争があった．

アメリカは'80年代の終わりにヒトゲノム計画を国家プロジェクトとして位置づけた．これを皮切りに，日本，欧州，カナダなどが参加し，公的な国際共同プロジェクトとしてヒトゲノム解読が進められた．解析の重複を避けるため，研究グループによる作業分担も行われた．解読されたデータは公共のデータベースで公開されることも合意された．

こうした国際共同プロジェクトに一石を投じたの

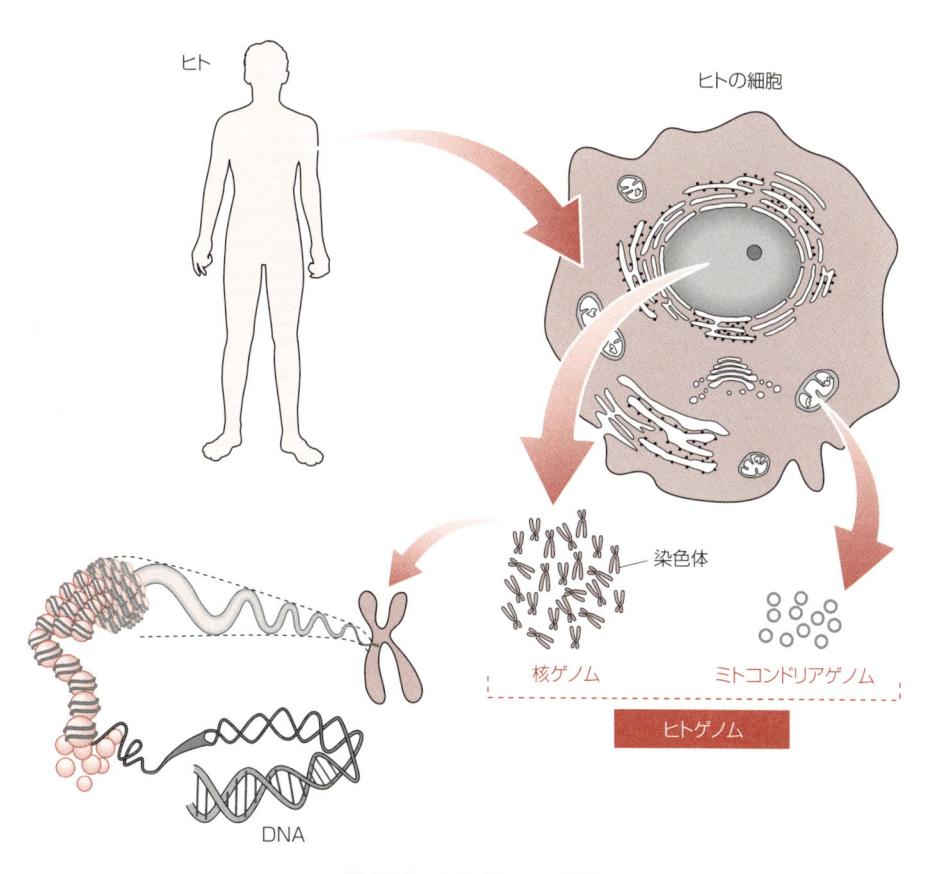

図11-3 ヒトゲノムの概念図

Column

遺伝子組換えの倫理的問題

遺伝子組換え技術が誕生したとき，アシロマ会議などで科学者が注目したのは主として「安全性」の問題だった．一方，一般市民の間では，生命の設計図ともいえる遺伝子を変化させること自体への倫理的な課題への関心も高まった．

微生物の遺伝子改変に抵抗がないとしても，より高等な生物の遺伝子改変に抵抗感をもつ人もいるだろう．例えば，魚に生物の発光に関係する遺伝子を導入することで「光る魚」をつくることができる．光る遺伝子を導入したマウスも誕生している．元来，研究のために実施されているものだが，観賞用の光る魚や光る動物を作製することもできる．こうした応用はどこまで許されるだろうか．

遺伝子治療も，実は人間の遺伝子組換えと考えることができる．人間の遺伝子組換えはどこまで許されるか．望みの遺伝子をもつ子供をつくる「デザイナーズ・ベビー」の考え方も議論されている．

11章　生命技術と現代社会

Column　バイオバンク

　ヒトゲノム計画が終盤に入ったころから，各国で「バイオバンク」構想がもち上がった．多数の人の血液と診療情報を収集し，個人の遺伝的体質と環境要因が，特定の疾患の発病や，特定の医薬品に対する作用や副作用と，どのように結びついているかを探る研究である．

　バイオバンクの先駆けとなったアイスランドのケースでは，全国民の診療記録とDNA情報をデータベース化することをめざし，国が法整備を行った．さらに，データベースの整備を民間企業の「デコード・ジェネティクス社」に依頼するのと引き替えに，一定期間，この企業にデータベースの独占的利用権を与えることを決めた．

　ところが，このやり方に対して，国内外から強い批判が巻き起こった．ここには，個人の遺伝情報を扱う権利が誰にあるか，その利用にあたってはどういう手続きが必要かという問題が絡む．

　日本では2003年から5カ年計画で，文部科学省の「オーダーメイド医療実現化プロジェクト」の下で，バイオバンクづくりが開始された．生活習慣病の患者を中心に30万症例分のDNA試料と血清試料の収集を予定している．

　バイオバンクの設立，利用にあたっては，適切なインフォームド・コンセント，個人情報の保護，バンクへのアクセス権などが課題であり，倫理的・法的・社会的問題を担当する部門も設けられている．

　バイオバンクなどの試料を使ってヒトの疾患や薬剤に対する反応性に関係する遺伝子を発見するためのツールづくりとして，国際ハップマッププロジェクトも実施された．

　生物学的な試料・材料を収集したバンクには，それぞれの目的に応じて，細胞バンクや実験動物のバンク，生殖医療目的の精子バンクなどもある．

Column　微量のDNAを増幅させる技術：PCR

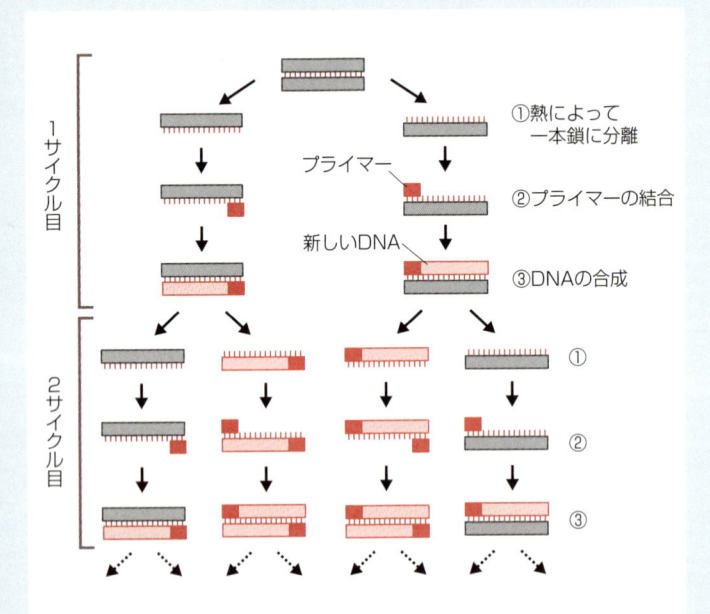

　DNAを分析したり，切り貼りしたりするには，ある程度の量のDNAが必要となる．しかし，1つの細胞に含まれるDNAはごく微量で，試料が少ない場合にはDNAを扱うことが難しい．

　この問題を一気に解決する技術をアメリカのリチャード・マリスが1980年代に開発した．特定のDNAの断片だけを指数関数的に増幅できるPCR（ポリメラーゼ・チェイン・リアクション）の技術である（コラム図11-1）．この技術を利用した装置は，今やDNAを扱う実験室には欠かせない．また，微量の試料を扱うDNA鑑定（p.133 コラム参照）にも使われている．

　一方で，感度がよいだけに，目的としていないDNA断片を増幅してしまうリスクがあり，試料の扱いには注意がいる．

コラム図11-1　PCRの原理

溶液中に，増幅したい部分を含む二本鎖のDNAと，増幅したい部分の両端に対応する一本鎖のDNA断片（プライマー），DNAポリメラーゼを入れておく．温度を90℃前後に上げるとDNAの二本鎖がほどけ（①），50℃程度に下げるとプライマーがくっつく（②），70℃程度に温度を上げると，一本鎖DNAを鋳型として，プライマーを出発点にDNAが合成される（③）．これを繰り返すことで，ねらったDNA部分が増幅できる

が，アメリカの分子生物学者，クレイグ・ベンターである．ゲノム解析のベンチャー企業を設立し，特許取得やデータ販売をめざし，公的なゲノム解読チームに対抗した．「官」対「民」の競争は，2000年に両者が共同で「ヒトゲノムのドラフトシークエンス（概要版）」を公表することで政治決着した．'03年には国際共同チームがヒトゲノム解読の完了を宣言している．

ヒトゲノム解読の結果，ゲノムを構成するDNAの全塩基配列は約30億であることが確認されたが，遺伝子の数は2万5千程度と予想に反して少ないことが明らかになっている．

❖ ヒトゲノム・遺伝子解析の倫理的課題

「アシロマ会議」は，技術の規制を科学者自らが事前に考慮した点でエポックメイキングだったが，ヒトゲノム計画でも従来とは異なる提案がアメリカでなされた．10章でも述べたように，ヒトゲノムの解読によって生じる倫理的・法的・社会的問題（ELSI）の研究をヒトゲノム研究の一部として位置づけ，ゲノム予算の3～5％を割く，という提案である．

アメリカではこの提案は実行に移され，多数の研究が実施されるとともに，アメリカ各地の大学に生命倫理関連のセンターを設置するきっかけにもなった．

日本では，1999年に政府が立ち上げた「ミレニアム・ゲノム計画」をきっかけにヒトゲノム・遺伝子解析の倫理問題がクローズアップされた．人間の遺伝子を解析する際の倫理指針が，まず，ミレニアム・ゲノム計画を対象に作成され，2001年には厚生労働省，文部科学省，経済産業省の3省が合同で全国レベルの「ヒトゲノム・遺伝子解析研究に関する倫理指針」を策定した．

指針は，人間の遺伝子の解析研究を実施する際には，必ず被験者からインフォームド・コンセントを得ること，研究計画や同意文書を施設内の倫理委員会で審査することなどを規定している（**10章**参照）．

Column ― DNA鑑定

人間のゲノムは約99.9％まで共通だが，残りの0.1％に個人差がある．この0.1％の違いが一人一人の個性を生み出している．

DNAの個人差を分析することにより，個人識別や親子鑑定をすることもできる．この技術を「DNA鑑定」と呼ぶ．

例えば，犯罪捜査では現場に残された血液などのDNAと，容疑者のDNAを比較し，同一人物のものかどうかを判別することなどに使われる（**コラム図11-2**）．

人間は誰でも，母親と父親からDNAを受け継ぐ．したがって，子供のDNAの特徴のうち，母親のDNAにない特徴は，父親のDNAに存在することになる．この原理を使い，子供の父親を特定する「父子鑑定」が，裁判などで使われている．

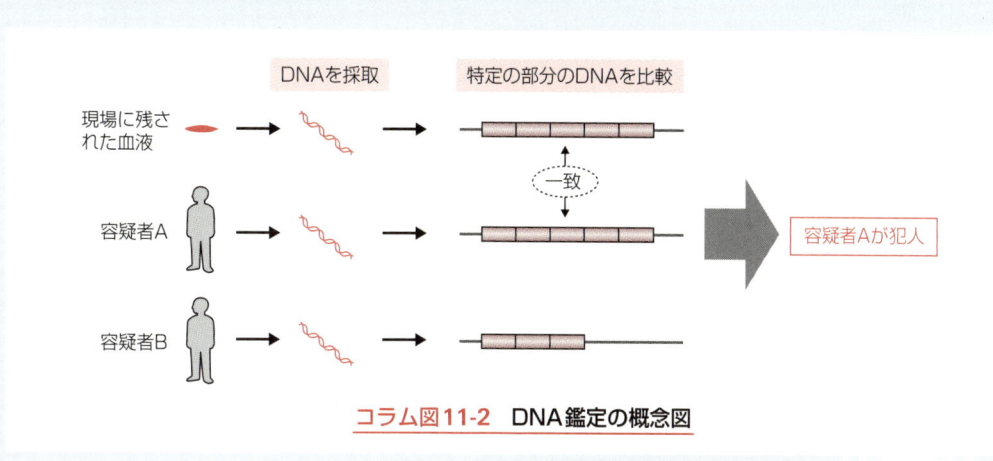

コラム図11-2 DNA鑑定の概念図

2 クローン技術と幹細胞技術

❖ クローン羊

　1997年2月23日，イギリスの日曜紙がクローン羊「ドリー」誕生のニュースを報じた．エジンバラにあるロスリン研究所でドリーが生まれたのは'96年7月である．その誕生は一般には秘密にされ，2月27日付けのイギリスの科学論文誌『ネイチャー』に掲載されることが決まっていた．イギリスの新聞はこれをすっぱ抜いたことになるが，実は，ネイチャー誌は主要メディアに対し，解禁日付きで事前のプレス・リリースを流していた．ドリーの誕生は，「解禁日破り」が起きるほどの大ニュースだったと考えることもできる．

　クローン羊「ドリー」の出発点は，6歳の雌羊の乳腺細胞である．核を取り除いた羊の卵子に，この乳腺細胞を核移植し，受精卵のような細胞をつくり出した．これを代理母羊の子宮に入れて育てた結果，ドリーが誕生した（図11-4, 図11-5）．

　受精卵にはどのような細胞・組織・臓器にもなれる「全能性」がある．ドリーの驚きは，「受精卵から発生し，分化（**5章**参照）によって役割が決まった哺乳類の細胞は，再び受精卵のような全能性を取り戻すことはない」という，生物学の常識を覆した点にある．さらに，この技術は，すでに成長した個体と遺伝情報が全く等しい個体を，新たにつくり出すことができることを意味する．

　ドリーの誕生は，直ちに「クローン人間」誕生の可能性を想起させ，世界中に論争が巻き起こった．

　日本では，まず政府の科学技術会議（当時）がクローン人間作製にモラトリアムをかけ，生命倫理委員会を発足させた．'98年1月に，その下部組織として「生命倫理委員会クローン小委員会」が発足，'99年の12月に報告書が承認された．この報告に基づいて「クローン技術規制法案（正式には「ヒトに関するクローン技術等の規制に関する法律」案）」が国会に提出され，2000年12月に成立した．法律は，クローン人間の作製を禁じただけでなく，クローン技術などによって作製される特殊な胚についても記述し，その作製や子宮への移植を規制している（p.135**コラム**参照）．

図11-4　クローン羊「ドリー」（手前）と代理母羊
写真提供：ロスリン研究所

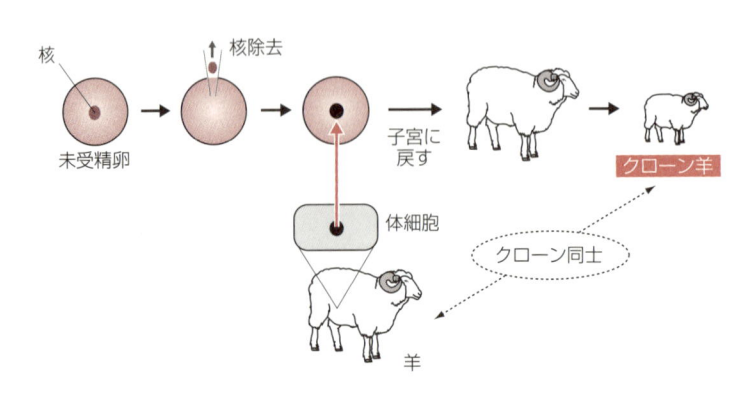

図11-5　クローン羊のつくり方

❖ ヒトES細胞

クローン技術の規制の議論が進められていた'98年11月，人間の発生にかかわるもう1つの重要な技術が開発された．ヒト胚性幹細胞（ヒトES細胞）の樹立である．

ES細胞は，動物の受精卵が育って「胚盤胞」と呼ばれる段階になった時点で，内部の細胞の塊を取り出し，一定の条件で培養してつくり出す（図11-6）．マウスのES細胞はこれ以前に作製され，前述したキメラマウスづくりや，ノックアウトマウスづくりに利用されてきた（図11-2参照）．マウスで明らかになっているES細胞の主な特徴は，「どのような細胞にも分化できる多能性をもつ」「未分化のまま（つまり，細胞の役割が決定されないまま）長期にわたって培養できる」という点である．胚性幹細胞の「幹細胞」は，樹木の幹から枝葉が伸びるように，ここからさまざまな性質の細胞が生じることを意味する．

ヒトES細胞の樹立により，ES細胞を利用する「再生医療」（5章参照）への強い関心が生まれた．ES細胞の多能性を利用すれば，けがや病気で傷ついたり失ったりした細胞・組織・臓器をつくり出せるのではないか，との期待が生じたためである．例えば，パーキンソン病の患者の脳で不足している特定の神経細胞をES細胞からつくり出して移植したり，脊髄損傷で体が麻痺している人にES細胞からつくった神経細胞を移植する，といった発想である．さらに遠い将来には，心臓や肝臓などの臓器そのものを試験管の中でつくり

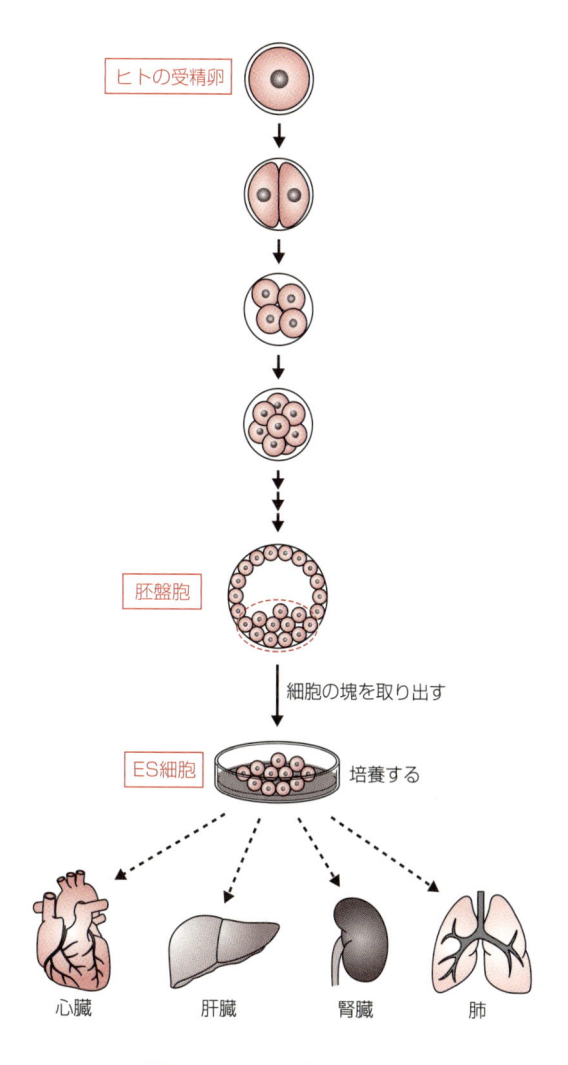

図11-6 ES細胞のつくり方

Column　クローン規制法と特定胚指針

クローン規制法はヒトクローン胚を含め，全部で9つの特殊な胚（特定胚）について記述し，その扱いを定めている．

「ヒト性融合胚」は動物の卵子から核を除きヒトの体細胞を核移植した胚．「ヒト胚分割胚」はヒトの胚を分割した胚，「ヒト胚核移植胚」は分割した胚細胞を核移植した胚．「ヒト集合胚」は異なるヒト同士の細胞を混合した胚，「ヒト性集合胚」「動物性集合胚」はヒトと動物の細胞を混合した胚．

「ヒト動物交雑胚」はヒトの卵子と動物の精子，またはヒトの精子と動物の卵子を受精させた胚．「動物性融合胚」はヒトの卵子を除核し，動物の細胞を核移植した胚をいう．

法律は，9つの特定胚をつくること自体は禁止せず，「ヒトクローン胚」「ヒト動物交雑胚」「ヒト性融合胚」「ヒト性集合胚」の4つの胚の子宮への移植を禁止している．違反者には「懲役10年以下または1,000万円以下の罰金」を課している．

残る5つの胚の子宮への移植や，特定胚全体の作製・研究は法律に基づく「特定胚指針」による文部科学大臣への届出制となっている．特定胚指針は，すべての特定胚の子宮への移植を禁じると同時に，「動物性集合胚」を除く8つの胚の作製・研究も禁止している．ただし，ヒトクローン胚については，政府の総合科学技術会議が2003年に作製・研究を容認する方針を打ち出している．

出せるのではないかという期待も生まれた．

一方で，ヒトES細胞の作製には受精卵が育った胚を壊す必要があり，各国で倫理問題が議論された（p.136**コラム**参照）．

❖ 日本のES細胞指針

日本でもヒトES細胞をめぐる議論があり，厳しい条件の下で作製を認める国の指針が2001年9月に施行された．認められているのは研究目的での作製のみで，臨床応用は認められていない．日本のES細胞の指針は，ヒトの胚を「人の生命の萌芽」と位置づけ，「誠実かつ慎重に扱う」と規定した．

ヒトES細胞をつくるための受精卵は，不妊治療を実施しているカップルが生殖補助医療（**5章**p.63**コラム**参照）のために作製して凍結保存していたもののうち，もはや使わないことを決めた「余剰胚」に限っている．ES細胞を樹立できる研究機関にも，研究実績や技術能力など一定の条件が課せられている．受精卵を提供する医療機関も，ES細胞をつくる研究機関も，施設内の倫理委員会の審査と，国の審査のダブルチェックを受ける必要がある．

こうした厳しい条件には，ヒトの胚を生命そのものと認めるわけではないが，通常の細胞とは異なるものとして扱うという意識が反映されている．

❖ ヒトクローン胚

前述したクローン規制法に基づく「特定胚指針」では，ヒトクローン胚の作製が禁止された．しかし，この胚の作製をめぐっては，日本国内でも内閣府の総合科学技術会議に設けられた「生命倫理専門調査会」を舞台に，論争が生じた．再生医療の実現にとって，ヒトクローン胚づくりが欠かせないと考える人々と，ヒトクローン胚づくりは時期尚早であり，倫理問題もクリアできないと考える人々の間で，意見が対立したためである．

ヒトクローン胚づくりの容認を求める人々の主張は，「拒絶反応のない再生医療に役立つ」というものである．受精卵から作製するES細胞は，ここから治療用の細胞や組織をつくったとしても，患者に移植した際に拒絶反応を引き起こす可能性がある．患者の体細胞からクローン胚をつくり，ここからES細胞をつくって利用することで，拒絶反応が防げるという発想である．

一方，ヒトクローン胚づくりに慎重だったり，反対だったりする人々の意見は次のようなものである．クローン胚から作製するES細胞が実際に再生医療に利用できるかどうか，動物実験レベルでも確かめられたとはいえない．ヒトクローン胚は子宮に入れて育てるとクローン人間になる可能性を秘める胚であり，安易な作製は認められない．しかも，ヒトクローン胚の作製には人間の卵子が大量に必要であり，その倫理問題も解決していない，という主張である．

これに対し，推進派の人々は「動物実験ではわからないこともある」といった反論を展開した．結果的に，卵子の取り扱いや女性の保護などに一定の条件を課したうえでヒトクローン胚作製を認めるとの結論が

Column ヒトES細胞・クローン胚に対する各国の規制

ヒトES細胞作製の倫理は特にキリスト教を背景とする欧米諸国でクローズアップされた．カトリックなど保守的なキリスト教の宗派では，人間の生命は受精の瞬間に成立するとの考えがある．この考えに立つと，受精卵を壊してES細胞を作製することは，殺人にも等しい．

生命としての受精卵の保護か，それとも，再生医療による患者の救済の可能性か．両者のバランスをどう考えるかは，人によっても，国によっても異なる．

アメリカではES細胞が大統領選の焦点にまでなった．宗教保守派を支持基盤とする共和党ブッシュ政権はヒトES細胞の作製に連邦資金を拠出することを大統領令で禁じた．これに対し，科学者や議会はES細胞研究の推進を求めるというねじれ構造が生じた．民主党の考えは異なり，ヒトES細胞をめぐるアメリカの政策は時の政権の方針によって変化していくと考えられる．

イギリスでは一定の条件の下でヒトES細胞作製も，ヒトクローン胚作製も認めている．ドイツは胚保護法により，ヒトES細胞もヒトクローン胚も作製を認めていない．フランスは一定の条件の下でヒトES細胞作製を認めているが，ヒトクローン胚作製は認めていない．アメリカでも民間の資金でヒトES細胞やヒトクローン胚を作製することは禁じられていない．

'04年7月にまとめられた.

ヒトクローン胚を使ったES細胞の作製をめぐっては，韓国で論文捏造が発覚する事件が起きた（p.137 **コラム**参照）．この事件では卵子の扱いをめぐっても倫理的に不適切なケースがあったことが明らかにされている．

医療への応用の可能性と，クローン技術や卵子の扱いがはらむ倫理問題とのバランスをどう考えるか．さらには，動物実験から人間を使った実験にどの段階で移行してもいいかといった考え方にもかかわり，論争が続いてきた．

❖ iPS細胞

ES細胞やヒトクローン胚のもつ弱点を克服する手段として，卵子も受精卵も使わず，ES細胞と同等の細胞をつくり出す研究が進められてきた．

京都大学のグループは，ヒトの皮膚の細胞に4種類の遺伝子を導入し，ES細胞と同等の多能性をもつ細胞をつくることに2007年に成功した．この細胞は「iPS細胞（induced pluripotent stem cell）」と呼ばれる．ヒトの受精卵を壊したり，ヒトクローン胚をつくったりする必要がないだけでなく，患者自身の細胞から多能性の細胞をつくることができ，拒絶反応のない再生医療に結びつくと期待されている．

ただし，iPS細胞には，がん化のリスクがあり，まだ安全性が確立されたとはいえない．ここから，再生医療に使えるさまざまな細胞・組織を安定してつくり出す技術も確立されていない．さらに，iPS細胞から卵子や精子などの細胞ができる可能性もあり，ルールづくりが重要となる．

❖ 体性幹細胞

さまざまな細胞に分化できる多分化能をもつのはES細胞やiPS細胞だけではない．ある程度分化が進んだ体細胞のなかにも，複数の細胞に分化する能力をもつものがある．そうした細胞は体性幹細胞と呼ばれる（**5章**参照）．

体性幹細胞には，白血球や赤血球などに分化する造血幹細胞，さまざまな神経細胞に分化する神経幹細胞，骨，軟骨，心筋などに分化できる間葉系幹細胞などがある．受精卵やクローン胚がはらむ倫理問題を回避できるため，より実現性が高いとの見方がある．一方で，分化できる細胞の種類などに限界があるとの見方もあり，ES細胞やiPS細胞との単純な比較は難しい．

Column　ヒトES細胞捏造事件

韓国ソウル大学のファン・ウソク教授のグループは，ヒトクローン胚をもとにしたES細胞の作製を2004年に論文発表し，'05年には脊髄損傷の患者らの細胞からヒトクローン胚をもとにしたES細胞をつくったと論文発表した．再生医療の実現に一歩近づく成果として，世界の注目を集めたが，'05年末〜'06年にかけて，これらの成果が捏造であったことが明らかになった．この事件では，成果争いをめぐる科学者の倫理規範がクローズアップされた．

ファン教授らのグループはこの研究のために2,000個を超える卵子の提供を受けており，無償提供が原則の卵子に対価が支払われたケースもあった．韓国は，先端生命科学研究における国際基準を導入するべく，2005年1月に生命倫理法を施行しているが，研究現場の倫理観と西欧的倫理規範の間にギャップがあることも浮き彫りになった．

本章のまとめ

- □ 遺伝子組換え技術が開発された際には，まず科学者自らが自主規制を検討した．
- □ 遺伝子組換え技術は，有用物質の生産，植物の品種改良，病気のモデル動物づくりなどに利用されている．
- □ ヒトの遺伝子を検査する遺伝子診断には，いくつかの種類があり，それぞれ，倫理的・社会的影響の検討が欠かせない．
- □ 遺伝子治療で認められているのは体細胞の遺伝子組換えであり，子孫に伝わる生殖細胞の遺伝子組換えは世界的に認められていない．
- □ ヒトゲノム計画は人間の全遺伝情報を解読するプロジェクトで，計画実施の際には倫理的・法的・社会的問題を検討することの重要性が指摘された．
- □ 日本では，ヒトのクローン技術は法律で規制され，クローン人間の作製などが禁止されている．一方，ヒトES細胞は行政指針で規制され，一定の条件で作製が認められている．
- □ ヒトクローン胚作製研究をめぐり，再生医療に役立つとの見方と，ヒトでの研究は時期尚早との見方が対立している．
- □ さまざまな生命技術の応用を考える際には，リスクとベネフィットのバランスを考慮することが欠かせない．

第Ⅲ部 ヒトと社会

12章 多様な生物との共生

　地球にはさまざまな生物が生息している．膨大な生物多様性の種名のリストを眺めても個々の生物の生活は見えてこない．さまざまな環境の中で生き物は生活し，子を残し，そして死んでいく．その繰り返しのなかで世代を更新しているので，その実態に即して，彼らの生態をダイナミカルに理解することが重要である．さらに，21世紀初頭には人口は66億人にまで達しているが，人間が生活することで地球環境に大きな負荷を与えている．生物多様性と地球環境の保全も考えなければいけない．本章では，環境への適応，生物間相互作用と個体群動態，生物群集と多様な種の共存，生態系の構造と動態を理解し，そのうえに立って生物多様性の保全などを解説する．

1 環境への適応

❖ さまざまな環境要因

　地球の生物は，深海や深い地中の岩盤の中から大気の成層圏まで，乾燥しきった砂漠から硫黄泉まで，ありとあらゆる環境に分布している．地球上で生物が生息している領域を全体として生物圏という．生物は，光・温度・水分・土壌・大気などの無機的要因から影響を受けるが，さまざまな生物によって生じる作用もある．生物の生活することで逆に環境条件を変えていく働きを環境形成作用という．例えば，火山で溶岩が流れスコリア（火山噴出物の一種）が降り積もった場所でも，地衣類が繁茂することで岩のくぼみに多年草の種子が飛んできて根づくと，そこを中心に枯葉が溜まって土壌化が促進される．そこが足場となって草本が繁茂し，やがて樹木が増えて明るい林を形成する．それに伴って，木立の中の照度や温度条件などが変化し，乾燥が妨げられ，たくさんの落葉による土壌中の有機物が増加し，次の生物種が侵入可能となる．このように，生物種の存在自体が刻々と環境条件を変化させるのである．

　また生物間の相互作用は，同じ食物をめぐって争う競争，天敵が餌を捕らえる捕食などがある（本章 2 参照）．このように，生物は変化に富む多様な無機的・有機的な環境の中で生活しており，そこでは機能的な生活のしかたを発揮する必要がある．それが次に述べる適応である．

❖ 環境への適応—自然選択の作用

　生物はその環境の中で生活するうえで，形態的・生理的・生態的にうまく機能する形態や性質を備えており，これを適応という．適応した形質は，生物の生活において合目的にすらみえる機能を果たすが，もちろんそれに見合うように生物が臨機応変に即時対応したためではない．その環境中で長い年月生活するうちに，突然変異で新しい遺伝子が現れては消え，そのなかからより有利な遺伝的形質をもった個体が平均してより多くの子孫を残すという自然選択による作用が長期間続いた進化の結果として，現在みられるような適応的な形質が生物に備わったのである．

　その例として，高度8,000mものヒマラヤ山脈の上空を飛んでインドからチベットへ渡りをするインドガンをあげよう．インドガンは，ヘモグロビンα鎖のアミノ酸1つが置換しており，そのためヘモグロビンの高次構造が変化して鉄イオンを囲む部位での酸素分子の親和性が近縁のガン類と比べて格段に高くなっている．これにより超高度の飛翔による渡りができる条件が整った．インドガンの祖先にこのような突然変異遺伝子が発生して小さな集団に蔓延し，その一群が山脈を越えて夏をチベット高原で繁殖できたとしたら，近縁のガン類と遺伝的交流がなくなり，やがて生殖隔離が確立したものと思われる．

　このように適応は，乾燥地域・高山・深海・高温・低温など特殊な環境で生活する生物に特にはっきりとみることができるが，もちろん温暖な環境においても

あまねくみられる．

2 生物間の相互作用と個体群の動態

❖ 個体群とは

　生物は一個体だけ単独でばらばらに生活しているのではない．同じ種に属する生物は，どの個体も生活場所，餌や養分の摂り方，繁殖期などが共通しており，個体同士は密接な関係をもちながら生活している．ある地域に棲んで相互作用し合うこのような同種の生物集団を個体群と呼ぶ．同種であっても，山や河・谷あるいは生活に不適な市街地や農耕地によって隔てられた個体同士は，生活上の直接の関係はないので，別々の個体群に属する．例えば，ツキノワグマは中国地方から近畿地方にかけて4つの個体群に分かれて分布しており，大きな河川が個体群の遺伝的交流を妨げている実態がDNA分析によってわかってきた．

❖ 密度効果と世界の人口増加

　一定量の寒天培地の入った容器に最初にショウジョウバエを少数入れ，生き残ったハエと次世代で羽化したハエを混ぜて同じ培地量の新しい容器に移す．これを定期的に繰り返すと，ハエの個体数はどんどん増えるが，やがて限られた資源や生息空間をめぐる種内競争（密度効果と呼ぶ）が強くなって生存率や繁殖力が低下する．そのため増え方が次第に鈍り，ついにはほぼ一定の個体数に到達する（図12-1）．このような条件で得られる個体数のS字形増加パターンをロジスティック曲線と呼び，多くの動植物はほぼこれに従う．

　しかし，人類の人口を眺めると，そうではない（図12-2）．世界の人口は，有史以来，18世紀頃までは長い時間をかけてゆっくりと増えてきた．ところが，ここ100年間ほどの増加率が極端に上昇しており，2006年には約66億人にまで達している．人類はその環境を自ら大きく変えることで，快適な生活に必要な物資を増産してきた．――密度効果が働かなかったつけが，近い将来にやってくるのだろうか？

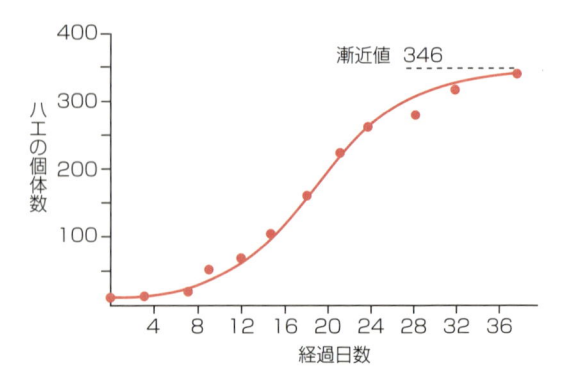

図12-1　ショウジョウバエの個体数の時間変化
環境収容力に収束する．『動物の人口論』（内田俊郎），NHKブックス，1972：p29，図II-1より改変

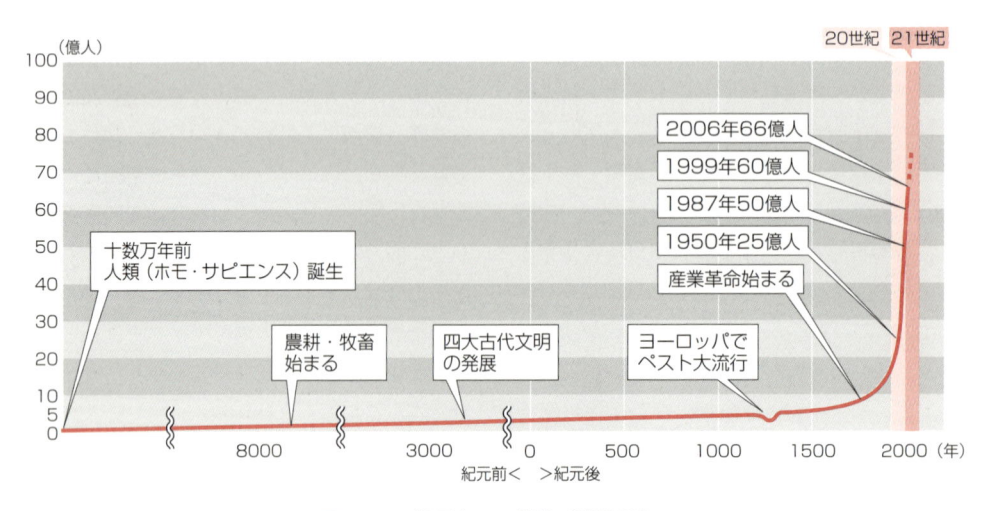

図12-2　世界人口の推移（推計値）

❖ 種間競争とニッチ

種間でも同じ資源をめぐって競争することが多い（種間競争）．ショウジョウバエの2種類，キイロショウジョウバエとカスリショウジョウバエを混合して1.5 cmの浅い培地の入った容器に導入し世代を更新すると，10世代以内にカスリショウジョウバエがほぼ消滅してしまう（図12-3A）．この現象を競争排他という．ところが同じ2種類を3 cmの深い培地の入った容器で世代を更新すると，カスリショウジョウバエは約5〜10%の低頻度ながらも長く共存する（図12-3B）．培地を上下1.5 cmずつの2層に分けて幼虫の個体数を調べると，上層にはキイロショウジョウバエの幼虫が圧倒的な数で生息しているが，下層にはキイロショウジョウバエは少なくカスリショウジョウバエが比較的多い．カスリショウジョウバエの方が酸素分圧の低い培地の深いところまで潜る能力がある．このように，生息場所や餌などの「資源の利用のしかた」をニッチ（生態的地位）といい，上記の例のように，競争する2種が生息場所や餌資源を分ける現象（棲み分け・食い分け）をニッチの分化という．

野外でのニッチの分化による競争種の共存例は，多くの近縁種間にみられる（図12-4）．北アメリカの近縁のザリガニである *Orconectes virilis* と *O. immunis* は，前者が川の下流，後者が上流に多く分布する．両種とも単独のときには石底の場所を好むが，中流域で2種が一緒に分布する地域では，闘争に弱い *O. immunis* が本来の好みの石底から泥地に生活場所を変えて共存している．

「ニッチ」概念は，人間社会の経済行為としても合い通じるものがある．例えば，外食産業でも，同じような種類のハンバーガー・チェーン店同士は競争が激し

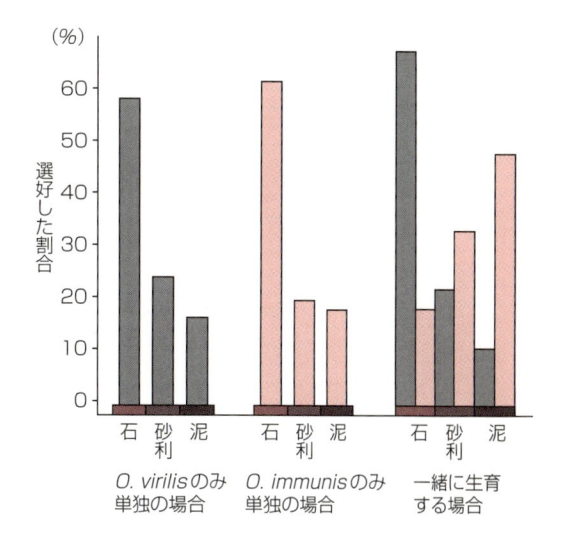

図12-4 アメリカザリガニ *Orconectes* 属2種の川底の基質に対するニッチの分化

Bovbjerg, R. V.: Ecology, 51: 225-236, 1970より改変

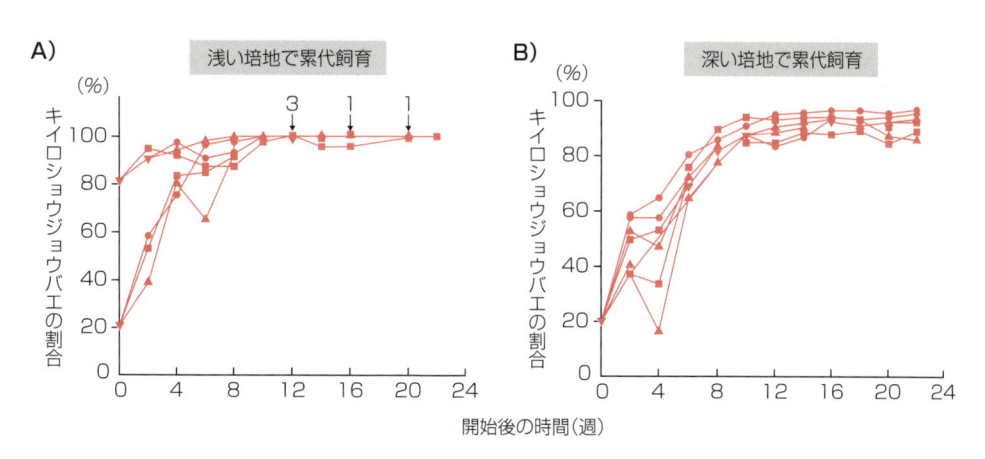

図12-3 競争排他とニッチ分化による共存の例（キイロショウジョウバエとカスリショウジョウバエ）

A）浅い培地で飼育したもの．キイロショウジョウバエの初期頻度を20%で開始しても，80%で開始しても10週前後で100%に到達する．図中，数字は消滅した繰り返しの系統数．B）深い培地で飼育したもの．初期頻度はキイロショウジョウバエが20%の図を示す．『The Niche in Competition and Evolution』(Arthur, W.), Wiley, 1987: p74, Fig.5.5 (A), p73, Fig.5.3 (B) より改変

く競争排他が起こるので，一風変わった新製品を販売することでニッチの分化・差別化を図っている．また，大資本会社が見逃しているニッチを求めて，隙間産業として地位を確立しているベンチャー会社も多い．このように，生態学（Ecology）と経済学（Economics）は，ともに「家」というラテン語oikosに由来するので，共通する概念が少なくない．生態学は，いわば自然界の「生き物の経済学」ともいえよう．

❖ 捕食作用

動物が，他の動物を餌とする場合これを捕食という．天敵と餌種の個体数の関係は，興味深い周期的振動をもたらすのでよく研究されてきた．餌種が増えるとやがて天敵も増加し，天敵の増加は餌種の減少をもたらす．餌種の不足により天敵も減少するので，これは再び餌種の増加を導き，両者の個体数は周期的に振動する．一方，人間は漁業などで乱獲しても人口は減らない．結局，ニシンやイワシが獲れないところまで数が減るのである．

しかし自然界においては，捕食作用以外にも気候や餌条件など多くの要因が個体数の変動をもたらす可能性がある．個体数が振動しているからといって，捕食作用がその要因であるとすぐには断定できない．有名な例として，カワリウサギとオオヤマネコの9年周期の個体数変動があり，これは1930年代からこの周期的大発生は捕食－被食の作用によるとされてきた（図12-5）．しかし，'70年代にはオオヤマネコのいない地域でもカワリウサギの個体数変動がみられたので，ウサギによる食草の食い尽くしとウサギの減少による植生回復の振動だとされた時代があった．'80～'90年代にかけてアラスカ州に100 haの大調査区をいくつも設けた研究がこの論争に決着をつけた．冬季の餌の人為供給と，調査区の網囲いによるオオヤマネコの排除の両方を同時に施すと，ようやくカワリウサギの大変動が治まったのである．つまり，天敵である肉食動物と餌となる草食動物の食う－食われるの振動，および草食動物と植物との食う－食われるの振動が，両方重なっていたのだ．

❖ 寄生と共生

個体同士が密接に結びついて一方が相手の種を搾取する2種の関係があり，これには一方が害を受け他

Column ── 動物の血縁関係と社会性の進化

動物の社会性は血縁集団から進化している．この点が，赤の他人と社会をつくる人類と大きく異なる点である．鳥類と哺乳類では親が巣をつくり卵や子を養育することは必須となっている．縄張りと血縁関係からみると，ある種の鳥（フロリダルリカケスなど）では雛が成長し繁殖可能になった後も巣近辺に残り，次に生まれてくる弟妹の世話をする．このような個体をヘルパーという．哺乳類でも，群れ創設の両親から生まれた子供がそのまま成長して群れにとどまるリカオンやジャッカルなどでは，弟や妹を世話するヘルパーの存在がみられる．ヘルパーは成体における繁殖力の偏りが原因となって生じるのだが，群れ中のヘルパー数に応じて，生まれた子供（ヘルパーの弟や妹）の生存率が高くなっている．ヘルパーは親元にとどまり弟妹の世話をしながら親からその縄張りを譲り受けるのを待つのが有利となるため，進化したと考えられている．

群れ内の血縁関係という点で，ライオンとチンパンジーの社会を例にあげてみよう．ライオンの群れは2～3頭の雄親と数頭の雌親，そしてその子供からなるが，雄親同士は兄弟関係にある．兄弟は成長するともとの群れを出て，協力して他の群れを乗っ取る．他人の子はすべて殺し，新たにそこの雌と繁殖するのである．新たに生まれてくる子は兄弟姉妹・いとこ同士の関係になる．それに対してチンパンジーの場合は，兄弟が群れに残り雌が出ていく．兄弟は協力して群れを守り，そこにやってくる雌と繁殖し新たに子をもうける．ライオンやチンパンジーでも，兄弟の繁殖能力は均等ではなく，やはり個体間で繁殖の偏りがある．

昆虫の社会性も血縁集団から成り立ち，ミツバチ・スズメバチなどは母親の女王が生む娘がワーカー（働きバチ）となり，母親や末の妹（次世代の女王）を世話する．

以上みてきたように，動物の群れの社会行動は，繁殖のために縄張りを確保するところから始まり，やがてその縄張りの中で血縁集団が維持され，ここから繁殖の偏りなどを通じて，高度に組織化された社会性へと進化したと考えられている．

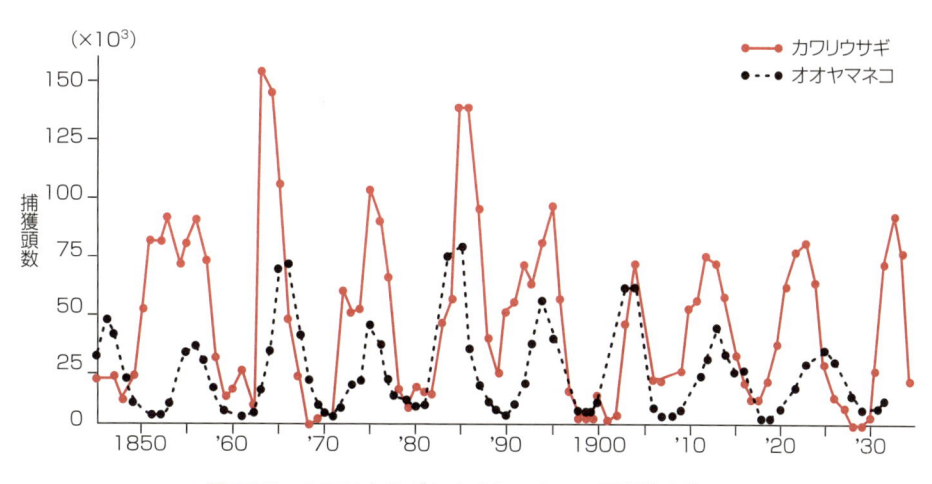

図12-5　カワリウサギとオオヤマネコの周期的変動
MacLurich：Univ. Toronto Stud. Biol., Ser.43：1-136, 1937より改変

方が利益を受ける寄生，片方の種のみが利益を受け他方は害も利益も受けない片利共生，および互いに相手の種から利益を受ける相利共生がある．寄生は，ヒル，ダニや植物のヤドリギ，ナンバンギセルなどのように，宿主の体表面から養分を摂る外部寄生と，カイチュウ，サナダムシ，多くの細菌のように，体内で寄生する内部寄生とに分けられる．一般に，宿主は寄生者よりもはるかに大きいので，捕食と違って寄生されても直ちには死なないが，寄生者が病害をもたらすときには，宿主も死ぬことがある．

相利共生は，両方の種が密接に一体となって生活しており相手の存在が必須なものから，相互に利益を受けるが相手が必須というわけではないもの（これを協同と呼ぶこともある）まで，いろいろある．例えば，シロアリと木の繊維質を分解する腸内細菌，牛とセルロースを分解する反芻胃（ルーメン）内の細菌，マメ科植物と根粒菌などは，両方の生物が一体となって生活している例である．

3　生物群集と多様な種の共存

❖栄養段階と食物連鎖

自然界においてはたくさんの種が1つの生息場所に共存している．種間相互作用によって結ばれたこれら各種個体群の総体を生物群集と呼ぶ．生物群集では，植物が光合成によって無機物から有機物を合成し，さらにその植物は一部の動物に餌として食べられる．植物を食べる動物は植食者と呼ばれ，さらにそれを食べる肉食者がいる．このような区分けを栄養段階といい，食う-食われるの作用で結ばれた関係を食物連鎖という．また，このような食う-食われるの関係がある一方で，同じような餌や生活場所を必要とする生物種同士の間には種間競争が生じる．よって，生物群集内の相互作用を関係する種ごとに結んでみると複雑な網目状の構造を示す．つまり，相互作用のネットワークが生物群集なのである．

群集を研究する際には，同じ地域に生息するすべての生物種を対象とすることは不可能である．そこで，同じような餌を利用する一群の生物種（ギルドという）と，それらと密接に関係し合う被食者や捕食者に対象を絞って群集を扱うことが多い．図12-6では，アブラナ科の植物をめぐってシロチョウ属3種がどのような場所でどの植物をどのくらい利用しているか，そして天敵の寄生バチや寄生バエはどれを利用しているかが図示されている．

❖群集を構成する多様な種の共存

多様な種が群集内に共存している説明には，大きく分けると2つの考え方がある．一方は前述のニッチの分化を基礎に置く群集理論と呼ばれるもので，これは自然界の生物群集を形づくっている主たる要因は種間競争であると考える．自然界は資源の需要と供給が

ほぼ釣り合った平衡状態にあるので，餌や生息場所の利用のしかた，つまりニッチを微妙に分け合い，その結果，競争排他が避けられて多様な種の共存が可能になっていると主張する．前述した図12-3，図12-4，そして図12-6などが典型例としてあげられる．

それに対立する見方は，自然界において各種の個体群は，気候の変動や天敵による捕食作用によって，種間競争が強く効果を発揮するよりもずっと低い密度に抑えられていると考える．資源の需要/供給の比は1よりもはるかに低い状態にあり，競争排他が起こるほど高密度レベルに達することはまれで，餌や生息場所は余剰にあるので，競争種同士が明確にニッチを分化することなく多種が共存可能であるというものである．これを非平衡共存説という．

❖ 非平衡共存説を支持する例

ニッチの分化なしに多種の共存がみられる場合，捕食者が競争排他を妨げているとする例が潮間帯群集での研究で得られている．この群集では，通常，ヒトデを最上位捕食者とする多様な種からなる生物群集がみられる（図12-7）．調査区画から人為的にヒトデを除去し続けたところ，3カ月目でフジツボが岩場の大半を占め，1年後には今度はムラサキイガイが急速に岩表面を独占して，ところどころに捕食性の巻貝イボニシが散在するだけの状態になった．岩表面を利用できなくなった藻類は激減し，それを餌としていたヒザラガイやカサガイは消失した．潮間帯では岩表面の空間をめぐる競争がとても厳しく，ヒトデは競争力の高いムラサキイガイやフジツボを多く捕食することにより，それらの種が岩場の表面を独占するのを妨げていたのである．このように，捕食者が優勢な競争種を抑えることで群集の多種共存が促進される学説を捕食説という．

天候の変化による撹乱も，その程度によっては多種共存を促進することがある．オーストラリアのサンゴ礁で，台風の波風でサンゴが被害を受けやすい北側斜面と被害を受けない南側斜面とで，サンゴの種数を比べた研究が図12-8である．生きたサンゴの被度は，波風による被害の程度と逆の関係にある．この図では生きたサンゴの被度が30％くらいの場所が最も種数が多く，それより波風の影響を受けすぎてもあるいは受けなさすぎても，共存する種数は減少してしまう傾向が現れている．このことから中規模の撹乱は集団が平衡状態に達して競争排他が生じるのを妨げる作用があり，多種共存を促進する（中規模撹乱説）．

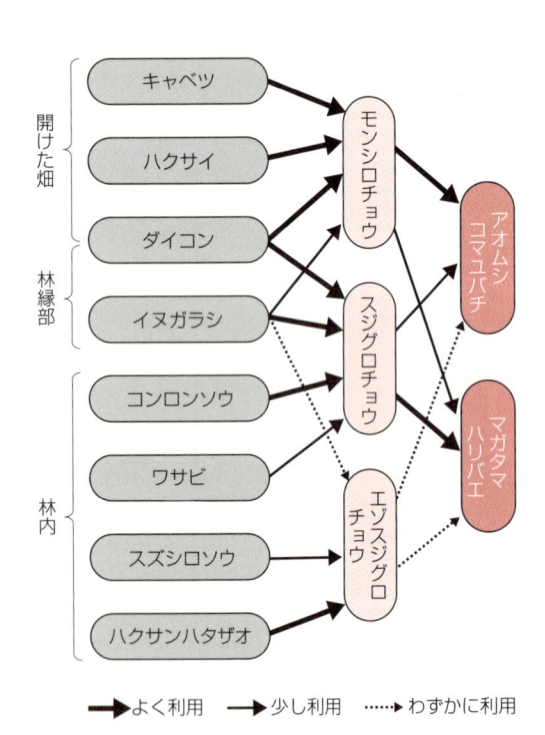

図12-6 アブラナ科植物上のシロチョウ属3種とその捕食寄生者からなる群集

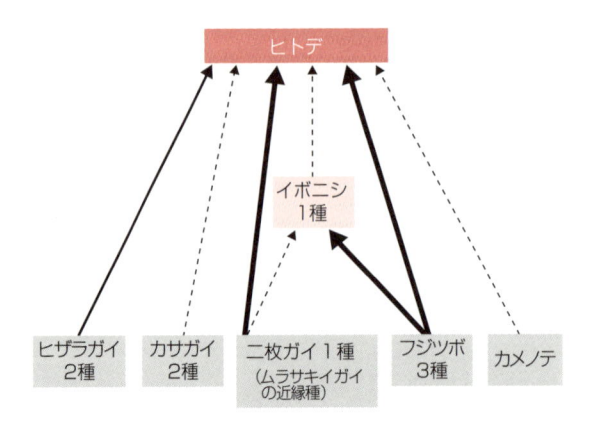

図12-7 ヒトデが下位の生物をどのように捕食するかを示した食物網の模式図

線の太さは摂食量に対応．Paine, R. T.：Am. Nat., 100：65, 1966より改変

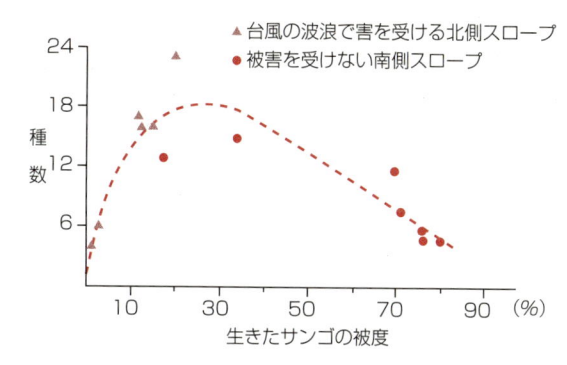

図12-8 サンゴ礁における波浪の撹乱とサンゴの共存種数

Connell, J. H.：Science, 199：1302, 1979より改変

❖ 植生の遷移

植物は，動物に食物として有機物を供給する役割と，動物に生活場所を与える役割を担っている．このため，自然の生態では植物の存在が重要な位置を占めている．植物の集団のことを植物群落という．植物群落は多くの種から成り立っているが，そのうち，地表を広く覆ったり，個体数の多い種を優占種という．

本章冒頭で述べたように，環境中で生活する生物は，その環境条件を自ら変化させる環境形成作用を与える．このため，群集構成種の存在によって環境条件はどんどん変化し，これが新たな種の加入を促進する．そのようにして群集の種構成が移り変わることを群集の遷移という．

陸上植物群集の遷移には，火山の跡の溶岩台地のように基質中に植物の種子や茎が全くなく，植物の生育できる土壌すら全くない状態から始まる一次遷移と，森林の伐採地や放置された耕作地などから遷移が進む二次遷移とがある．過去70年の間に約20年周期で噴火が起きる三宅島を例に一次遷移を説明しよう（図12-9）．溶岩台地では母岩の風化が進むにつれて，やがて乾燥に強い地衣類やコケ植物が侵入する．それらの遺骸と風化した土壌の混合物が溶岩のくぼみにわずかに積もった場所を利用して，イタドリやススキなどの多年草の株が定着し，やがてそれらが散在するようになる．草本が侵入すると枯草が分解されて土壌に有機物が増え，栄養塩も増加して養分に富んだ土壌がどんどん形成されていく．このころになると周囲から生長の早いアカメガシワやオオバヤシャブシなどの陽樹が侵入を始め，やがて陽樹の林になっていく．

しかし林が形成されるにつれ，その林床は次第に暗くなる．そうすると，生長は遅くてもそのような条件下でも生育できるスダジイやタブなど陰樹が侵入を始め，次第に陰樹は陽樹に取って代わる．いったん陰

Column ────────── 分解者としての土壌動物

植物群集の遷移に伴って土壌の状態は大きく変化するが，これが著しく現れるのは土壌動物群集である（コラム図12-1）．まず，遷移のごく初期に登場するのは，ササラダニやトビムシ（落葉を分解する）などごく少数の種類である．遷移が少し進むと落葉や枯枝などが微生物やカビなどによって分解され，腐植となって風化された母岩と一緒に土壌を形成するようになる．これに伴い，これらのダニやトビムシの種数・個体群密度ともに増え，腐植の分解も一層促進される．さらに遷移が進んで植物群落が発達すると，落葉が飛躍的に増加し，腐植質の多いじめじめした土壌となる．この段階になるとさまざまなダニ，トビムシに加えて，ナガコムシ，ダンゴムシ，ヨコエビ・肉食性昆虫の幼虫など，種類の豊富な土壌動物群集が形成されていく．

有機農法で用いられる腐葉土は，森林や草原において土壌動物・菌類（カビ，キノコ）・微生物などによって落葉・落枝が分解されたものである．

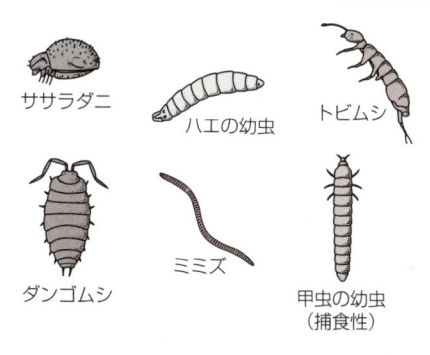

コラム図12-1 いろいろな土壌動物

樹の林が成立すると，その下層は非常に暗く，このような暗い環境で生育できるのは陰樹の幼木だけとなる．もはや陽樹は育たず，以後安定した陰樹の林が続くことになる．この状態を極相という．極相のタイプは，その地域の気候条件によって異なり，日本では本州西部以降の暖温帯では常緑広葉樹林，本州東部以北の温帯では夏緑樹林，亜寒帯では針葉樹林が，それぞれ極相となる．

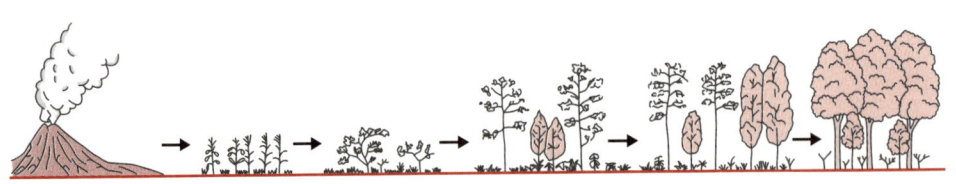

図12-9 三宅島でみられる火山による溶岩台地の跡の植生遷移
溶岩台地の古さの異なる（よって，遷移の段階の異なる）複数の調査地を1つの図にまとめたもの

裸地（溶岩の台地）	草本	低木	陽樹	陽樹と陰樹	陰樹（極相）
植物：コケ植物類 地衣類	イタドリ ススキ	オオバヤシャブシ ニオイウツギ ガクアジサイ カジイチゴ ヒサカキ	アカマツ ヤマザクラ オオバヤシャブシ カラスザンショウ ハチジョウキブシ エゴノキ ハチジョウイボタ アカメガシワ	アカメガシワ アカマツ ハチジョウイボタ エゴノキ スダジイ タブ	スダジイ タブ カクレミノ ヤブツバキ

Column 熱帯林の保全

赤道を中心に広がる熱帯には，熱帯雨林，熱帯季節林，熱帯サバンナ林のほか，海岸に発達するマングローブ林など，さまざまな熱帯林が分布しており，陸上の森林面積の半分近く（約1,700万km²）を占めている．特に，熱帯雨林には膨大な生物種が生息していると推定されている．

近年，熱帯林の消失は進んでおり，例えば1980年からの15年間で消失した熱帯林の面積は約181.4万km²にのぼる（**コラム表12-1**）．これは日本の国土の面積（約37万km²）の約5倍にもなる．熱帯林が消失した主な原因は無計画な焼畑耕作，燃料としての大量利用，商業伐採などがあげられる．従来の伝統的な焼畑耕作では，焼畑を行った土地は20年ほど休耕させていた．しかし，近年行われている焼畑耕作では休耕期間を設けず，森林は回復せずにそのまま荒れ地となる．なぜなら，熱帯の土壌では微生物の働きが盛んで，落葉などの有機物は分解されてすぐに樹木に吸収されるため，土壌中には栄養塩は希薄である．したがって，焼畑地ではいったん大雨で表層土が流出すると，土壌は基質だけが残る状態になる．そうなると，植物がほとんど生えない裸地になり，熱帯林はなかなか回復しない．さらに，伐採後の露出した地面に多量の強い雨が降ると，土壌が流失してサンゴ礁などの海洋生態系に大きな影響が及ぶ．

熱帯林は，樹木などの生物量（バイオマス）が最も多い森林であり，地球規模での炭素の貯蔵庫となっている．熱帯林では光合成とともに活発な蒸散が起こっており，水の循環や気温に対する影響も大きい．したがって，広大な面積の熱帯林が消失すると，その分の光合成によるCO_2吸収量は減少し，おまけにそれが焼失するとその分だけCO_2排出量が増加する．このように，地球規模で気候が変化する可能性がある．

コラム表12-1 熱帯林の面積の減少（単位はすべて万km²）

年度	1980	1990	1995
熱帯アフリカ	568.6	527.6	504.9
熱帯アジア・太平洋	354.6	315.4	321.7
中南米・カリブ海	992.2	918.1	907.4
合計	1915.4	1761.1	1734.0

年間平均減少面積は，1980～'90年は15.43万km²/年，'90～'95年は5.42万km²/年である．FAO（1995）Forest Resource Assessment 1990-Global Synthesis, FAO（1997）State of the World's Forests 1997をもとに作成

世界の群系（植生からみた大地域の景観のまとまり）についても気温と降水量でまとめられている（図12-10）．日本のような温暖な地域は図12-10の中央に位置しているが，世界中には乾燥地帯から極北に至るまで，さまざまな群系がみられる．

4 生態系の構造と動態

❖食物網

前節での生物群集とは各種の個体群を構成要素とし，互いに相互作用によって網目状に結ばれた総体として捉えてきた．それに対し，生態系とは生物群集とそれを取り巻く無機的環境をひとまとめにして，物質循環とエネルギー流の面から捉えたものである．生態系の構成要素であるそれぞれの種は，各々の栄養段階に配置される．

栄養段階は，太陽からの光を受けて光合成によって無機物から有機物を合成する生産者（主に植物），それを食べる植物食動物（一次消費者），それに位置して植物食動物を食べる肉食動物（二次消費者），さらに上の段階の高次消費者に分けられる．一般に，捕食者は何種類もの生物を捕食し，その餌も複数の栄養段階にわたっている場合もあるので，被食と物質循環の関係は1本の直線的なものではなく，複雑な網目状になる．これを食物網という．

また，生物の遺骸や排出物などを細分するデトリタス（細屑）食者（土壌中の落ち葉を分解するトビムシ類，川底の有機物を食べるユスリカ，アブの幼虫など），をさらに再び生産者が利用できる無機物にまで分解する役割をもった細菌・菌類などを分解者という．分解者は生態系の物質循環に大きな役割を果たしている．

❖生態系のエネルギー流

生態系のエネルギー源は地表に降り注ぐ太陽光のエネルギーであり，光エネルギーは光合成によって化学エネルギーに転換され，有機物中に蓄えられる．生態系のすべての生物は，この有機物中の化学エネルギーを利用して生活している．化学エネルギーは物質と違って生態系内を循環するのではなく，食物連鎖によって上の栄養段階へ移行する過程で，各々の段階で一

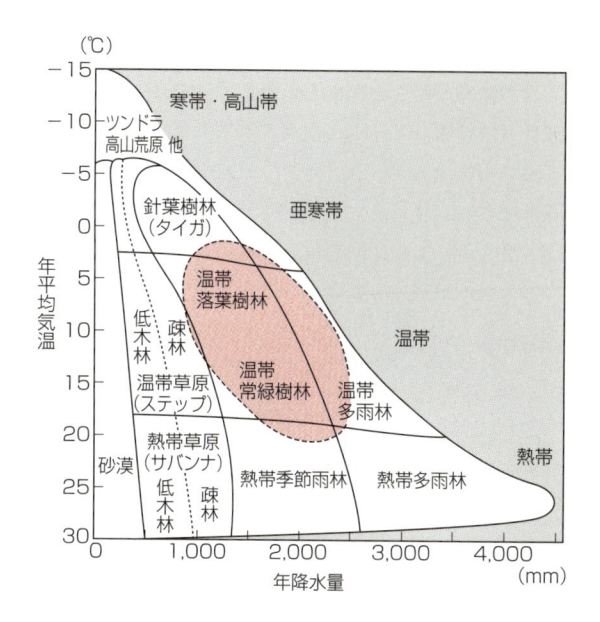

図12-10 温度と水分条件から区分された世界の主な群系
赤色の部分は，日本の気温と降水量のおよその範囲を示す．
『Communities and Ecosystems 2nd Ed.』(R. H. Whittaker), The Macmillan Company, 1975より改変

部が代謝や運動などの生命活動に利用されたのち，エネルギーは最終的に熱となって生態系外へ発散される（表12-1）．

この場合，各栄養段階を経るごとに，10〜15％程度のエネルギーが上の栄養段階に取り込まれるにすぎないことに注意してほしい．そのため，単位期間に利用するエネルギー量を尺度に各栄養段階をまとめるとピラミッド構造になり，これを生態ピラミッドと呼ぶ．10〜15％の生態効率により，栄養段階を数段階経ただけで，初めに植物が固定した化学エネルギーは相当に減少する（10％とすれば，4段階で1/10,000）．そのため，陸上ではたかだか5栄養段階くらいまでしかみられず，栄養段階数には限りがある．

❖生態系の物質循環

生態系内の生物群集はさまざまな物質を取り込んで利用し，かつ排出しているが，これらの物質は食物連鎖によって生態系内を循環する．生物体を構成する主要な物質の1つである炭素の源は大気中や水中の二酸化炭素（CO_2）であり，生産者はCO_2を取り込んで光合成によってショ糖やデンプンを合成する．これを

植食者や肉食者が摂食することによって，炭素は順に高次の栄養段階へと移動し，またその都度，呼吸や遺骸の分解によってCO_2となり，再び大気中や水中に戻される（炭素循環，図12-11）．近年，人類が石炭・石油など化石燃料を大量に燃焼させることで大気中のCO_2濃度が増加し，問題になっている．これは大気中のCO_2濃度が増えると，地球から大気圏外へ放射されるはずの熱が大気中にこもる温室効果が生じて，大気温度の上昇（地球温暖化）をもたらすからである．

生態系において生産者がCO_2を有機物として固定する速度を，生態系の一次生産速度という〔単位はkcal（あるいはJ）/面積/時間〕．これには総生産速度と純生産速度があり，前者は生産者によってエネルギーが固定される速度，後者は総生産速度から呼吸速度を

表12-1　栄養段階ごとに少なくなる生態系のエネルギー流

栄養段階ごとの項目	エネルギー量（kcal/m²/日）
地球表面に届く全光量	4,500
葉に当たらずに地上に達する部分	3,000
葉に当たり通過して熱となって地上に達する部分	1,500
植物が固定した純生産量 P_N（＝総生産量 P_G－呼吸量 R）	15[*1]
植食者が得た純生産量 P_2[*2]	1.5
肉食者が得た純生産量 P_3	0.3

[*1] 葉に当たった光エネルギー量のうち1％だけが有機物となって固定される換算になる．
[*2] 植物より上の栄養段階での純生産量は，以下のように求める．
　　純生産量＝［1つ下の栄養段階での純生産量］－［上の栄養段階の動物に摂食されず枯死した量］－［摂食されたが消化できなかった量］－［呼吸量］

『Fundamentals of Ecology, 3rd Ed.』（Odum, E. P.），Saunders, p64, 1971をもとに作成

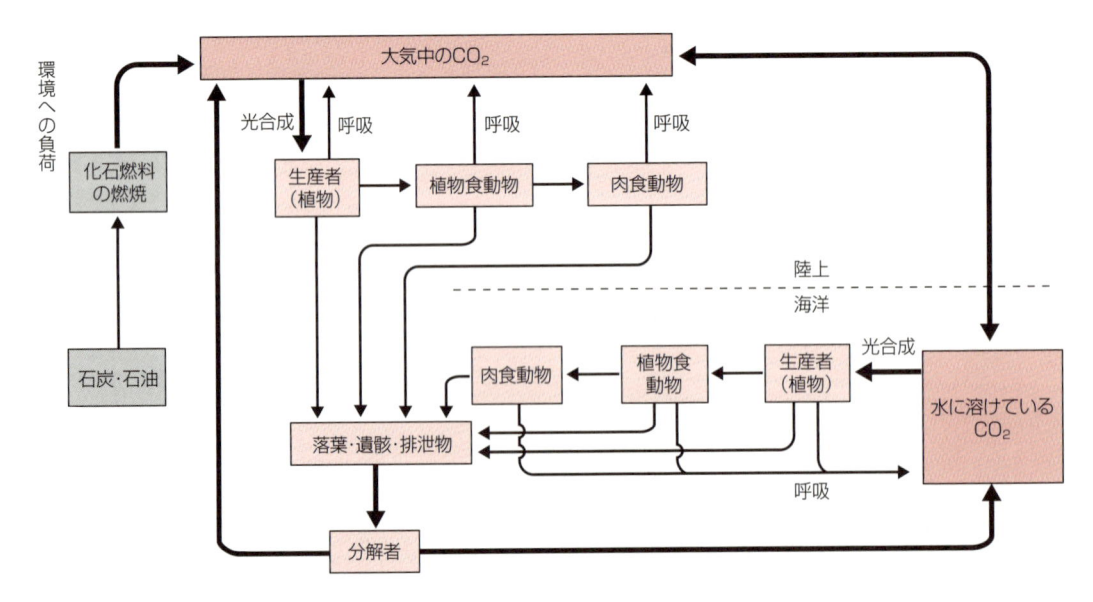

図12-11　地球上の炭素循環の模式図

生物圏は，陸上と海洋に大きく分けられる．陸上の生態系では呼吸で排出したCO_2は大気中のCO_2プールに蓄積され，海洋の生態系では海水中のCO_2プールに蓄積される．両方のCO_2プールは行き来がある．矢印の太さは転移する量を大まかに示している

引いた残りの生産速度で，これが新たな生長，物質の貯蔵，種子生産にまわる．表12-2にさまざまな生態系の一次総生産速度をあげておいた．海洋は単位面積あたりの一次総生産速度は小さいが，面積が膨大であるため海洋全体の一次総生産量は大きい．陸上では熱帯林が一次総生産速度・量ともに大きい．

窒素は生体物質を構成するタンパク質や核酸などに含まれているが，ほとんどの生物は窒素ガス（N_2）を直接利用することができず，わずかに窒素固定細菌や根粒菌によって固定されるだけである．窒素はアンモニア塩，亜硝酸塩，硝酸塩として植物に取り込まれ，窒素同化によってアミノ酸が合成され，これからタンパク質がつくられる．これが食物連鎖により高次の栄養段階へ移動したり，あるいは遺骸や排出物となって分解され，再び生産者に利用される塩類となる（窒素循環，図12-12）．このようにみれば，土壌微生物がいかに重要な働きをもっているかがわかるだろう．都会ではどんどんアスファルトやコンクリートで地面が被われている．土を残すことが大事である．

5 生物多様性と地球環境の保全

❖ 生態系のバランスと環境保全

一般に，自然生態系や生物群集における栄養段階の構成や各種の個体数は，ある程度変動しながらも，それが一定の範囲内に保たれていることが多い．これを生態系のバランス（持続性，パーシステンス）といい，バランスが保たれるのは，少々撹乱を受けても生態系がもとの状態に戻ろうとする復元力（レジリアンス）をもち，全体として系を持続し保つ働きがあるからである．

極相林は，動植物の種構成も多様で，物質循環やエネルギーの移動など，バランスが保たれている生態系である．ところが，森林の伐採，山野への放牧，宅地やゴルフ場開発などの過度の人間活動は，多くの種で構成されている生物群集を単純化し，自然の生態系内で行われていたさまざまな調節作用を弱める．その結果，生態系が変化してしまうこともある．

表12-2　主要な生態系における一次総生産量（年間）の推定値

生態系	面積 ($10^6 km^2$)	一次総生産速度 (kcal/m²/年)	一次総生産量 (10^{16}kcal/年)
海			
外洋	326.0	1,000	32.6
沿岸帯	34.0	2,000	6.8
湧昇帯	0.4	6,000	0.2
河口，サンゴ礁	2.0	20,000	4.0
小計	362.4	—	43.6
陸			
砂漠，ツンドラ	40.0	200	0.8
草原，放牧地	42.0	2,500	10.5
乾性林	9.4	2,500	2.4
寒帯針葉樹林	10.0	3,000	3.0
集約化されていない耕地	10.0	3,000	3.0
湿潤な温帯林	4.9	8,000	3.9
集約的な農業が行われている耕地	4.0	12,000	4.8
熱帯，亜熱帯（常緑広葉樹）林	14.7	20,000	29.0
小計	135.0	—	57.4
生物圏の総計（概数，氷冠を含まない）	500.0	2,000	100.0

『Fundamentals of Ecology, 3rd Ed.』(Odum, E. P.), Saunders, p51, 1971より改変

●森林生態系の保全

日本人は，森林を古くから身近な自然として，また重要な資源として利用してきた．樹木を一方的に伐採せずに，伐採した跡地には植林し，薪や炭を燃料とし，下草を刈るなどして森林を保ってきた．いわゆる里山の使われ方である．里山は二次生態系（人の手が加わった自然生態系）であるが，このような生態系にも特有の動植物は存在する．例えば，秋の七草のフジバカマなどである．人間が時々手を入れる程度の穏やかな攪乱があることで，極相林にまで進むことなく，二次遷移状態の明るい林に生息する生物種は多い．ところが，近年，このような里山は放置されたり，土地の開発などにより急速に失われつつあり，保全対策が急がれている．

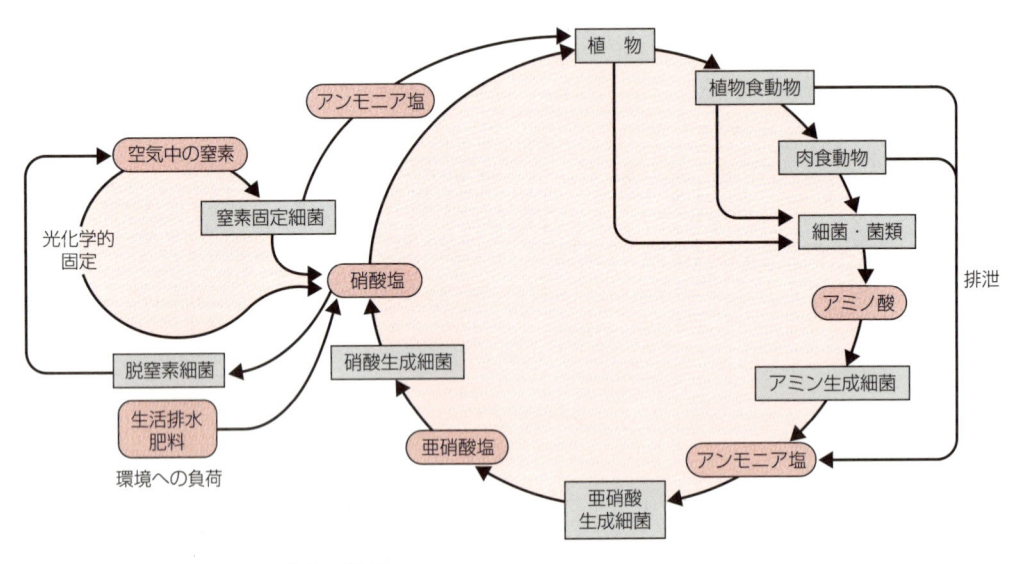

図12-12　生態系における窒素の循環

食物連鎖の過程を経るとアンモニア塩が生じる．そこから土壌中や水界中の亜硝酸生成細菌，硝酸生成細菌を経て硝酸塩が蓄積されるが，これが植物に吸収されるときにはアンモニア塩となって利用される．もう1つのサイクルは，空中の窒素を利用して窒素固定細菌が硝酸塩にしたり，光化学反応（光化学スモッグの原因にもなる）が関与するが，反対に硝酸塩から脱窒素細菌により空中の窒素に戻す過程もある．このように生態系の窒素循環は複雑である

Column　地球温暖化―「不都合な真実」とIPCCによるノーベル平和賞受賞

2007年度のノーベル平和賞はアル・ゴア元米副大統領とIPCC（気候変動に関する政府間パネル）に決まった．地球温暖化への取り組みが評価されての共同受賞である．ゴア氏は2000年のアメリカ大統領選挙で接戦の末破れ，その後，政治家として地球温暖化問題への取り組みを強めた．アカデミー賞の長編ドキュメンタリー映画賞になった「不都合な真実」に出演，TV番組や本の刊行で地球温暖化の警鐘を促す啓発活動を世界的に展開した．

一方，IPCCは，130カ国以上，約2,500人の研究者からなる国際的組織で，温室効果ガスによる地球温暖化に関して気候変動の見通し，自然・社会経済への影響および対策の評価を実施する目的で，国連環境計画（UNEP）と世界気象機関（WMO）が1988年に設立した．IPCCには3つの作業部会（WG）があり，WG1は気候システムおよび気候変動についての自然科学的根拠を評価し，WG2は気候変動に対する社会経済システムや生態系の脆弱性と気候変動の影響および適応策を評価し，そして，WG3は温室効果ガスの排出抑制および気候変動の緩和策を評価している．2007年11月発表の第四次評価報告書は，130を超える国の450名を超える代表執筆者，800名を超える執筆協力者，そして2,500名を超える専門家の査読を経て，順次公開されている．日本でも，国立環境研究所，東京大学，海洋研究開発機構，国立極地研究所などの多数の研究者が参加している．

また，人間の手がほとんど加わっていない原初自然生態系の森林については，一部は国立公園や世界遺産などの自然公園に指定され，無許可で開発が行われないような保全対策が立てられている．

●水界生態系の保全

干潟は微生物の働きが盛んで，ゴカイや二枚貝・カニなどのように海水中や泥に含まれる細屑（デトリタス）や微生物を食べる分解者の動物が多く生活しており，海水の浄化作用が働く生態系である．そのため，内湾に面した干潟は漁村の活動には欠かせない場であった．しかし，家庭からの生活排水や工場排水・農業排水などが海に大量に流れ込むと，干潟がもつ自然の浄化作用を上回ってしまう．また，最近の護岸工事により干潟がどんどん消失している．そうなると，内湾では有機物のほか窒素やリンなどの濃度が急速に高まって富栄養化し，特定のプランクトンが高密度で異常発生して赤潮が起こることもある（図12-13）．赤潮が起こると，それらのプランクトンが大量に死滅して分解されるときに，海水中の酸素を大量に消費して低酸素状態になったり，ある種のプランクトンからは魚類などに有害な物質が分泌されたりするので，生態系に大きな影響が出る．

これは，湖沼のアオコも同様の現象で，シアノバクテリアの大発生によって引き起こされる．湖水が低酸素状態になったり，これが分泌する毒（シアノトキシン）によって水が異臭を放つなど，生態系に大きな影響が出る．

❖生息地の分断化と個体群の絶滅リスク

連続した森林などの自然生態系に，道路がつくられ

Column 外来生物

原産地などから人間によって意図的または偶然に運ばれて，新たな地域に定着した生物のことを外来生物，または帰化生物という．セイヨウタンポポやセイタカアワダチソウ，ウシガエル，アメリカザリガニ，アオマツムシ，新しいところでは，ブラックバスやブルーギルなどがその典型例である（コラム図12-2）．主に人工的な環境からなる都市やその近郊の湖水では，ニッチに空きができていたり，天敵がいなかったりすると，外来生物が空いたニッチに侵入し，次第に高密度になって広く蔓延する可能性がある．ドジョウやフナ，コイ，トノサマガエル，カントウタンポポなど童謡や歌で親しまれた在来生物が，外来生物に駆逐されるのは，日本の文化の危機といえよう．

アメリカシロヒトリは，1945年頃，北アメリカから東京付近に偶然に運ばれて，その後，日本各地に分布を広げた帰化害虫である．幼虫は，都市環境で大発生して街路樹などの葉を食害するが，自然の山野にまでは分布は拡大しない．これは，生態系を構成している種が多様であれば，その捕食者の天敵がさまざまに生息して，アメリカシロヒトリの個体数を抑制する機構が働くからである．一方，都市の生態系は単純で捕食者や競争相手が少ないために，街路樹の葉の資源を充分利用できているためである．

日本では，2005年6月に「外来生物法」が施行され，これ以降，在来生物に多大な影響を与える指定外来生物は，飼養，栽培，保管，運搬，輸入などについて規制が行われている．タイワンザル，アライグマ，オオクチバス，ウシガエル，ジャワマングース，セイヨウオオマルハナバチ，植物ではブラジルチドメグサ，アレチウリなど，指定種が増えつつある．

コラム図12-2　いろいろな外来生物

環境が開発されると，それまで，ある生物個体群の生息地だった連続した大きな場所が，森林がいくつかに区切られ，次第に孤立した小さな林の集まりに変わっていく．幅の広い道路などがいくつもできると，道路によって小型の野生動物は行き来がかなり妨げられる．このような状態を細分化（分断化，fragmentation）といい，それぞれの局所個体群が隔離された状態になることを孤立化という．

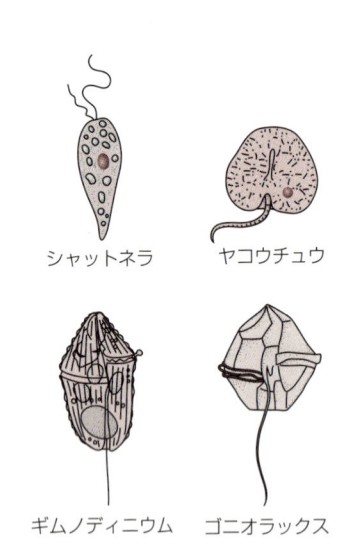

図12-13　赤潮を構成するプランクトン
シャットネラ　ヤコウチュウ　ギムノディニウム　ゴニオラックス

細分化された局所生息地は，そのサイズが小さくなっているので，そこで維持される局所個体群も個体数の少ない小集団となる．孤立化が進んだ小集団は，早晩，絶滅する危険性（絶滅リスク）が高くなる．これは，局所個体群が小さくなることで，次のようないくつかの要因が連動して作用するからである．

● **人口学的確率性**

局所個体群が消滅する要因の1つに，個体群内部での人口学的確率性（一腹の出生数や性比の偏り）がある．充分に個体数の多い大きな個体群では，通常，1匹の雌が生む一腹出生数はその動物本来の期待値に近づき，雄と雌の性比も1：1に近くなるのが普通である．しかし，小さな局所個体群では，親が健康であっても，確率的に子が生まれなかったり，どちらかの性に偏る傾向がしばしばみられる．これによって，小さな集団では繁殖力が低下することが多く，これが原因で小さな局所個体群の絶滅リスクが増大する．

● **近交弱勢**

近親交配による近交弱勢も関係する．大きな個体群では，突然変異によって有害形質をもたらす劣性対立遺伝子が出現しても，正常な優性対立遺伝子とヘテロ接合になっている限り，表現型として現れてくることはない．しかし，局所個体群では，交配する相手が

Column ── 内分泌撹乱物質

内分泌撹乱物質とは，生物体内のホルモンの合成や分泌，血流の移送，受容体への結合および分解などを妨げる環境中の外因性物質のことである．1960年代後半からすでにDDTなどがホルモン的作用を示す可能性が指摘されていたが，'97年に出版されたシーア・コルボーン著『奪われし未来』が警鐘を鳴らしたことから注目された．日本では'98年5月に当時の環境庁（現：環境省）が発表した「環境ホルモン戦略計画 SPEED '98」において67物質をリストしたことで，一気にメディアに「環境ホルモン」（「ホルモン」は明らかな誤用）の言葉が氾濫するようになった．

候補物質のなかでは，農薬（DDT，BHCなど），ダイオキシン類，PCB（ポリ塩化ビフェニル）などの有機塩素化合物，TBT（トリブチルスズ）・TPT（トリフェニルスズ）などの有機スズ化合物，さらには環境省が2001年にリストに追加したアルキルフェノール類（ビスフェノールA，ノニルフェノール）などがある．当初は，140種以上の巻貝類で観察されている雌の雄化（TBTやTPT），船底塗料として使われる有機スズ化合物による海産巻貝の間性（TBT），コイ科淡水魚ローチなどの雄の雌化（ノニルフェノール）などの例があげられていた．しかし最近の研究では，メダカによる実験ではビスフェノールAやノニルフェノールによる内分泌撹乱作用が認められたものの，マウスを用いた実験では低用量でのDDTやビスフェノールAの内分泌撹乱作用は認められていない．DDTによる鳥類の生殖・繁殖に対する影響，その他，野生動物の生殖に関する異常も，自然界での原因物質の特定までは至っていない．ヒトの精子数の減少や精巣機能の低下と内分泌撹乱物質との関連も現時点では不確かである．そのため，研究が進むにつれ，現時点では多くの事例は様子をみる程度に落ち着いている．

他の個体群から来ることはまれである．そのため，少数の親から生まれた血縁者同士で近親交配する場合が多くなり，子世代の集団に有害対立遺伝子がホモ接合になる割合が増えると，近交弱勢が現れる．

●絶滅促進要因の連動効果

このほかにも，局所個体群を絶滅に向かわせる要因はいくつか知られている（遺伝的浮動による弱有害遺伝子の固定など）．そして，それぞれの要因は単独で作用するものではなく，連動効果を伴うのである．たまたまある地域の自然生態系の何割かが人為による環境開発によって損なわれると，それが引き金となって他の絶滅促進要因が作用し始める．さらに個体数が減少すると，もっと別の要因も一緒に働き出すことで，徐々に絶滅の渦（extinction vortex）に引き込まれていく（図12-14）．

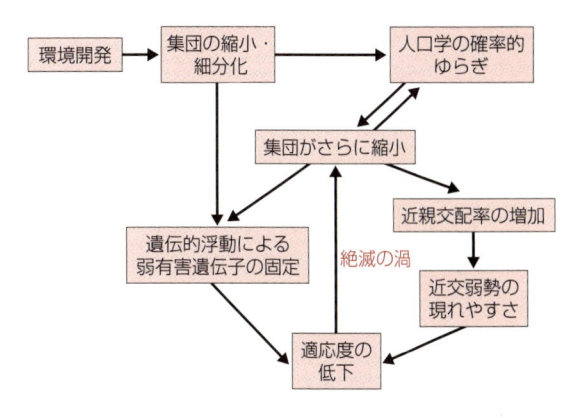

図12-14 絶滅促進要因の連動効果による「絶滅の渦」の概念図

環境開発などでたまたま集団が縮小したとき，それがきっかけとなって，さまざまな絶滅促進効果が連動してかかり始める．矢印の向きにより，このサイクルは連動して増進効果をもたらすことがわかる

Column ― レッドデータ

生物多様性を保全する際には絶滅の危険性の高い種を指定したり，ある地域に特有の生態系や生物群集を指定して保全している．絶滅の危険度をいくつかに区分し，ある地域に生息する野生生物に対して，その区分に該当する種・亜種・個体群を一覧にしたものをレッドリストと呼び，それを掲載した本をレッドデータブックと呼ぶ．国際自然保護連合（IUCN）では，世界中の絶滅危惧種の情報をまとめたレッドデータブックを数年おきに発行している．絶滅リスクの度合いは，個体数の減少速度，生息面積の広さ，全個体数と繁殖個体群の分布，成熟個体数，絶滅確率などの数値基準によって，危機的絶滅寸前（CR），絶滅寸前（EN），危急（VU）の3つに区分されている．IUCNが2003年に発表したレッドリストでは，12,357種の動植物が絶滅危惧種として分類されている．IUCNの最近の報告書では，ゴリラやオランウータンなど世界の霊長類約3割が，絶滅の危機に直面していると記している．現在394種が確認されている霊長類のうち114種が，深刻な森林破壊，違法な狩猟，ペット目的の捕獲，地球温暖化などによって絶滅の恐れがあると指摘している．

Column ― 生物多様性国家戦略

生物多様性の保全に対して，2002年3月に新・生物多様性国家戦略が閣議決定され，これによって日本の国土計画の新しいグランドデザインが披露された．現在は，第三次・生物多様性国家戦略に向けて文言の改訂が進行中である．この国家戦略では，以下の「3つの危機」をあげて，保全を念頭に置いた公共政策を行う．

1) 人間の活動や開発が，生物種の減少・絶滅，生態系の破壊・分断化，森林の開発，埋め立てによる海浜生態系の破壊などをもたらす危機．
2) 自然に対する人間の働きかけが減っていくことによる危機，すなわち里山・里海として利用されてきた二次生態系が，社会情勢の変化によって放棄されたことによる生態系劣化の危機．
3) 移入種や化学物質による危機，すなわち外来生物による日本の生物多様性が損なわれる危機，あるいは，PCBやDDT，ダイオキシンなどの環境負荷による危機．

このように，21世紀に地球規模で生態系の破壊が進行している現状に対して，生物多様性の保全の視点から国土開発や公共事業に明確な指針が公開されているのは重要なことである．

❖ 生物多様性の保全

生物多様性を保全するには，保護する生物種が生活する実態のある生態系そのものを，できるだけ広い保護区として残すことが望ましい．保護区の設計に関する論争としてSLOSS（Single Large Or Several Small）問題がある．これは，保護区設立の予算の面から，必ずしも充分な面積を保護区として確保できない場合に，単一の大きな保護区が望ましいのか，あるいは複数の小さな保護区に分割して管理するのがよいか，の悩ましい問題である．肉食性の大型哺乳類の場合は大きな縄張りを必要とするので，小さな保護区をいくつも設けてもすべてが手狭になる可能性がある．一方，飛翔できる小動物（鳥や昆虫）の場合には，1つ1つの保護区を小さくしてもその代わり複数設ければ，その間を移動分散できるので，万が一，どこかの保護区で山火事が起こっても，他の保護区までは類焼を免れるので，大部分は無事であろう．このように，保護する対象の生物の移動分散力を考えてベストな保護区を考案する必要がある．

動物の場合は移動力や飛翔力，植物では花粉や種子などの分散能力に依存して，どれだけ孤立化が進行するかが決まる．そのため，道路の下に小さなトンネルをつくって野生動物が行き来できるようにしたり，開発された住宅地の道端にかん木の生垣などを設けて局所個体群間の移動を可能にすることによって，局所個体群の孤立化を防ぐ試みがなされている．また，絶滅リスクの高い野生動植物については，保護区を設けるとともに，給餌や人工的な飼育・繁殖，保育が試みられ，うまく増えた場合には自然界に戻すことになる．

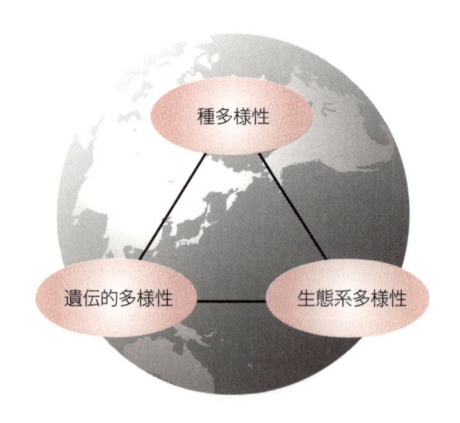

図12-15 生物多様性の3つの要素

生物多様性の3つの要素は，種多様性・遺伝的多様性・生態系多様性である（図12-15）．生態学はこの生物多様性の保持をめざすうえにおいて，まさに重要な役割を担った分野といえる．最近，生物多様性保持の研究を進めるための大きな国際プロジェクト（DIVERESTAS）が計画されつつあり，21世紀の世界に生きる人々にとって，生態学の一層の発展が期待されている．

本章のまとめ

- [ ] 生物に影響する環境要因は，無機的要因と他の生物要因とがある．生物の生活することで逆に環境条件を変えていく働きを環境形成作用という．
- [ ] 競争や捕食作用などの生物間相互作用によって，個体群の動態パターンが規定される．密度効果，競争排他とニッチ分化による共存，食う-食われるの個体数の周期振動などが起こる．
- [ ] 生物群集は，生物間相互作用によって結ばれた「関係のネットワーク」である．生物群集の多種共存を説明する学説として，ニッチ分化を基礎にする群集理論と非平衡共存説がある．
- [ ] 生態系では，主要な元素として，炭素，窒素などは特徴的なサイクル（物質循環）になっている．人間活動が外側からこの物質循環に負荷を与えている．
- [ ] エネルギー流は，太陽の光エネルギーが光合成によって化学エネルギーとして蓄積され，それがさらに上位の栄養段階の動物によって摂食される．そのとき，上位の栄養段階まで転換され同化される生態効率は10％ほどでしかない．
- [ ] 地球環境と生物多様性の保全について，人間社会は現在さまざまな問題に直面しているが，これらを国際的な連携で解決する取り組みが始まっている．

索引

欧文

- Aβ ... 78
- ABO式血液型 ... 23
- *APC* ... 86
- ATP ... 10, 23, 25, 97
- βガラクトシダーゼ ... 45
- bioethics ... 118
- *BRCA1* ... 87
- *BRCA2* ... 87
- BSE ... 103
- *C. elegans* ... 28
- Cell ... 19
- DNA ... 10, 23, 32, 53
- DNA鑑定 ... 133
- EGF ... 84
- EGFR ... 83, 84
- EGF受容体 ... 84
- ELSI ... 122, 133
- ES細胞 ... 67, 129, 135
- ES細胞指針 ... 136
- EU ... 124
- fMRI ... 76
- HIV ... 108, 110
- HLA ... 114
- iPS細胞 ... 137
- IRB ... 120
- K-*ras* ... 86
- MHC ... 114
- NGO ... 124
- *p53* ... 86
- PCR ... 132
- PET ... 77
- Ras ... 83
- Rb ... 82
- RNA ... 23, 33
- SLOSS (Single Large Or Several Small) 問題 ... 154
- SNP ... 39
- TLR ... 113
- Toll様受容体 ... 113
- WHO ... 124
- X線CT ... 77

和文

あ行

- アオコ ... 151
- 赤潮 ... 151
- 悪性腫瘍 ... 81
- アクチビン ... 58
- アゴニスト ... 75
- アシロマ会議 ... 126
- アデニン ... 23
- アフリカ起源説 ... 14
- アポトーシス ... 29, 82
- アポリポタンパク質E ... 44
- アミノ酸 ... 21, 95
- アミラーゼ ... 94
- アミロイドβタンパク質 ... 78
- アルツハイマー病 ... 78
- アレルギー ... 114, 115
- アレルゲン ... 111
- アンタゴニスト ... 75
- 暗反応 ... 25
- 医者患者関係 ... 119
- 一次消費者 ... 147
- 一次生産速度 ... 148
- 一次遷移 ... 145
- 一卵性双生児 ... 43, 64
- 遺伝 ... 43
- 遺伝子 ... 31, 34
- 遺伝子型 ... 31
- 遺伝子組換え ... 37
- 遺伝子組換え技術 ... 118, 126
- 遺伝子組換え作物 ... 127
- 遺伝子組換え食品 ... 128
- 遺伝子診断 ... 87, 130
- 遺伝子ターゲティング ... 129
- 遺伝子治療 ... 37, 130
- 陰樹 ... 145
- インスリン ... 47, 99
- インスリン抵抗性 ... 100
- イントロン ... 34, 49
- インフォームド・コンセント ... 119
- インフルエンザウイルス ... 108
- ウイルス ... 12, 105, 107
- 牛海綿状脳症 ... 103
- うつ病 ... 75
- ウラシル ... 23
- エイジング ... 62
- エイズ ... 29, 110
- エイズウイルス ... 110
- エキソン ... 34, 49
- エキソンシャッフリング ... 50
- エネルギーバランス ... 99
- エネルギー流 ... 147
- エピゲノム ... 52, 54
- 塩基 ... 12
- 延髄 ... 70
- エンドソーム ... 26
- 欧州評議会 ... 124
- 欧州連合 ... 124

か行

- 概日周期 ... 48
- 解糖 ... 97
- 外毒素 ... 106
- 海馬 ... 75
- 外胚葉 ... 56
- 外来生物 ... 151
- 化学発がん ... 85
- 核 ... 24
- 核移植 ... 134
- 核酸 ... 23
- 獲得免疫 ... 111
- 仮説 ... 16
- 活動電位 ... 74
- 花粉症 ... 115

カルタヘナ議定書 …………… 127	グリセロ脂質 ………………… 23	コレステロール ……………… 44
加齢 …………………………… 64	グルコース ……… 23, 45, 94, 97	**さ　行**
がん ……………………… 29, 81	クロイツフェルト・ヤコブ病 … 103	
がん遺伝子 …………………… 86	クローン ……………………… 64	細菌 …………………… 96, 105
がん化 ………………………… 81	クローン動物 ………………… 64	細菌叢 ………………………… 96
環境 …………………………… 43	クローン羊 …………………… 134	再生 …………………………… 66
環境形成作用 ………………… 139	クロマチン …………………… 53	再生医療 ………………… 66, 67
幹細胞 ………………………… 67	群系 …………………………… 147	サイトカイン ………………… 113
がん細胞 ……………………… 82	形質 ……………………… 11, 30	細分化 ………………………… 152
関節リウマチ ………………… 109	結核 …………………… 104, 107	細胞 ……………………… 10, 19
感染 …………………………… 104	血糖 …………………………… 47	細胞移植 ……………………… 21
肝臓 …………………………… 95	ゲノム …………………… 33, 34	細胞系譜 ……………………… 28
間脳 …………………………… 70	ゲノム創薬 …………………… 48	細胞骨格 ……………………… 26
がんの診断 …………………… 87	ゲフィチニブ ………………… 88	細胞周期 ……………………… 82
がん抑制遺伝子 ……………… 86	ケモカイン …………………… 113	細胞性免疫 …………………… 113
がんワクチン ………………… 91	原核生物 ……………………… 13	細胞増殖 ……………………… 82
記憶 …………………… 75, 114	言語 …………………………… 73	細胞内共生説 …………… 14, 25
記憶細胞 ……………………… 115	原始外胚葉 …………………… 56	細胞内小器官 ………………… 20
器官 …………………………… 20	原始内胚葉 …………………… 56	細胞のシグナル伝達 ………… 84
器官系 ………………………… 20	減数分裂 ……………………… 37	細胞分化 ……………………… 58
機関内審査委員会 …………… 120	原腸胚 ………………………… 56	細胞分裂 ……………………… 27
寄生 …………………………… 143	好塩基球 ……………………… 112	里山 …………………………… 150
北里柴三郎 …………………… 104	公害問題 ……………………… 118	三大栄養素 …………………… 97
基本代謝経路 ………………… 98	抗菌薬 ………………………… 106	三胚葉 ………………………… 56
吸収 …………………………… 93	抗原 …………………………… 112	シアノバクテリア …………… 12
橋 ……………………………… 70	抗原提示 ……………………… 113	軸索 …………………………… 72
共生 …………………………… 96	光合成 ………………………… 25	シグナル伝達 ………………… 83
胸腺 …………………………… 116	好酸球 ………………………… 112	自己免疫疾患 ………… 109, 116
協同 …………………………… 143	抗酸菌 ………………………… 105	脂質 ……………………… 22, 97
極相 …………………………… 146	抗生物質 ………………… 104, 106	自然選択 ……………………… 139
拒絶反応 ……………………… 114	酵素 …………………………… 97	自然免疫 ……………………… 113
キリスト教 …………………… 119	抗体 …………………………… 112	疾患感受性 …………………… 44
ギルド ………………………… 143	好中球 ………………………… 112	シトシン ……………………… 23
近交弱勢 ……………………… 152	後頭葉 ………………………… 70	シナプス ……………………… 72
菌類 …………………………… 14	古細菌 ………………………… 13	脂肪細胞 ……………………… 99
グアニン ……………………… 23	個体群 ………………………… 140	脂肪酸 …………………… 97, 99
組換えDNA技術 ……………… 126	骨髄 …………………………… 116	周期性 ………………………… 47
グラム陰性菌 ………………… 105	骨髄移植 ……………………… 114	周期的に振動 ………………… 142
グラム陽性菌 ………………… 105	コッホ ………………………… 104	従属栄養 ……………………… 14
グリア細胞 …………………… 72	コドン ………………………… 33	種間競争 ……………………… 141
繰り返し配列 ………………… 51	小部屋 ………………………… 19	樹状細胞 ………………… 112, 113
グリコーゲン ……………… 23, 98	ゴルジ体 ……………………… 26	樹状突起 ……………………… 72

受精 …… 56	スプライシング …… 34, 49	体細胞 …… 62
出芽 …… 11	性 …… 36	胎児 …… 63
出生前診断 …… 130	生活習慣病 …… 44	代謝 …… 12, 93
寿命 …… 64	制限酵素 …… 126	体性幹細胞 …… 67, 137
受容体 …… 12, 48, 75	生産者 …… 147	大腸菌 …… 45, 96
純生産速度 …… 148	精子 …… 56	大脳 …… 70
消化 …… 93	生殖医療 …… 63	対立遺伝子 …… 31
消化管 …… 93	生殖細胞 …… 37, 62	代理母 …… 124
消化器 …… 93	生殖補助医療 …… 63	多因子疾患 …… 44
消化酵素 …… 94	生態系のバランス …… 149	多型 …… 39
常在菌 …… 105	生態的地位 …… 141	多細胞生物 …… 19
ショウジョウバエ …… 60	生態ピラミッド …… 147	多地域進化説 …… 14
常染色体優性 …… 36	生体膜 …… 23	タバコ …… 83
小腸 …… 94	生物種 …… 42	単球 …… 112
冗長性 …… 52	生物多様性 …… 154	単細胞生物 …… 19
小脳 …… 70	生物時計 …… 48	炭素循環 …… 148
消費者 …… 14	生命科学 …… 10	タンパク質 …… 21, 97
上皮増殖因子 …… 83, 84	生命倫理 …… 118	地球温暖化 …… 148, 150
上皮増殖因子受容体 …… 83	生命倫理関連法 …… 123	窒素循環 …… 149
小胞体 …… 26	世界保健機構 …… 124	チミン …… 23
初期胚 …… 56	脊髄 …… 56, 70	着床前診断 …… 130
植物 …… 14, 147	赤痢菌 …… 106	中規模撹乱説 …… 144
植物食動物 …… 147	摂取エネルギー …… 98	中枢神経系 …… 56
食物網 …… 147	絶滅の渦 …… 153	中性脂肪 …… 95, 99
食物連鎖 …… 143	絶滅リスク …… 152	中絶 …… 119
ショック …… 106	染色体 …… 27, 31, 35, 53	中脳 …… 70
進化 …… 61	線虫 …… 28	中胚葉 …… 56
真核生物 …… 12, 13	前頭葉 …… 70	長期増強 …… 76
真菌 …… 105, 107	潜伏状態 …… 90	適応 …… 139
神経管 …… 56	臓器移植 …… 21, 114	デトリタス（細屑）食者 …… 147
神経細胞 …… 72	臓器移植法 …… 121	テロメア …… 64
神経細胞体 …… 72	総生産速度 …… 148	テロメラーゼ …… 65
神経伝達物質 …… 74	相同染色体 …… 35	転移 …… 81, 89
人権と生物医学条約 …… 124	相利共生 …… 143	転写 …… 33
人口学的確率性 …… 152	側頭葉 …… 70	天然痘 …… 104
人工授精 …… 63	組織 …… 20	デンプン …… 94
人工妊娠中絶 …… 119		糖 …… 23, 97
浸潤 …… 81	**た 行**	頭頂葉 …… 70
真正細菌 …… 13	ダーウィン …… 10	動物 …… 14
心臓移植 …… 118	体液性免疫 …… 113	動物実験 …… 122
人体実験 …… 119	体外受精 …… 63	動脈硬化 …… 102
人体部分の商品化 …… 123	体外受精児 …… 119	独立栄養生物 …… 14

独立の法則 …………… 30	微小転移 ……………… 90	ホメオティック遺伝子 ……… 60
土壌動物 ……………… 145	ヒスタミン …………… 115	ホモ …………………… 31
トランスジェニックマウス … 129	ヒストン ……………… 53	ホモ・サピエンス ………… 14
鳥インフルエンザ …… 108	微生物 ………………… 96	翻訳 …………………… 33

な 行

	ヒト ……………………… 14	
	ヒトクローン胚 ………… 136	## ま 行
内臓脂肪 ……………… 99	ヒトゲノム ……………… 34	マクロファージ ……… 112, 113
内毒素 ………………… 106	ヒトゲノム・遺伝子解析研究に	水 ……………………… 21
内胚葉 ………………… 56	関する倫理指針 ……… 133	ミトコンドリア ………… 24
内部細胞塊 …………… 56	ヒトゲノム計画 …… 122, 130	無性生殖 ……………… 11
内分泌撹乱物質 …… 48, 152	ヒトゲノムと人権宣言 … 124	明反応 ………………… 25
肉食動物 ……………… 147	ヒト胚 ………………… 122	メタボリックシンドローム … 101
二次消費者 …………… 147	ヒト白血球抗原 ……… 114	メチル化 ……………… 52
二次遷移 ……………… 145	肥満 …………………… 99	免疫応答 ………… 91, 111, 113
ニッチ ………………… 141	表現型 ………………… 30	免疫グロブリン ……… 112
乳酸菌 ………………… 97	ピロリ菌 ……………… 97	免疫系 ………………… 111
ニュールンベルク・コード … 119	フィードバック制御 …… 45	メンデル ……………… 30
ニューロン …………… 72	復元力 ………………… 149	網膜芽細胞腫 ………… 82
認知症 ………………… 78	物質循環 ……………… 147	門脈 …………………… 95
ネアンデルタール人 …… 15	プラスミド …………… 127	
熱帯林 ………………… 146	プリオン ……………… 103	## や 行
脳 …………………… 56, 70	フレミング …………… 104	薬剤耐性 ……………… 106
脳死 …………………… 121	フローラ ……………… 96	薬剤耐性菌 …………… 104
脳波 …………………… 77	プログラム細胞死 ……… 29	優生学 ………………… 123
ノックアウトマウス …… 129	プロテアーゼ ………… 95	有性生殖 ……………… 11

は 行

	分解者 ………………… 14	優性の法則 …………… 30
	分子標的薬 …………… 88	誘導物質 ……………… 58
胚 …………………… 56, 63	分離の法則 …………… 30	陽樹 …………………… 145
バイオバンク ………… 132	分裂 …………………… 11	葉緑体 ……………… 14, 24
配偶子 ………………… 37	ペスト ………………… 104	
胚性幹細胞 ………… 67, 129	ペニシリン ……… 104, 106	## ら 行
胚盤 …………………… 56	ペプチド ……………… 95	ラクトース …………… 45
胚盤胞 ………………… 56	ペルオキシソーム ……… 26	卵割 …………………… 56
発がん ………………… 85	ヘルシンキ宣言 …… 119, 121	卵細胞 ………………… 56
発がん性 ……………… 85	変異 …………………… 11	リガンド ……………… 75
白血球 ………………… 112	放射線発がん ……… 85, 86	リソソーム …………… 26
発酵 …………………… 96	胞胚 …………………… 56	リンパ球 ……………… 112
発症前診断 …………… 130	ポジトロン（陽電子）断層撮影	倫理委員会 …………… 121
発生 …………………… 56	……………………… 77	レッドデータ ………… 153
発達 …………………… 62	捕食 …………………… 142	連動効果 ……………… 153
半保存的複製 ………… 32	捕食説 ………………… 144	老化 ………………… 62, 64
光トポグラフィー ……… 77	哺乳類 ………………… 63	ロバート・フック ……… 19

◆ **執筆者**(五十音順)

青野由利 (東京大学大学院総合文化研究科生命科学構造化センター客員教授)
浅島　誠 (東京大学副学長理事)
石浦章一 (東京大学大学院総合文化研究科教授)
井出利憲 (東京大学客員教授)
入村達郎 (東京大学大学院薬学系研究科教授)
児玉龍彦 (東京大学先端科学技術研究センター教授)
駒崎伸二 (東京大学客員准教授)
笹川　昇 (東京大学大学院総合文化研究科生命科学構造化センター特任准教授)
柴崎芳一 (東京大学大学院総合文化研究科生命科学構造化センター特任教授)
嶋田正和 (東京大学大学院総合文化研究科教授)
福田裕穂 (東京大学大学院理学系研究科教授)
正木春彦 (東京大学大学院農学生命科学研究科教授)
柳元伸太郎 (東京大学大学院総合文化研究科生命科学構造化センター特任助教)
米本昌平 (東京大学先端科学技術研究センター特任教授)
渡邊雄一郎 (東京大学大学院総合文化研究科教授)

文系のための生命科学

2008年3月 1 日　第 1 刷発行
2008年4月10日　第 2 刷発行

編　者　東京大学生命科学教科書編集委員会
発行人　一戸裕子
発行所　株式会社 羊 土 社
　　　　〒101-0052
　　　　東京都千代田区神田小川町2-5-1
　　　　TEL　03(5282)1211
　　　　FAX　03(5282)1212
　　　　E-mail　eigyo@yodosha.co.jp
　　　　URL　http://www.yodosha.co.jp/
装　幀　若林繁裕
印刷所　株式会社 三秀舎

ISBN978-4-7581-0721-1

本書の複写権・複製権・転載権・翻訳権・データベースへの取り込みおよび送信(送信可能化権を含む)・上映権・譲渡権は、(株)羊土社が保有します.
JCLS　<(株)日本著作出版管理システム委託出版物> 本書の無断複写は著作権法上での例外を除き禁じられています. 複写される場合は、そのつど事前に(株)日本著作出版管理システム(TEL 03-3817-5670, FAX 03-3815-8199)の許諾を得てください.

羊土社 発行書籍

バイオサイエンス入門書

イラストでみる やさしい先端バイオ
「遺伝子ってなに？」「ゲノムってなに？」という基本的な疑問を解くうちに，先端バイオの知識が身につく入門書．オールカラー．
胡桃坂仁志／著　定価（本体2,900円＋税）　B5変型判　110ページ　ISBN978-4-89706-288-4

カラーイラストでよくわかる 幹細胞とクローン　全能性のしくみから再生医学まで
幹細胞研究の第一人者によるオールカラー書き下ろし．わかりやすいイラスト満載で，初めて再生医学を学ぶ方の入門書として最適！
仲野 徹／著　定価（本体3,900円＋税）　B5変型判　116ページ　ISBN978-4-89706-295-2

絵とき 再生医学入門　幹細胞の基礎知識から再生医療の実際までイッキにわかる！
親しみやすいイラストと丁寧な文章で，幹細胞研究の全貌がわかる！再生医療のトピックスもコラムで紹介！
朝比奈欣治，立野知世，吉里勝利／著　定価（本体3,300円＋税）　A5判　188ページ　ISBN978-4-89706-880-0

生命に仕組まれた 遺伝子のいたずら　東京大学超人気講義録file2
あの東大超人気講義が帰ってきた！今度も文句なく面白い！科学のメスが生命の謎を見事に解き明かしていく！
石浦章一／著　定価（本体1,800円＋税）　四六判　300ページ　ISBN978-4-89706-498-7

ゲノムでわかることできること　注目のゲノム医学の基礎知識から最新のゲノム情報まで
ゲノム情報から何がわかるのか，どうやって解析するのか，医療にどう生かされるのか．豊富なイラストで楽しく一気に読めます．
水島-菅野純子／著　定価（本体2,900円＋税）　A5判　159ページ　ISBN978-4-89706-270-9

若い研究者へ遺すメッセージ　小さな小さなクローディン発見物語
生涯を研究に捧げた著者・月田承一郎が，生命科学者にどうしても伝えたかったことを，自らの人生を振り返りながら語る遺作！
月田承一郎／著　定価（本体1,800円＋税）　A5変型判　95ページ　ISBN978-4-89706-850-3

続 ロマンチックな科学者　新しい生物学に挑戦する気鋭の研究者たち
著名な日本人生命科学者17人による，挫折と栄光・夢や信念・喜びなど，個性あふれるメッセージが詰まった珠玉のエッセイ集．
井川洋二／編　定価（本体2,800円＋税）　四六判上製　232ページ　ISBN978-4-89706-641-7

生命科学者になるための10か条
生命科学って何？生命科学者として必要な資格とは？おもしろくてためになる10か条．これを読まずして，研究者の道を進むべからず！
柳田充弘／著　定価（本体1,600円＋税）　B6判　240ページ　ISBN978-4-89706-428-4

教科書・サブテキスト

改訂第2版 はじめの一歩のイラスト生化学・分子生物学
イラスト満載なのでわかりやすく，各項目ごとに概略図・まとめがあるので要点が一目瞭然．絶対必要な基礎知識が習得できる1冊！
前野正夫，磯川桂太郎／著　定価（本体3,800円＋税）　B5変型判　206ページ　ISBN978-4-7581-0722-8

はじめの一歩のイラスト生理学
あの大好評教科書『はじめの一歩シリーズ』待望の第2弾．はじめて学ぶ生理学に最適．目で見て理解する入門教科書！
照井直人／編　定価（本体3,800円＋税）　B5判　206ページ　ISBN978-4-7581-0712-9

基礎から学ぶ生物学・細胞生物学
読みやすい文章と，詳細でわかりやすいイラストで，大学から生命科学系の学習を始めるために最適の教科書！
和田 勝／著　定価（本体3,000円＋税）　B5判　285ページ　ISBN978-4-7581-0808-9

重要ワードでわかる 分子生物学超図解ノート
精選された重要語句を，豊富な図を入れ見開き2ページで明解に解説．分子生物学が自然と理解できる画期的なテキスト．
田村隆明／著　定価（本体3,800円＋税）　B5変型判　237ページ　ISBN978-4-89706-497-0

分子生物学講義中継 Part0 上巻　細胞生物学と生化学の基礎から生物が成り立つしくみを知ろう
生化学や細胞生物学が大事なのはわかるけど，覚えることが多すぎて手が回らないという方，ぜひ本書をご一読ください！
井出利憲／著　定価（本体3,600円＋税）　B5判　237ページ　ISBN978-4-89706-491-8

分子生物学講義中継 Part0 下巻　代謝と遺伝学の基礎を知り，生命を維持するしくみを学ぼう
複雑な代謝機構が楽しい語り口調ですんなりわかる！最後に遺伝子の働きをおさえて基礎固めはバッチリ完了！
井出利憲／著　定価（本体3,600円＋税）　B5判　254ページ　ISBN978-4-89706-493-2